JN059854

写真とイラストで見る

避難器具・設備類

★ここで掲載している写真や絵は，実際に設置されている避難器具や避難設備などの例です。

★実技試験の多くは，写真・絵・図などにより行われますので，カラー頁を有効に活用してください。

金属製避難はしご

固定はしご … 常時使用可能な状態で，壁面等に固定されたはしご。

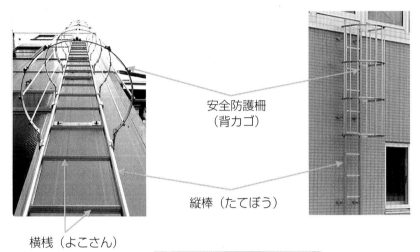

安全防護柵
（背カゴ）

縦棒（たてぼう）

横桟（よこさん）

〈傾斜面への取付例〉

はしご

背カゴ（転落防止）

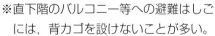

※直下階のバルコニー等への避難はしご
　には，背カゴを設けないことが多い。

☐ 固定はしご（収納式）… 平常時は，横桟が縦棒に収納されている。

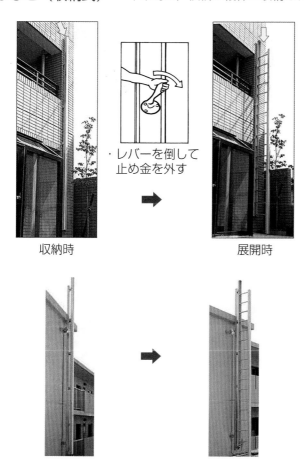

・レバーを倒して
止め金を外す

収納時 → 展開時

☐ 固定はしご（伸縮式）… はしごの下部が伸縮できる。

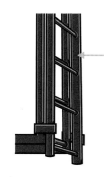

避難の際，この部分を押し下げる。
（防犯のため，平常時は引き上げられている）

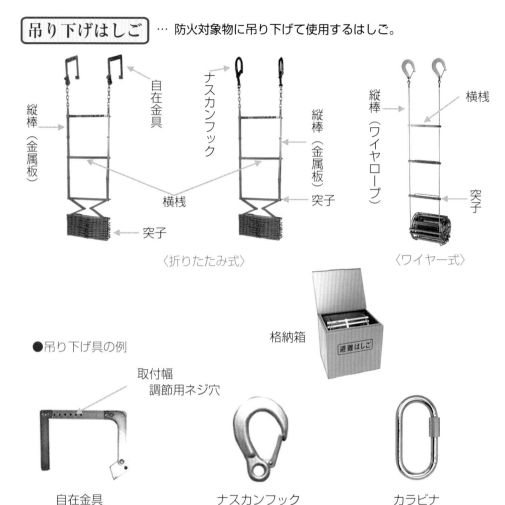

吊り下げはしご … 防火対象物に吊り下げて使用するはしご。

〈折りたたみ式〉

〈ワイヤー式〉

縦棒（金属板）
自在金具
ナスカンフック
横桟
突子
縦棒（金属板）
突子
縦棒（ワイヤロープ）
横桟
突子
格納箱
避難はしご

● 吊り下げ具の例

取付幅
調節用ネジ穴

自在金具

ナスカンフック

カラビナ

● 取付時の状態 … この状態から**格納バンド**の先端を前方に押しやると，
はしごが伸長する（止め具がピンの場合は引き抜く）。

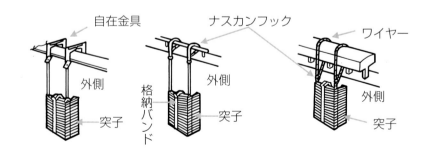

自在金具
ナスカンフック
ワイヤー
外側
格納バンド
外側
外側
突子
突子
突子

☐ ハッチ用吊り下げはしご … 避難器具用ハッチに格納されるはしご。

← 床面の開口部に設置する。（救助袋用もある）

展張した状態

避難器具用ハッチ

ハッチ用吊り下げはしご →

立てかけはしご … 防火対象物に立てかけて使用されるはしご。

〈単一式〉

← 上部支持点（上端から60cm 以内をいう）
　滑り止め・転倒防止の装置を設ける。

← 下部支持点：滑り止めを設ける。

〈伸縮式〉（2 連・3 連等）

▶単一式と同様に滑り止め・転倒防止装置が必要

▶使用中の安全のために縮てい防止装置・折りたたみ防止装置が必要

折りたたみ防止装置
縮梯防止装置の例

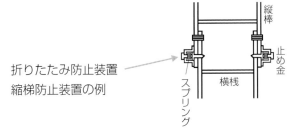

＊避難はしごの検定合格証・表示事項は最上段の横桟に記されている。

緩　降　機

緩降機の例 1

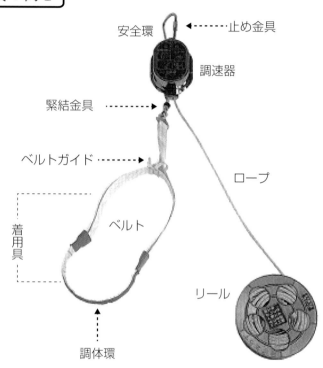

- 止め金具
- 安全環
- 調速器
- 緊結金具
- ベルトガイド
- 着用具
- ベルト
- ロープ
- リール
- 調体環

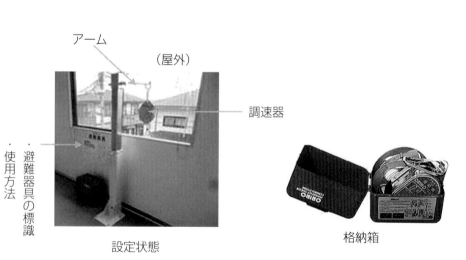

アーム

（屋外）

調速器

・避難器具の標識
・使用方法

設定状態

格納箱

●取付金具の例 … 緩降機メーカーにより若干形状が異なります。

（屋内・壁付タイプ）

（屋外タイプ）

（屋外・壁付タイプ）

（床置きタイプ）

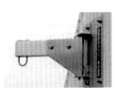

●その他
〈調速器の表示〉 … 検定合格証が貼付され，表示事項が記されている。

製造年月
製造番号
ロープ長

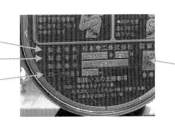

合格証
型式番号

〈リールの表示〉

ベルトが地
上に達して
いることを
確認する。

リールは下
に落とす

〈調速器の連結部（安全環）〉

カラビナ

ナス型カラビナ

ねじ付

緩降機の例2

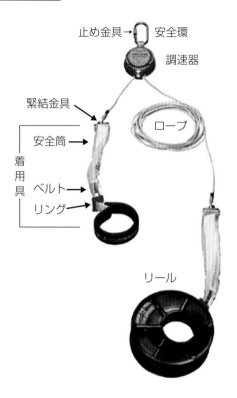

止め金具 → 安全環

調速器

緊結金具

ロープ

安全筒

着用具

ベルト

リング

リール

設定状態

格納箱

格納状態

使用方法

☐ 可搬式・固定式

● **可搬式**は，使用する際に取付具に取付けて使用する方式のもの。

● **固定式**は，取付具に常時固定されている方式のもの。

▶屋内壁付けタイプの例

（屋内壁付けタイプには，可搬式・固定式の両方がある。）

☐ 一動作式緩降機 … 特定1階段等防火対象物等に設置する1動作対応の緩降機。

● 常時使用ができるように，取付具に緩降機が取付けられている。

取付具
保護カバー

① 保護カバーを外す

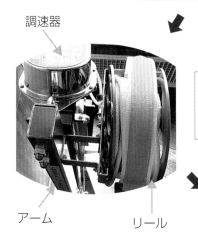

調速器

アーム

リール

常時、アームの取付部に調速器・リール等が取り付けられている。

② アームを引き起こして取付具を設定する。

③ 設定完了

・設定位置に達するとリールが落下する。

救 助 袋

（すいちょくしき）
垂 直 式 … 垂直に展張して使用する救助袋のことをいう。

天蓋
側板
前板

格納箱

誘導綱
格納バンド
側板

格納箱を外した状態
（天蓋・前板を外す）

入口金具
（入口枠）
ワイヤロープ
ステップ

展張操作後の状態

展張の例

垂直式の出口

（しゃこうしき）

斜 降 式 … 斜めに展張して使用する救助袋のことをいう。

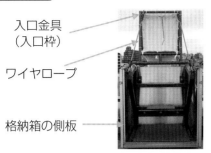

入口金具
（入口枠）

ワイヤロープ

格納箱の側板

展張操作後の状態

> ＊入口部分は垂直式・
> 斜降式とも同じ形状を
> しています。

展張の例

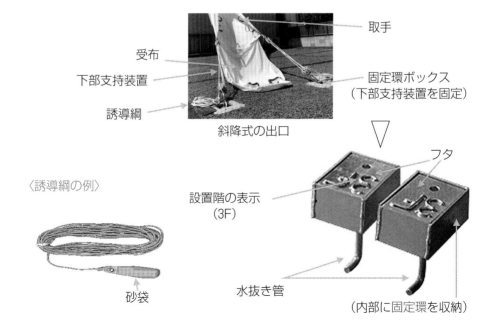

取手

受布

下部支持装置

誘導綱

固定環ボックス
（下部支持装置を固定）

斜降式の出口

〈誘導綱の例〉

砂袋

フタ

設置階の表示
（3F）

水抜き管

（内部に固定環を収納）

☐ ハッチ式救助袋 … 避難器具用ハッチに格納される救助袋。

* 避難器具用ハッチは，床面の開口部に設置される。
* 避難器具用ハッチには，垂直式救助袋が格納される。

● 格納状態の例

つかまりベルト

格納ベルト

救助袋の格納状態　　　　　　　　　　　展張操作後の状態

● 展張の手順

①ハッチの上蓋を開ける

* 上蓋（フタ）を開くと
  同時に下蓋も開く。

②格納バンドを引く

* 格納バンドを引くと
  救助袋が降下する。

③救助袋が展張される

* つかまりベルトを
  握って，救助袋の
  中に足から入る。
* 姿勢を正し，つか
  まりベルトを放し
  て降下する。

● その他

* 救助袋の認定合格証は，救助袋の出口付近に貼付されている。

その他の避難設備等

避難はしご … 固定はしご，立てかけはしご，吊り下げはしごで金属製以外のもの。

●つり下げはしごの例

すべり台 … 勾配のある直線状又はらせん状の固定された滑り面を滑り降りるものをいう。

すべり台の例

すべり棒 … 垂直に固定した棒を滑り降りるものをいう。

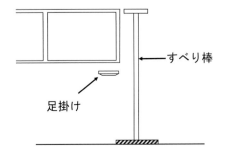

$\boxed{\text{避難ロープ}}$ … 上端部を固定し，吊り下げたロープを使用して降下するものをいう。

 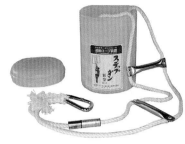

※はしご状のものもある。

$\boxed{\text{避 難 橋}}$ … 建物相互を連結する橋状のものをいう。

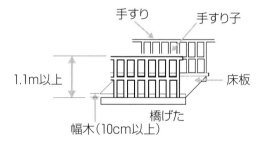

手すり　　手すり子

1.1m以上

床板

橋げた

幅木（10cm以上）

$\boxed{\text{避難用タラップ}}$ … 階段状のもので，使用の際，手すりを用いるものをいう。

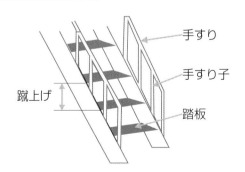

手すり

手すり子

蹴上げ

踏板

避難器具の標識等

☐ 避難器具の標識 … 避難器具の直近の見やすい箇所に避難器具である旨
及び使用方法を表示する標識を設ける。

（縦12cm 以上横36cm 以上の大きさ）

避難器具の標識

使用方法

| 救　助　袋 | 緩　降　機 |

| 避難器具 | 避難はしご |

| 避難器具➡ |

・文字の向きを変える場合は，
幅と長さは12：36の比率とす
る。（縦型の場合）

☐ 避難器具の使用方法（例）

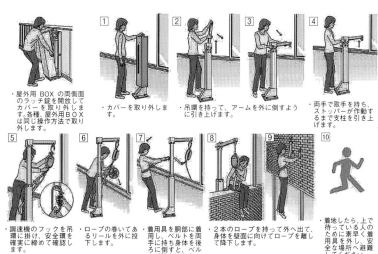

・屋外用 BOX の両側面
のラッチ錠を開放して
カバーを取り外しま
す。各種、屋外用BOX
は同じ操作方法で取り
外します。

・カバーを取り外しま
す。

・吊環を持って、アームを外に倒すよう
に引き上げます。

・両手で取手を持ち、
ストッパーが作動す
るまで支柱を引き上
げます。

・調速機のフックを吊
環に掛け、安全環を
確実に締めて確認し
ます。

・ロープの巻いてあ
るリールを外に投
下します。

・着用具を胴部に着
用し、ベルトを両
手に持ち身体を後
ろに倒すと、ベル
トが締まります。

・2本のロープを持って外へ出て、
身体を壁面に向けてロープを離し
て降下します。

・着地したら、上で
待っている人の
ために素早く着
用具を外し、安
全な場所へ避難
してください。

その他の避難設備等

☐ 誘導灯・誘導標識

 誘導音声付

床埋込み用

☐ 非常灯・非常用照明

（カラーページの写真・図等は，設備や機器類の概要例を示したものです）

プロが教える！

第5類

消防設備士
問題集

問題を解きながら学んで覚える

近藤重昭【編著】

弘文社

まえがき

　第5類 消防用設備の「避難器具」は，火災の炎や煙などのために階段を使用する「通常の避難」ができなくなったときに，緊急用の「脱出器具」として使用されるものです。

　建築物の高層化・大規模化が進む中，ますます人命の安全を第一とした避難設備や避難器具の整備と維持管理が求められています。

　この重責を担う「第5類 消防設備士」を目指す方々を応援すべく各方面の協力のもとに本書が誕生しました。

　本書には学習効率を高めるための大きな特徴的工夫があります。

⑴　「カラーページ」を設け，実際の避難設備や機器類を多くの「写真」や「絵図」などを用いて視覚的に確認できるようにしました。

　　さらに簡潔な説明を添え，機器類の実態が解りやすくなっています。巻頭にあるカラーページを把握するだけで，第5類設備の全体の輪郭を知ることができるしくみです。

⑵　「問題を解きながら知識を深める問題集」を念頭に置き，より多くの問題練習ができるように問題数を大幅に増やしました。

　　特に多くの受験者からの希望に沿うべく実技問題を充実させました。

⑶　「重要ポイント」において重要ポイントを把握しやすくまとめました。

　　重要ポイントを常に手元に置き，アイドルタイムなどに眺める方法で学習効率を一段と上げることが可能となります。

⑷　本書のもう一つの特徴は，巻末に設けた索引にあります。

　　様々な疑問に応じられるよう索引項目に工夫を加えましたので，索引を利用して手近な設備事典の代わりとして活用ください。

　以上のように，過去の概念に捉われない発想と工夫を配した本書の特徴を実感してくださることを期待します。

　そして，本書を手にされた皆様が，「第5類 消防設備士」として第一線でご活躍されることを祈念いたします。

著者識

$$\boxed{受\ 験\ 案\ 内}$$

建築物等は，その用途・規模・収容人員などに応じて**消防用設備等**又は**特殊消防用設備等**の設置が法令により義務づけられており，それらの**工事，整備等**を行うには消防設備士の資格が必要となります。

□消防設備士の資格

● 消防設備士の資格には甲種と乙種があり，**甲種**は**特類及び第1類～第5類，乙種**は**第1類～第7類**に区分されています。

● 甲種は下表の区分に応じた**工事・整備**を行うことができ，乙種は整備を行うことができます（点検は整備に含まれます）。

● **[免状の種類と取り扱うことができる設備等]**

[免状の種類]

区　分	取り扱うことができる設備	甲種	乙種
特　類	特殊消防用設備等　　　　　　　　　　　　　　　※1	○	―
第1類	屋内消火栓設備，スプリンクラー設備，水噴霧消火設備，屋外消火栓設備，パッケージ型消火設備，パッケージ型自動消火設備，共同住宅用スプリンクラー設備	○	○
第2類	泡消火設備，パッケージ型消火設備，パッケージ型自動消火設備，特定駐車場用泡消火設備	○	○
第3類	不活性ガス消火設備，ハロゲン化物消火設備，粉末消火設備，パッケージ型消火設備，パッケージ型自動消火設備	○	○
第4類	自動火災報知設備，ガス漏れ火災警報設備，消防機関へ通報する火災報知設備，共同住宅用自動火災報知設備，住戸用自動火災報知設備，特定小規模施設用自動火災報知設備，複合型居住施設用自動火災報知設備	○	○
第5類	金属製避難はしご，救助袋，緩降機	○	○
第6類	消火器	―	○
第7類	漏電火災警報器	―	○

※1　総務大臣が，従来の当該消防用設備等と同等以上の性能があると認定した設備等

□受験資格

● **乙種消防設備士試験** … 誰でも受験できます（受験資格は必要ない）。

● **甲種消防設備士試験** … 国家資格，学歴又は実務経験が必要です。

・ 乙種消防設備士免状の交付を受けた後2年以上工事整備対象設備等の整備の経験を有する者，又は工事の補助者として5年以上の実務経験者。

・ 実務経験のほか，定められた国家資格又は学歴による受験ができます。

■試験の方法

- ●試験は甲種・乙種とも**筆記試験**と**実技試験**の２方式で行われます。
  - **筆記試験** … ４肢択一式でマークカードが用いられます。
  - **実技試験** … 写真・イラスト・図面等が示され，記述式で行われます。
    鑑別等と製図（甲種のみ）があります（特類を除く）。
- ●筆記試験は各科目40％以上の正解で全体の出題数の60％以上の正解，かつ，実技試験60％以上の成績を修めた者が合格となります。

■試験科目と問題数

第５類　試験科目			問題数		試験時間
			甲種	乙種	甲種特類・甲種（特類以外）・乙種（全類）
筆記	基礎的知識	機械に関する部分	10	5	
		電気に関する部分	—	—	
	消防関係法令	共通部分	8	6	
		類別部分	7	4	
	構造・機能・規格（工事・整備）	機械に関する部分	12	9	二時間四五分・三時間一五分・一時間四五分
		電気に関する部分	—	—	
		規格に関する部分	8	6	
合　　計			45	30	
実技	鑑別等		5	5	
	製　図		2	—	

※　特類は，工事整備対象設備等の構造・機能・工事・整備×15問，火災及び防火×15問，消防関係法令×15問，合計45問（実技なし）

■消防設備士試験の問合せ先

- ●消防設備士試験の日程・受験資格・手続き方法など，試験に関する詳細は次のホームページで確認し，不明な点は下記にお問合せください。

  （ホームページ）　http://www.shoubo-shiken.or.jp

  ◇　（一財）消防試験研究センター　中央試験センター
  　　　　　〒151-0072　東京都渋谷区幡ヶ谷1-13-20
  　　　　　TEL　03-3460-7798　　FAX　03-3460-7799
  ◇　（一財）消防試験研究センター　各道府県支部

目　次

第3章-2　消防関係法令―類別・設置基準（229）

第4章　実技（鑑別等・製図）（251）

第5章　模擬試験問題Ⅰ（293）

模擬試験問題Ⅱ（317）

第1章

◉機械に関する基礎的知識◉

- ●消防設備士 第5類の「機械に関する基礎的知識」については，応用力学・機械材料から甲種：10問，乙種：5問が出題されます。
- ●基礎的知識には専門用語や公式などが多く出てきますが，試験問題は基本的な知識を確認する問題が多く見受けられるので，用語や公式などの基本的な知識を整理しておく必要があります。
- ●重要ポイントで，基礎的知識として把握・整理すべき項目をまとめてあります。活用ください。

1 力　学

（1）荷重とはり

【問題1】　荷重についての記述のうち，**誤っているもの**は次のどれか。

(1) 曲げ荷重とは，物体を曲げようとする荷重をいい，引張荷重と圧縮荷重が同時に作用する。

(2) 引張荷重とは，物体を引き伸ばす方向に作用する荷重をいう。

(3) せん断荷重とは，ある断面に沿って作用する，ねじり切ろうとする荷重をいう。

(4) 圧縮荷重とは，物体を押し縮める方向に作用する荷重をいう。

【解説と解答】

　荷重とは，外部から力が加わることをいい，「**作用する位置や方向**」や「**作用の仕方**」により分類されます。

　荷重の作用する位置や方向により，次のように分類されます。

① **引 張 荷 重**：引き伸ばす力が働く荷重
② **圧 縮 荷 重**：圧縮する力が働く荷重
③ **せん断荷重**：挟み切る力が働く荷重
④ **曲 げ 荷 重**：曲げようとする力が働く荷重
⑤ **ねじり荷重**：ねじろうとする力が働く荷重

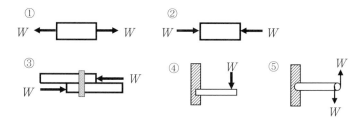

● せん断荷重は，挟み切ろうとする荷重をいいます。　　　　　解答　(3)

【問題2】　荷重についての記述のうち，正しいものは次のうちどれか。

(1) 分布荷重は，材料の全体または一部の範囲に働く荷重である。

(2) 繰返し荷重は，力の方向が繰り返し変わる荷重のことをいう。

(3) 集中荷重は，材料の一点に集中して働く荷重で動荷重の一種である。

(4) 衝撃荷重は，材料に急激に働く荷重のことで，静荷重として分類される。

【解説と解答】

荷重の**作用のしかた**により**静荷重**と**動荷重**に分類されます。

　　静荷重：力の大きさや方向が時間に関係なく**一定**の荷重をいいます。

　　動荷重：力の大きさや方向が時間により**変化する**荷重をいいます。

静 荷 重	・集中荷重：一点に集中してかかる荷重
	・分布荷重：全体又は一部の範囲にかかる荷重
動 荷 重	・繰返し荷重：同じ方向の力を周期的に繰り返す荷重
	・衝撃荷重：急激にかかる荷重
	・移動荷重：かかる力が移動する荷重
	・交番荷重：力の方向が繰り返し変わる荷重

<集中荷重の例>　　　　　　　　　　<分布荷重の例>

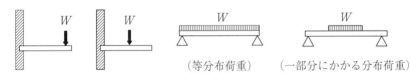

　　　　　　　　　　　　　　（等分布荷重）　　（一部分にかかる分布荷重）

● (1)が正しい記述です。　　　　　　　　　　　　　　　　　解答　(1)

【問題3】　下図でしめす「はり」の矢印部分に荷重 W をかけた場合に，「たわみ」の小さいものから順に並べたものは，次のうちどれか。

　　ただし，梁の材質，断面形状，荷重は同一であるものとする。

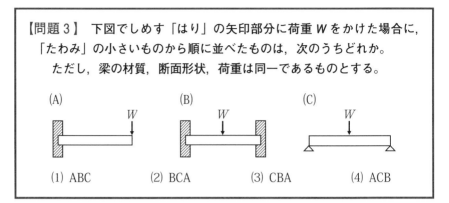

(1) ABC　　　　(2) BCA　　　　(3) CBA　　　　(4) ACB

【解説と解答】

　はり（梁）は，建築物などにおいて上部からの荷重を支えるために，柱と柱の間に架け渡される水平部材をいいます。

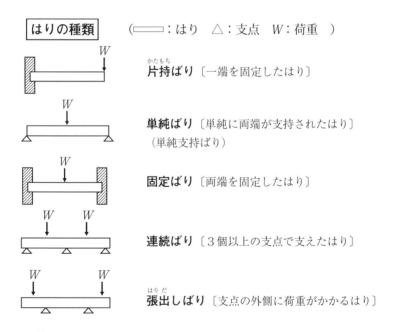

はりの種類　　（⬚⬚⬚：はり　△：支点　W：荷重　）

片持ばり〔一端を固定したはり〕

単純ばり〔単純に両端が支持されたはり〕
（単純支持ばり）

固定ばり〔両端を固定したはり〕

連続ばり〔3個以上の支点で支えたはり〕

張出しばり〔支点の外側に荷重がかかるはり〕

はりの撓み：はりに大きな力が加わると，はりは変形して「たわみ」が発生します。

＜たわみの例＞

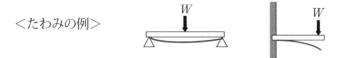

　たわみ量（たわみの大きさ）は，荷重の大きさ・種類，荷重と支点の距離，はりの形状などにより異なります。

　荷重の位置と支点の距離が短いものほど力の作用が小さくなるので，支点の多いはり，固定されたはりの「**たわみ**」は小さくなります。

  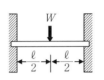

● したがって，たわみの小さい順は BCA となります。　　　　解答　(2)

重要
ポイント

| 荷　重 | … 外部から力が加わることをいう。

◆**荷重の作用する位置や方向による分類**
　・引張荷重　・圧縮荷重　・せん断荷重　・曲げ荷重　・ねじり荷重

◆**荷重の作用の仕方による分類**
　＊静荷重とは，力の大きさや方向が時間に関係なく**一定の荷重**をいう。
　　・集中荷重　　・分布荷重

　　　〈集中荷重の例〉　　　　　　〈分布荷重の例〉

　＊動荷重とは，力の大きさや方向が時間よりに**変化する荷重**をいう。
　　・繰返し荷重　・衝撃荷重　・移動荷重　・交番荷重

| はり（梁） | … 上部からの荷重を支えるために，柱と柱の間に架け渡される**水平部材**をいう。

◆**はりの種類**　・片持ちばり　　・単純ばり　　・固定ばり
　　　　　　　　・連続ばり　　　・張出しばり

(2) 応　力

【問題4】　応力についての記述のうち誤っているものは，次のどれか。

(1) 応力は物体に加わる荷重と同じ向きである。
(2) 応力は物体に加わる荷重と同じ大きさである。
(3) 応力は物体に荷重が加わると物体の内部に生じる。
(4) 応力は物体に加わる荷重に対して発生する抵抗力である。

【解説と解答】

　物体に荷重をかけると，荷重に抵抗して形状を保とうとする**力**が**物体の内部**に発生します。この抵抗力を**応力**といいます。

　応力を単位面積あたりの大きさで表わしたものを**応力度**といい，応力と荷重は，次のような関係にあります。

① 応力は，**荷重**と同じ**大きさ**である。
② 応力は，**荷重**と正反対の向きである。
③ 応力は，**荷重**がかかると物体の内部に発生する。

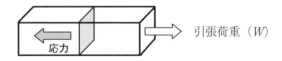

引張荷重（W）

　応力には，荷重の種類に対応した引張応力，圧縮応力，せん断応力，曲げ応力，ねじり応力があります。

　また，引張応力・圧縮応力は，物体の断面に垂直に働くことから**垂直応力**ともいいます。

● 荷重と応力は**正反対の向き**となるので，選択肢(1)は誤りとなります。

解答　(1)

【問題5】　下図のように直径2cmの丸棒で4kNの重さの物体（**W**）を吊り下げている。丸棒に生じる応力は次のうちどれか。

(1) 10.0 〔N/mm²〕
(2) 12.7 〔N/mm²〕
(3) 15.5 〔N/mm²〕
(4) 20.0 〔N/mm²〕

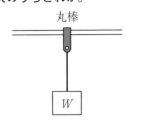

丸棒

W

【解説と解答】

　丸棒には**下向きの引張荷重**がかかっており，**引張応力**が生じています。

　応力の大きさ（応力度）は，物体の**単位面積あたり**（mm²，m²）**の力**で表わし，次式により求めることができます。

$$応力（応力度）= \frac{W}{A} \quad \begin{matrix}（荷重）〔N〕\\（断面積）〔mm²〕\end{matrix} \qquad 〔N/mm²〕（= MPa）$$

　荷重の単位には〔N〕（ニュートン），物体の**断面積**には（mm²，m²）を用いることから，**応力の単位**は〔N/mm²〕又は〔N/m²〕となります。

● 選択肢の単位に合わせて〔N/mm²〕で解答します。

　先ず，荷重は **N** の単位に，断面積は **mm** の単位に合わせます。

　・荷重（**W**）は，4 kN（キロニュートン）= **4000 N**

　・丸棒の断面積は，3.14×10 mm ×10 mm = **314 mm²**

　　（円の断面積は，πr^2＝3.14×半径×半径）

● 応力の計算式に数値を代入します。

　　応力 $= \dfrac{4000}{314} = 12.73$ 〔N/mm²〕

● したがって，(2)が正解となります。

解答　(2)

【問題6】　直径4cmの丸棒に5kNの圧縮荷重が働いているとき，丸棒における圧縮応力として正しいものは，次のうちどれか。

(1) 0.80 MPa　　(2) 1.25 MPa　　(3) 2.00 MPa　　(4) 3.98 MPa

【解説と解答】

　引張応力・圧縮応力は，物体の断面に垂直に働くことから垂直応力ともいいます。

　応力の単位は〔N/mm²〕ですが，応力は圧力と同じ単位面積当りの力で表すことから，圧力と同じ単位のPa（パスカル）も用いられます。

　　1〔N/mm²〕＝1MPa（メガパスカル）　　　　　　　（忘れないこと！）

● 解答に入ります。選択肢の単位がMPaであることに留意してください。
　先ず，前問と同じように〔N/mm²〕で応力を求めます。
　荷重はNの単位に，断面積はmmの単位に合わせて計算します。
　・荷重（W）は，5kN（キロニュートン）＝ **5000 N**
　・丸棒の断面積は，3.14×20 mm ×20 mm ＝**1256 mm²**
　　（円の断面積は，πr^2＝3.14×半径×半径）

● 応力の計算式に数値を代入します。

　　応力＝$\dfrac{5000 \quad (\mathrm{N})}{1256 \quad (\mathrm{mm}^2)}$ ＝3.98 〔N/mm²〕

● 〔N/mm²〕＝〔MPa〕なので，(4)が正解となります。　　　解答　(4)

【問題7】　断面が5cm×5cmの角材がある。この角材の軸線と直角に8kNのせん断荷重が作用したとき，角材に発生するせん断応力は，次のうちどれか。

(1) 0.3 MPa　　(2) 2.0 MPa　　(3) 3.2 MPa　　(4) 20 MPa

【解説と解答】

　引張応力・圧縮応力・せん断応力は，同じ方法で算出します。

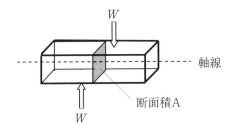

W

軸線

W

断面積A

● 設問の単位を〔N/mm^2〕にして，単位合わせをします。

　・荷重（W）は，8 kN（キロニュートン）＝ **8000 N**

　・角材の断面積（A）は，50 mm ×50 mm ＝ **2500 mm²**

$$応力＝\frac{8000 \ N}{2500 \ mm^2} ＝3.2 \ 〔N/mm^2〕（＝MPa）$$

● よって，3.2 MPa となり，(3) が正解となります。　　　　　　　解答　(3)

【問題8】　物体や材料に引張荷重がかかったときに応力の集中が起こることにより，**破壊に結び付きやすいもの**は次のうちどれか。

　(1) 物体や材料に錆が発生している。

　(2) 物体や材料に交番荷重がかかる。

　(3) 物体や材料に切り欠き部分がある。

　(4) 物体や材料の数カ所に打痕がある。

【解説と解答】

　物体や材料に**穴**や**切り欠き**などがあると，断面形状が変化する部分に**応力**が**集中して発生**しやすく，ひび割れなどを起こしやすいために，破壊に結び付きやすくなります。このように物体の形状変化部で局所的応力が増大する現象を**応力集中**といいます。　　　　　　　　　　　　　　　　　　　　　　　　　　解答　(3)

（3）曲げ応力

【問題9】　片方が固定された長さ90 cm の鋼材がある。自由端の先端に
4000 N の荷重が垂直にかかった場合の曲げ応力は次のうちどれか。
ただし，この鋼材の断面係数は15 cm^{3}とする。

(1)　　44 MPa
(2)　　240 MPa
(3)　　266 MPa
(4)　　3990 MPa

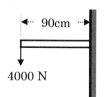

【解説と解答】

　曲げ荷重がかかる場合は，引張荷重・圧縮荷重が同時に作用するため，曲げ応力は次の算式で求めます。

$$\sigma = \frac{M}{Z} \begin{array}{l} 〔\text{N}\cdot\text{mm}〕\cdots\ (\text{曲げモーメント}) \\ 〔\text{mm}^3〕\ \ \cdots\ (\text{断面係数}) \end{array} \qquad 〔\text{N/mm}^2〕$$

（曲げ応力＝曲げモーメント÷物体の断面係数）

　物体の固定点や軸など，回転軸を中心に回転させようとする力の働きを力のモーメントといい，次式で求めます（モーメントの項参照）。

$M =$力×軸から力までの距離　〔N・m〕

（＊断面係数は物体の形状により異なることから，数値又は算式が示されます）

● まず，曲げモーメントを求めます。
　桁数が大きくなりますが〔N/mm^2〕を念頭に単位合わせをします。
　・曲げモーメント　　$M =$ 4000 N × 900 mm ＝ 3600000〔N・mm〕
　・断面係数　　　　　15 cm^3＝15000 mm^3

● **曲げ応力の計算式**に数値を代入します。

$\sigma = \dfrac{3600000}{15000} \begin{array}{l} 〔\text{N}\cdot\text{mm}〕 \\ 〔\text{mm}^3〕 \end{array} = 240$ 〔N・mm^2〕

● したがって，(2)が正解となります。

解答　(2)

＊数値の桁数を抑えるために kN や cm の単位で計算することもできます。

重要
ポイント

| 応　力 | …物体に荷重をかけると，荷重に抵抗する力が物体の内部に発生する。この抵抗力を**応力**という。 |

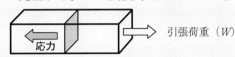

引張荷重（W）

◆**応力と荷重の関係**

　＊応力は，**荷重**と① **同じ大きさ**，② **正反対の向き**で，荷重がかかると
　③ **物体の内部に発生**する。

◆**応力の算出方法**

　＊応力（応力度）は，物体の単位面積あたりの力（mm², m²）で表わす。

　▶**引張応力・圧縮応力・せん断応力**は下記の算式で求める。

$$応力（応力度）=\frac{W}{A} \quad \begin{matrix} （荷重） & 〔N〕 \\ （断面積）〔mm^2〕 \end{matrix} \qquad 〔N/mm^2〕（= MPa）$$

　▶**曲げ応力**は，σ＝**曲げモーメント÷物体の断面係数**で算出する。

$$\sigma = \frac{M}{Z} \quad \begin{matrix} 〔N \cdot mm〕\cdots & （曲げモーメント） \\ 〔mm^3〕\quad\cdots & （断面係数） \end{matrix} \qquad 〔N/mm^2〕$$

◆**応力の単位**

　＊応力の単位には〔N/mm²〕を用いるが，応力は**圧力と同じ単位面積
　当りの力**で表すことから，圧力と同じ単位の**Pa**（パスカル）も用い
　られる。

　　　　1〔N/mm²〕=1〔MPa〕（メガパスカル）

　＊引張応力・圧縮応力は，物体の断面に**垂直に働く**ことから**垂直応力**と
　もいう。

（4）ひずみ

> **【問題10】**　金属材料に引張荷重をかけたところ，60 cm のものが63 cm になった。この場合のひずみ度は次のうちのどれか。
>
> (1) 0.05　　　　(2) 0.95　　　　(3) 1.05　　　　(4) 1.57

【解説と解答】

　物体に**大きな荷重をかける**と**物体に変化が生じる**ことがあります。その時の変形をひずみといい，一般的に**ひずみ＝ひずみ度**として扱われています。

　ひずみには，縦ひずみ，横ひずみ，せん断ひずみがありますが，設問のひずみは，荷重の方向に変形しているので**縦ひずみ**になります。

　ひずみは，「**荷重が加わって生じる変形量と元の長さの比**」をいいます。

　ε（イプシロン）で表わします。

● ひずみの大きさを求めます。

　$(63-60) \div 60 = 0.05$　（単位は付かない）

　したがって，ひずみは0.05となります。　　　　　　　　　　解答（1）

ひずみと弾性（だんせい）

▶ある限られた範囲の荷重であれば，物体に加えた荷重を取り去ると応力とひずみは消えて**元の状態に戻ります。**
　この性質を弾性といいます。
　［例］ゴムやスプリングなどに力を加えると**伸びる・縮む**等の変形をするが，力を除くと元に戻る性質。

▶物体や材料の弾性の限界を弾性限度といいます。

▶物体や材料に加える**荷重が一定の限度を超える**と，荷重を取り去っても**ひずみの一部は残り**，元の状態に戻らなくなります。この残るひずみを永久ひずみといいます。

【問題11】　下図は金属材料の引張試験における応力とひずみの関係線図
　である。次の記述のうち正しいものはどれか。

(1) A点を下降伏点という。
(2) B点を弾性限度という。
(3) E点を上降伏点という。
(4) F点を極限強さという。

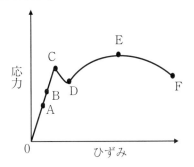

【解説と解答】

図は材料の**引張試験**を行った際の**応力とひずみの関係**を表しています。
図における各ポイントは，次のとおりです。

A：比例限度…0〜Aまでは，**応力とひずみは比例して変化します**。
　　　　　　　比例限度とは，比例して変化する限界点をいいます。
B：弾性限度…0〜Bの間は，荷重を取り去るとひずみは消えて元の状態に
　　　　　　　戻ります。元に戻る限界点です。
C：上降伏点，D：下降伏点　（連続的にひずみが増加する部分です）
E：極限強さ…材料の強さの限界。材料に対する**最大応力の位置**で最大引張
　　　　　　　強さの位置でもあります。
F：破　　　断…材料の**破壊点**　　　　　　　　　　　　　　　　解答　(2)

【問題12】　応力とひずみの関係における「クリープ」について，正しい
記述のものは，次のうちどれか。

(1) 縦ひずみと横ひずみの変化する過程をいう。
(2) 荷重に対する応力の比率が変化する過程をいう。
(3) 下降伏点から極限強さに至る間のひずみの増加現象をいう。
(4) 荷重が一定であるのに連続的にひずみが増加する現象をいう。

【解説と解答】

　「クリープ」とは，荷重が一定にもかかわらず**時間経過**とともに連続的にひ
ずみが増加する現象をいいます。（応力とひずみの関係線図Ｃ～Ｄで起こる）
　上昇伏点と下降伏点の間で起こる現象です。　　　　　　　　　　　　解答　(4)

ひずみに関する主な用語

フックの法則：「比例限度内では，ひずみは応力に比例して変化する」と
　　　　　　　　いう法則（０～Ａの部分）

ク リ ー プ：荷重が一定にもかかわらず，時間経過とともに連続的にひ
　　　　　　　　ずみが増加する現象（関係線図Ｃ～Ｄの部分で発生する。）

ポアソン比：弾性限度内では，垂直応力による縦ひずみと横ひずみの比
　　　　　　　　は一定という理論
　　　　　　　　ポアソン比＝横ひずみ÷縦ひずみ（一定）

ヤ ン グ 率：縦弾性係数のことで，比例限度内での**ひずみと応力の関係**
　　　　　　　　を表す数値
　　　　　　　　ヤング率＝応力÷ひずみ（N/mm²）

疲 れ 破 壊：材料に**繰り返し荷重**がかかる場合等において，材料の疲れ
　　　　　　　　により「**静荷重の場合よりも小さな荷重で破壊すること**」
　　　　　　　　を疲れ破壊又は疲労破壊という。

（5）安全率

> 【問題13】　引張強さが600 N/mm²の鋼材を使用するときの許容応力を
> 250 N/mm²とした場合，安全率として正しいものは，次のうちどれか。
>
> 　　　(1) 0.4　　　　(2) 2.0　　　　(3) 2.4　　　　(4) 3

【解説と解答】

　安全率は**応力**（荷重）に対する**材料の安全の度合い**を表わしたもので，材料等を**安全に使用するための数値**です。

● 安全率は，次式により求めます。

$$\text{安全率} = \frac{\text{破壊応力}\ [\text{N/mm}^2]}{\text{許容応力}\ [\text{N/mm}^2]} \cdots (\text{最大応力・極限強さ・引張強さ})$$
$$\cdots (\text{安全・使用上，許される応力})$$

　＊荷重は，常に許容応力以下となるようにする必要があります。

● 設問の数値を算式に代入します。

$$\text{安全率} = \frac{600}{250} = 2.4$$

● したがって，安全率は2.4となります。　　　　解答　(3)

> 【問題14】　引張強さが450 N/mm²の部材を使用するときの安全率を3.0
> とした場合，許容応力として正しいものは次のどれか。
>
> 　　　(1) 100 N/mm²　　(2) 150 N/mm²
> 　　　(3) 450 N/mm²　　(4) 1350 N/mm²

【解説と解答】

　許容応力を X とし，安全率の算式に数値を代入します。

$$3 = \frac{450}{X} \qquad X = \frac{450}{3} = 150$$

● したがって，許容応力は１５０ [N/mm²] となります。　　解答　(2)

（6）力の三要素

【問題15】 力についての記述のうち，誤っているものは次のうちどれか。

　⑴ 力の働く位置を力の作用点という。
　⑵ 力の作用時間は，力の三要素の１つである。
　⑶ 力の大きさは，力の作用線の長さで表わす。
　⑷ 力の働く方向は，作用線の向きと同じである。

【解説と解答】

　力の三要素とは，「**力の大きさ**」・「**力の向き**」・「**力の作用点**」をいいます。力の三要素により，その力が確定されます。

　① **力の大きさ**　：　**作用線の長さ**で大きさを表わします。
　② **力 の 向 き**　：　**作用線の向き**で表わします。
　③ **力の作用点**　：　**力が作用する位置**をいいます。

　作用線は，力が作用する作用点から力の作用する方向へ引いた線をいい，**作用線の向き・長さ**は，力の向き・力の大きさを表しています。

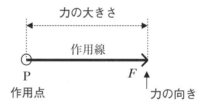

● 力の作用する時間は，力の三要素ではありません。　　　　解答　⑵

ベクトルとスカラ

▶力や加速度などのように**大きさ**と**方向性**を持つ量のことを**ベクトル量**という。

▶質量・長さ・面積などのように，単に**大きさ**だけで**決まる量**のことを**スカラ量**といいます。

（7）力の合成・分解

【問題16】 図のように力 F_1 と力 F_2 が P 点で直角に作用しているとき F_1 ・ F_2 の合力として正しいものは，次のうちどれか。

(1) 14.1 N
(2) 20.0 N
(3) 28.2 N
(4) 40.0 N

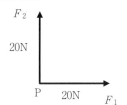

【解説と解答】

物体に2以上の力が作用するとき，同じ効果の**1つの力**で表すことができます。これを**力の合成**といい，合成した力を**合力**と呼びます。

また，物体に働く1つの力をいくつかの力に分けることもできます。これを**力の分解**といい，分解した力を**分力**と呼びます。

⑴ 力の合成のしかた

一般的に2つの力 F_1 ・ F_2 を合成する場合は，F_1 ・ F_2 を2辺とする平行四辺形をつくると，その**平行四辺形の対角線 PF** が2つの力の**合力**となります。

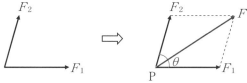

● 設問の場合，まず F_1 ・ F_2 を2辺とする力の平行四辺形を作ると対角線 P・F が合力となります。
合力 P・F を斜辺とする F_1 ・ F_2 の2つの三角形は，**直角二等辺三角形**となります。

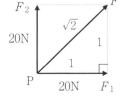

● **直角二等辺三角形の辺の比は $1:1:\sqrt{2}$ （斜辺）**であるので，F_1（$=F_2$）と**合力**との辺の比は

$1:\sqrt{2}$ となり，合力 F は次式より求めることができます。

$1:\sqrt{2}=20:F$（合力） $F=20\times\sqrt{2}$

● よって，20〔N〕$\times 1.41 = 28.2$〔N〕となります。

解答 (3)

合力の大きさは，2つの力 $F_1 \cdot F_2$ が θ の角度で一点に交わるとしたとき，$F = \sqrt{(F_1)^2 + (F_2)^2 + 2F_1 \times F_2 \times \cos\theta}$ により求めることができます。

また，$F_1 \cdot F_2$ の成す角度 θ が90度の場合，及び力の平行四辺形の法則によりできた合力を斜辺とする三角形が直角三角形の場合は，ピタゴラスの定理（三平方の定理）$F^2 = (F_1)^2 + (F_2)^2$ から求めることができます。

【問題17】 ある物体の一点に力 $F_1 = 10$ N と力 $F_2 = 30$ N が角度60度で引張り力として作用している。このときの合力の大きさとして正しいものは次のうちどれか。

(1) 36 N　　　　(2) 55 N　　　　(3) 130 N　　　　(4) 180 N

【解説と解答】

物体の一点に $F_1 \cdot F_2$ の力が θ の角度で働く時の合力は，次の算式により算出します。

$$F = \sqrt{(F_1)^2 + (F_2)^2 + 2F_1 \times F_2 \times \cos\theta}$$
$$F = \sqrt{(10)^2 + (30)^2 + 2 \times 10 \times 30 \times 0.5}$$
$$= \sqrt{1300} = 36.05 \fallingdotseq 36 \text{ N}$$

● 上記より，(1)が正解となります。　　　　　　　　　　　| 解答　(1) |

＊**力の方向が反対**で**大きさが等しい平行の力**は，合成することができず物体は回転します。このような力の組み合わせを「**偶力**」といいます。

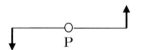

(2)　力の分解のしかた

力の分解は，力 (F) を**対角線**，分解する方向の力を**2辺**とする**平行四辺形**をつくり，$F_1 \cdot F_2$ の2つの力に分解します。即ち，合成の逆の方法で行います。

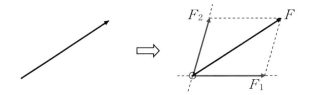

重要
ポイント

力の三要素 …次の**力の三要素**により**力**が確定します。

① 力の大きさ：**作用線の長さ**で大きさを表わす。

② 力 の 向 き：**作用線の向き**で表わす。

③ 力の作用点：**力が作用する位置**をいう。

力の合成・分解

*物体に**2以上の力が作用**するとき，同じ効果の**1つの力で表す**ことを**力の合成**といい，合成した力を**合力**と呼びます。

*物体に働く**1つの力**を同じ効果の**いくつかの力に分ける**ことを**力の分解**といい，分解した力を**分力**と呼びます。

◆**力の合成**

▶力の平行四辺形を作る方法で行われる。

▶合力の求め方

・2つの力 F_1・F_2が θ の角度で一点に交わる場合の合力は，

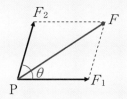

$F = \sqrt{(F_1)^2 + (F_2)^2 + 2F_1 \times F_2 \times \cos\theta}$ により算出する。

・F_1・F_2の成す角度 θ が**直角**の場合は，上記算式又は**ピタゴラスの定理** $F^2 = (F_1)^2 + (F_2)^2$ で算出する。

◆**力の分解**

▶力の分解は，力の合成の逆の方法で行います。

（8）力と三角形

【問題18】 下図の直角三角形における AC の力の大きさが30 N であるとしたとき，BC の力の大きさは次のうちどれか。

(1) 10 N　　(2) 20 N　　(3) 30 N　　(4) 40 N

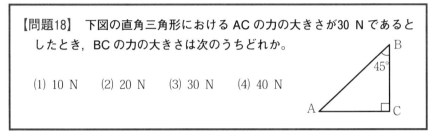

【解説と解答】

　力の平行四辺形は２つの三角形から構成されており，<u>辺の長さと角度は力の大きさと方向</u>に置きかえることができます。

▶三角形は，角度が同じであれば，各辺の長さの割合は定まっており，これをもとに，合力や分力を求めることができます（三角形の相似）。

▶三角形の内角の和は180°と定まっています。

＊下図は活用範囲の広い三角形です。知っておくととても便利です！

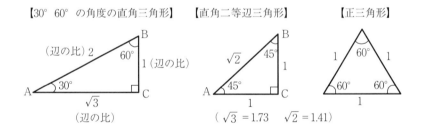

【30° 60° の角度の直角三角形】　【直角二等辺三角形】　【正三角形】

$(\sqrt{3} = 1.73$　$\sqrt{2} = 1.41)$

☆ 三角形は<u>辺の長さの比</u>から<u>他の辺の長さを求めることができます。</u>

　設問の三角形は， １つの角度が45°の直角三角形ですから，もう１つの角度も45°となり，上図中央の図と相似関係にあります。

　設問の三角形の辺 AC と BC の長さの比（＝力の比）は１：１であるので，辺 AC が30 N のとき辺 BC も30 N となります。

解答　(3)

【問題19】　救助袋の展張予定範囲に樹木がある。下図を参考にして樹木の高さを求めよ。但し，解答は小数点以下第2位までとする。

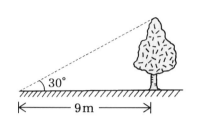

30°

← 9m →

解答欄

m

【解説と解答】

☆ 三角形の「一辺」と「角度」から他の辺の長さを求めることができます。

辺と角度の関係は，sin（サイン），cos（コサイン），tan（タンジェント）で表わし，sin 30° cos 60° 等は比較する辺と角度を具体的に示しています。

本問は，tan 30° により解答することができます。

| tan | は，　▶筆記体の $\boldsymbol{\ell}$ に相当する辺を比較します。（AC と BC）

　　　　▶筆順方向で比較し，角度は書出しの角度をいいます。

$$\tan 30° = \frac{BC}{AC} = \frac{1}{\sqrt{3}} = 0.577$$

∴　tan 30° ＝0.577の値となります。

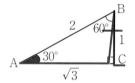

この数値を三角関数といい，様々な角度に対する数値を知ることができる「三角関数表」というものがあります。

本問は，上記より tan 30° の値が出ているので，次式となります。

$0.577 \times 9m = 5.193m$　　　　高さは5.19 m となります。

三角関数の例

	30°	45°	60°
sin（正弦）	0.5000	0.7071	0.8660
cos（余弦）	0.8660	0.7071	0.5000
tan（正接）	0.5774	1.0000	1.7321

　実技試験で時折見かける sin，cos に対応できるよう，次に説明しますので活用してください。

$\boxed{\text{sin}}$ は，▶ S の筆記体 ⟋ に**相当する辺を比較**します。
　　　　▶筆順方向で比較し，斜辺が**分母**となります。
　　　　▶角度は ⟋ 字の書き出し箇所の**角度**をいいます。

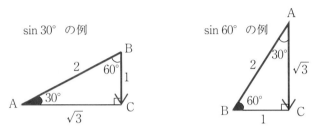

sin 30° の例　　　　　　　sin 60° の例

・**sin 30°** は辺 **AB** と **BC** との**比較**になります。

$$\sin 30° = \frac{BC}{AB} = \frac{1}{2} = 0.5 \qquad \therefore \sin 30° = 0.5$$

同様に sin 60° ＝ AC/AB ＝$\sqrt{3}$/2＝0.86の値となる。
　∴ sin 60° ＝0.866となります。

$\boxed{\text{cos}}$ は，▶筆記体の $\mathcal{C}$ に**相当する辺を比較**します。
　　　　▶角度は C で囲む角度をいいます。

・cos 30° は，辺 **AB** と **AC** との**比較**となります。

cos30° の例

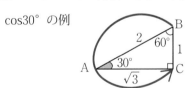

$$\cos 30° = \frac{AC}{AB} = \frac{\sqrt{3}}{2} = 0.86 \qquad \therefore \cos 30° = 0.866$$

同様に cos 60° ＝ BC/AB ＝$\frac{1}{2}$＝0.5となります。

力と三角形

◆**力の平行四辺形**は**対角線**（合力）を1辺とした**2つの三角形**から構成されており，**辺の長さと角度**は**力の大きさと方向**に置きかえて考えることができる。

◆**相似形三角形**は，各辺の長さの割合は定まっており，これを基に，**合力**や**分力**の大きさを求めることができる。

(1)　三角形の**辺の長さの比**から**他の辺の長さ**（＝力）を求めることができる。

【30°60°の角度の直角三角形】　【直角二等辺三角形】　【正三角形】

(2)　sin，cos，tan の二角関数を用いて，二角形の**一辺**と**角度**から**他の辺の長さ**（＝力）を求めることができる。

　　［例］ $\sin 30° = 0.5$　$\cos 30° = 0.86$ 等

（9）モーメント

【問題20】　一端を固定した長さ2mの鋼棒の自由端に5Nの荷重をかけたときの最大曲げモーメントとして正しいものはどれか。

(1) 5 N・m　　　(2) 10 N・m　　　(3) 15 N・m　　　(4) 20 N・m

【解説と解答】

　固定点や回転軸を中心に**回転させようとする力の働き**を**力のモーメント**といい，モーメントは **M＝（力）×（軸から力までの距離）** で求めることができます。単位は〔**N・m**〕となります。

$$M = F \cdot r \quad \text{〔N・m〕}$$

M：モーメント〔N・m〕
F：力の大きさ〔N〕
r：軸から力までの距離〔m〕

● 設問を図で示すと次のようになります。

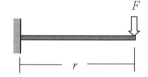

● 上記算式に設問の数値を代入します。
　　$M = 5 \text{ N} \times 2 \text{ m} = 10 \text{ N・m}$ となります。

解答　(2)

【問題21】　下図のように長さ2mの片持ちばりがある。このはりに18kNの等分布荷重（W）がかかったときの最大曲げモーメントとして正しいものは，次のどれか。

(1) 10 kN・m
(2) 18 kN・m
(3) 25 kN・m
(4) 36 kN・m

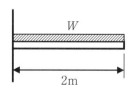

【解説と解答】

● **等分布荷重**は，鋼材等の**中央に全荷重がかかる**ものとして算出します。

● よって，$M = 1\text{m} \times 18 \text{ kN}$　　$M = 18 \text{ kN・m}$

解答　(2)

【問題22】　下図のスパナを用いてボルトの中心から30 cm の位置に5 N の力を加えた場合のモーメントは次のうちどれか。

    (1) 0.6 N·m

    (2) 1.2 N·m

    (3) 1.5 N·m

    (4) 6.0 N·m

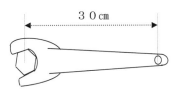

【解説と解答】

　電動機やボルトなどのように，回転軸を中心に回転させようとする力の働きは，モーメントと同じ概念のトルクという呼び方が使われます。

● 選択肢の単位が〔N・m〕であるので，30 cm を0.3 m に単位合せをした後に，モーメントの算式に数値を代入します。

● $M = 5$ N $×0.3$ m　　　$M = 1.5$〔N・m〕となります。　　　解答　(3)

【問題23】　図のスパナにより10 mm のナットの締め付けを行いたい。このナットの最高締付トルクが35 N・m である場合，何 N の力をかければよいか，次のうちから選べ。

　　　但し，ナットの中心より40 cm の部分に力をかけるものとする。

    (1) 14.0 N

    (2) 45.5 N

    (3) 69.0 N

    (4) 87.5 N

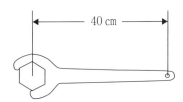

【解説と解答】

　トルクは，モーメントの算出と同じ方法で解きます。

● 求める力を X とし，単位合せの後モーメントの算式に数値を代入します。

　（35 N・m → 3500 N・cm に単位合せをする）

● 3500 N・cm $= X ×40$ cm　　　$X = 3500 ÷ 40$

● したがって，87.5 N となります。　　　解答　(4)

【問題24】　吊り下げられた長さ3 mの鋼棒のA端に40 N（F_1），B端に60 N（F_2）の力が鋼棒と直角に下向きに働いている。

　　鋼棒が水平を保つための支点の位置，合力の大きさ，合力の方向についての記述のうち，正しいものは次のどれか。

(1) 合力の方向は上向きである。
(2) 合力の大きさは50 Nである。
(3) 支点の位置はA端から2 mの位置である。
(4) 支点の位置はB端から1.2 mの位置である。

【解説と解答】

　この問題はモーメント及び力の合成の延長線上にある問題です。

　下図のように支点の位置を0，支点からA端までの距離をr_1，支点からB端までの距離をr_2，合力をFとして算出します。

▶**合力の方向**：F_1，F_2とも同じ向きなので合力は下向きとなります。

▶**合力の大きさ**：同じ向きなので$F = 40 + 60 = 100$ Nとなります。

▶**支点の位置**：$F_1 \times r_1 = F_2 \times r_2$ が成り立つ位置となります。

● 次の① 又は② の方法で算出します。

① 支点（0）の左右のモーメントが均衡する位置を算出します。

　　$40 \times r_1 = 60 \times (3\ \text{m} - r_1)$　→　$40\,r_1 = 180\ \text{m} - 60\,r_1$

　　$r_1 = 180\ \text{m} \div 100 = 1.8\ \text{m}$　　　$r_2 = 3\ \text{m} - 1.8\ \text{m} = 1.2\ \text{m}$

② 次の作用点を求める算式により求める。

　　$r_1 = \dfrac{F_2}{F} \times r$　　　$r_2 = \dfrac{F_1}{F} \times r$

　　$r_1 = \dfrac{60}{100} \times 3\ \text{m} = 1.8\ \text{m}$

　　$r_2 = \dfrac{40}{100} \times 3\ \text{m} = 1.2\ \text{m}$

● よって，支点の位置はA端から1.8 mの位置，

　即ちB端から1.2 mの位置となるので，(4)が正しいことになります。

解答　(4)

【問題25】　図のようにＡ点Ｂ点で支えられた長さ8 m の単純ばりがあ
る。Ａ点から5 m のＣ点に200 N の荷重がかかったときにＡ点Ｂ点で
受ける力の大きさの組合せとして正しいものはどれか。

	Ａ点	Ｂ点
(1)	50 N	150 N
(2)	75 N	125 N
(3)	100 N	100 N
(4)	150 N	50 N

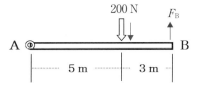

【解説と解答】

　逆向きの平行な力が働く場合の例です。この場合，荷重とそれを支えるＡ
点Ｂ点の力が逆向きとなります。

　力は，下向きの力を正（＋），上向きの力を負（－）として計算します。

　また，モーメントは反時計回り（＋），時計回りを（－）として計算します。

・**Ａ端を基準**にすると，200 N は右回
りのモーメントの力となり，Ｂ端の
力 F_B は左回りのモーメント力とな
ります。

$F_B \times 8$ m ＝200 N ×5 m

F_B＝200× 5 ÷ 8 ＝125 N

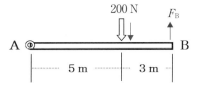

・**Ｂ端を基準**にすると，200 N は左回
りのモーメントの力となり，Ａ端の
力 F_A は右回りのモーメント力とな
ります。

$F_A \times 8$ m ＝200 N ×3 m

F_A＝200× 3 ÷ 8 ＝75 N

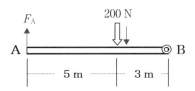

● したがって，**Ａ**点で受ける力は**75**〔N〕，**Ｂ**点で受ける力は**125**〔N〕とな
り，$F_A + F_B$＝200〔N〕と荷重200〔N〕が釣り合っています。　解答　(2)

重要
ポイント

モーメント

◆固定点や回転軸などを中心に回転させようとする力の働きを力のモーメントという。

◆モーメントは **M =（力）×（軸から力までの距離）** で求める。

$$M = F \cdot r \ （\mathrm{N \cdot m}）$$

M：モーメント〔N・m〕
F：力の大きさ〔N〕
r：軸から力までの距離〔m〕

◆**等分布荷重**のモーメント計算は，荷重のかかる中央に全荷重がかかるものとして算出する。

◆力の向きが垂直でない場合は，垂直成分のみがモーメントに働く。

◆モーメントは**反時計回りを（＋）**，**時計回りを（－）**として計算する（力は下向きの力が正（＋），上向きの力が負（－））。

トルク

◆**電動機**や**ボルト**等のように，回転軸を中心に回転させようとする力の働きは，トルクという呼び方をする。

◆トルクは**ねじりモーメント**ともいう。

◆**モーメント**と**トルク**は同じ概念のため，同じ算出方法で行う。

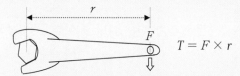

$$T = F \times r$$

(10) 仕事・動力

【問題26】 600N の物体を10秒間で 5 m 引き上げた。このときの仕事量と
して正しいものは，次のうちどれか。

(1) 600 N・m　　(2) 1200 N・m　　(3) 3000 N・m　　(4) 6000 N・m

【解説と解答】

　物体に力 F 〔N〕を加えて S 〔m〕移動することを仕事といい，この時にし
た仕事の量を仕事量といいます。

F 〔N〕　　　　　　　　　　S 〔m〕

＊仕事量は Work の頭文字の W で表し，次式により求めます。

$$W = F \cdot S \quad \text{〔N・m〕}$$

（仕事＝力×移動量）

＊仕事の単位は，〔N・m〕（ニュートンメートル）となります。
　・1 N・m は，物体を 1 N の力で 1 m 動かす仕事量をいいます。
　・1 N・m ＝1 J（ジュール）　仕事の単位に使われます。
　・1 kgf・m ＝9.8 N・m ＝9.8 J

● よって，仕事量＝600 N ×5 m ＝3000 〔N・m〕となります。

● 上記より，(3)が正解となります。　　　　　　　　　　　解答　(3)

【問題27】 150 N の物体を30秒間で10 m 引き上げた。このときの仕事量
として正しいものは，次のうちどれか。

(1) 300 J　　　　(2) 450 J　　　　(3) 1500 J　　　　(4) 4500 J

【解説と解答】

　前問と同じく仕事量を求める問題ですが，設問の選択肢の単位がJとなっているので，J（ジュール）の単位で答える必要があります。

● 仕事量を求める算式に設問の数値を代入します。

　　　$W = 150$ N $\times 10$ m 　　　　　$W = 1500$ N・m

● 仕事量は，1 N・m ＝1 J であるので，1500 J となります。

● 上記より，(3)が正解となります。　　　　　　　　　　　| 解答　(3) |

【問題28】　重量800 N の物体を20秒で10 m の高さに引上げた。
このときの動力は次のうちどれか。

(1) 200 W 　　　　(2) 300 W 　　　　(3) 400 W 　　　　(4) 500 W

【解説と解答】

　単位時間（1秒）で行う仕事のことを**動力**又は**仕事率**といいます。
　従って，**動力（*P*）＝仕事量÷時間**となります。

$$P = \frac{W}{t} \quad \begin{array}{l}(\text{仕事量}) \\ (\text{時　間})\end{array}$$
　　　　〔N・m/s〕，〔W〕（ワット）
　　　　s：sec（秒）

動力の単位は〔N・m/s〕，〔J/s〕又は〔W〕（ワット）が使われます。
　　▶1 N・m/s ＝1 J/s ＝1 W（ワット）
　　▶1 馬力（PS）＝735 W です。
　※動力を表す*P*は，Power の頭文字です。

● 先ず仕事量を算出し，それに費やした時間で割れば動力となります。
　　▶仕事量 ➡ （*W*）＝800×10＝8000〔N・m〕
　　▶動　力 ➡ （*P*）＝$\dfrac{8000}{20}$ $\begin{array}{l}(\text{仕事量}) \\ (\text{時間・秒})\end{array}$ ＝ 400〔N・m/s〕

● 1〔N・m/s〕＝1 W であるから，400 W となります。　　| 解答　(3) |

【問題29】　重量200 kg の物体を10秒間かけて10 m の高さに引き上げた。このときの動力として正しいものは，次のうちどれか。

ただし，重力加速度は9.8 m/s²とする。

　(1) 149 W　　　　(2) 204 W　　　　(3) 1960 W　　　　(4) 2040 W

【解説と解答】

　この問題は，重力によって引かれる分も仕事量に加わるので，重力加速度も計算に入れて動力を算出する問題です。

▶**仕事量**：$W = 200$ kg $\times 10 \times 9.8 = 19600$ 〔N・m〕
　1kgf・m =9.8〔N・m〕**=9.8**〔J〕であることから，仕事量の単位は〔N・m〕又は〔J〕と読み替えることができます。

▶**動　力**：$(P) = \dfrac{19600}{10} \dfrac{\text{(仕事量)}}{\text{(時間・秒)}} = 1960$〔N・m/s〕

● 〔N・m/s〕=〔W〕であるので，正解は(3)となります。　　　　　解答　(3)

重要
ポイント

仕事　…物体に力 F〔N〕を加えて S〔m〕移動することを**仕事**といい，この時にした仕事の量を**仕事量**という。

◆**仕事量の算式**　　$W = F \cdot S$　　〔N・m〕

◆**仕事量の単位**　▶1 N・m =1〔J〕（ジュール）
　　　　　　　　　▶1 kgf・m =9.8 N・m =9.8 J

動力　…単位時間（1秒）で行う仕事のことを**動力**又は**仕事率**という。したがって，**動力（P）=仕事量÷時間**となる。

◆**動力の算式**　　$P = \dfrac{W}{t} \dfrac{\text{(仕事量)}}{\text{(時　間)}}$　　〔N・m/s〕

◆**動力の単位**　▶1 N・m/s =1 J/s =1 W（ワット）
　　　　　　　　▶1馬力（PS）=735 W です。

(11) 滑車

【問題30】　下図の滑車を用いて1600 N の物体 W を引き上げるのに必要
な力 F として，正しいものは次のうちどれか。但し，滑車とロープの
重量，摩擦は無視すること。

(1) 120 N
(2) 150 N
(3) 200 N
(4) 250 N

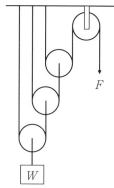

【解説と解答】

　組み合わせ滑車には，固定された定滑車とロープを引くと移動する動滑車が
あります。「定滑車」は力の方向を変える働きをし，「動滑車」は力の大きさを
変える働きをします。

　動滑車の数が1個増えるごとに重量物の重量の半分が軽減されます。

● 引く力「F」を求める算式は，次のとおりです。

$$F = \frac{W}{2^n}$$

・n は同滑車の数です。
・本問では3個ですから2^3となります。

● 設問の数値を算式に代入します。

$$F = \frac{W}{2^n} \quad\Rightarrow\quad \frac{1600}{2^3} = \frac{1600}{8} = 200 \text{ N}$$

● よって，引く力 F は200 N となります。

解答　(3)

＊複数の動滑車を用いると，小さな力で重量物を引上げることができますが，
　ロープを引く長さが長くなるために，仕事量には変化がありません。

【問題31】　下図の輪軸を用いて500 N の物体 W を吊り上げるために必要
な力 F として，正しいものは次のうちどれか。
　　但し，それぞれの直径は D：80 cm，d：20 cm とする。

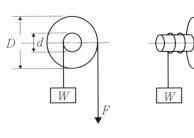

(1) 125 N　　　　(2) 150 N　　　　(3) 200 N　　　　(4) 300 N

【解説と解答】

　　大小の輪を組み合わせた輪軸は，重量物の「巻き上げ」や「吊り上げ」など
の際に用いられます。

● 輪軸は，軸を中心に回転するので，軸の中心に支点があると考えれば，「て
　こ」と同じ考え方ができます。

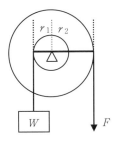

＜ F を求める算式＞

$$F \times \frac{D}{2} = W \times \frac{d}{2}$$
（大輪の半径）　（小輪の半径）

$\dfrac{D}{2} = r_2$　　$\dfrac{d}{2} = r_1$

● 設問の数値を算式に代入します。
　　$F \times 40\text{cm} = 500\text{ N} \times 10\text{ cm}$ → $40F = 5000$
　　　　　　　　　　　　　　　　∴　$F = 125\text{ N}$

● よって，引く力 F は125 N となります。

解答　(1)

重要
ポイント

滑 車 (かっしゃ)

組み合わせ滑車

・定滑車：力の方向を変える働きをする。

・動滑車：力の大きさを変える働きをする。

◆**動滑車の数が1個増える**ごとに重量物の重量の半分が軽減される。

◆**引く力を求める算式**

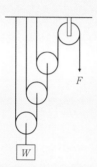

$$F = \frac{W}{2^n}$$

・nは動滑車の数です。

・本問では3個ですから2^3となります。

輪 軸

◆輪軸とは，**大小の輪を組み合わせたもの**をいい，重量物の**巻き上げ**や**吊り上げ**などの際に用いられる。

◆軸を中心に回転するので，軸の中心に支点があると考えれば「てこ」と同じ考え方でよい。

◆**引く力（F）を求める算式**

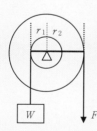

$$F \times \frac{D}{2} = W \times \frac{d}{2}$$

（大輪の半径）　（小輪の半径）

$$\frac{D}{2} = r_2 \qquad \frac{d}{2} = r_1$$

(12) 摩擦力

【問題32】 水平な床面に置かれた700 N の物体を水平に動かすときの最大摩擦力は次のうちどれか。但し，摩擦係数は0.3とする。

(1) 210 N   (2) 280 N   (3) 350 N   (4) 550 N

【解説と解答】

物体を動かそうとすると，**物体が動く向きと逆向きに摩擦力が働きます。** 静止している物体に外力（f）を徐々に加えてゆくと，ついに，物体が動き出します。この物体の**動き出す直前の摩擦力が最も大きい**ものとなることから，このときの摩擦力を**最大摩擦力又は最大静止摩擦力**といいます。

摩擦力の大きさは，接触面にかかる**垂直圧力に比例**するため，**物体の質量に比例**することになります。接触面の大小は関係ありません。

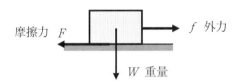

摩擦力 F f 外力

W 重量

● 最大摩擦力は，下式により求めることができます。

$$F = \mu \times W \quad \text{〔N〕}$$

μ：摩擦係数（ミュー）
W：接触面にかかる圧力（荷重）

● 算式に設問の数値を代入します。

$F = 0.3 \times 700 \quad \rightarrow \quad F = 210$ 解答 (1)

【問題33】 重量が80 N の物体に32 N の力を加えたら動きはじめた。この物体の摩擦係数は次のうちどれか。

(1) 0.2   (2) 0.3   (3) 0.4   (4) 0.5

【解説と解答】

● 摩擦力の算式に設問の数値を代入します。

$32 = \mu \times 80 \quad \rightarrow \quad \mu = 32 \div 80 = 0.4$

● よって，(3)が正解となります。   解答 (3)

【問題34】 物体を動かそうとするときに働く「**摩擦力**」についての記述のうち，**誤っているもの**は次のうちどれか。

⑴ 最大静止摩擦力は，接触面の大きさに応じた値となる。

⑵ 摩擦力の大きさは，接触面にかかる垂直圧力に比例する。

⑶ 接触面の状態が摩擦力に影響を及ぼす指標を摩擦係数という。

⑷ 摩擦角とは，物体相互の接触面を傾けていくとき物体がすべり出す直前の接触面と水平面とのなす角度をいう。

【解説と解答】

● 摩擦力の大きさは，接触面にかかる垂直圧力（物体の質量）に比例し，接触面の状態により決まる。接触面の大小とは無関係です。

● 摩擦係数，摩擦角の説明は，選択肢の通りです。

● よって，⑴が誤りとなります。　　　　　　　　　　　　　　　解答　⑴

重要
ポイント

摩　擦

◆**摩擦力**とは，物体を動かそうとすると**物体が動く向きと逆向き**に働く抵抗力をいう。

▶静止物体を動かす時に最も大きい力が必要となる。

　このときの摩擦力を**最大摩擦力**又は**最大静止摩擦力**という。

▶摩擦力の大きさは，**垂直圧力**に比例し，**接触面の状態**により決まる。

　ただし，接触面の**大きさとは無関係**である。

▶摩擦力に影響を及ぼす**接触面の状態**を表わすものに**摩擦係数**があり μ（ミュー）で表わす。（静止摩擦係数・動摩擦係数がある）

◆最大摩擦力の求め方

$$F = \mu \times W \quad \text{〔N〕}$$

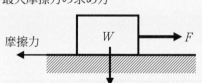

μ：摩擦係数（ミュー）

W：接触面にかかる圧力（荷重）

◆**摩擦角**とは，**物体を載せた傾斜面の傾きを徐々に大きくしていくと物体が滑り始める**。滑り出す直前の**接触面**と**水平面**とのなす角度をいう。

（ $\mu = \tan \theta$ となる）

(13) 運動

> 【問題35】　時速40 km で走っている自動車が 5 秒後に時速75 km となっ
> た。このときの加速度は次のうちどれか。
>
> (1) 1.94 m/s^2　　　(2) 3.88 m/s^2　　　(3) 5.82 m/s^2　　　(4) 7.76 m/s^2

【解説と解答】

　　運動とは，**物体**が時間とともに**位置を変える**ことをいいます。

　　また，運動における物体の**位置の変化を変位**といいます。

　　運動には，直線運動・曲線運動・回転運動などがあります。

速　度：時間当たりの変位の量をいう。〔速度＝変位（m）÷所用時間（t）〕
　　　　　単位には〔m/s〕（メートル毎秒）が用いられる。

加速度：単位時間あたりの速度の変化率をいう。

　　▶加速度（a）は，次式により求めます。

$$a = \frac{v_2 - v_1}{t} \quad \begin{array}{l}〔変位〕\\〔時間〕\end{array} \quad 〔速度 \, v \, が \, t \, 時間後に \, v_2 \, になった場合〕$$

　　▶加速度の単位には〔m/s^2〕（メートル毎秒毎秒）が用いられる。

　　▶加速度は速度の変化率であるので，**減速**の場合も含まれる。

　　▶重力による加速度を**重力加速度**という。（9.8m/s^2）＝1 g（ジー）

● 問題と選択肢の単位あわせをし，加速度を求めます。（km/h → m/s）

$$(75-40) \times \frac{1000}{3600} = 9.72\text{m/s} \qquad a = \frac{9.72}{5} = 1.94\text{m/s}^2$$

● したがって，**1.94**〔m/s^2〕となります。　　　　　　　　解答　(1)

```
　　　　　　　　　　公式の単位記号等

＊公式などで速度は $v$，加速度は $a$，重力は $g$ などと表わし，覚えにくく
　感じますが難しく考えることはありません。
＊公式などで表わす文字の多くは，英語名の頭文字をとったものです。
　語源が分かると公式などは何でもないものになります。
　　▶速度（velocity）　　　▶重力（gravity）
　　▶加速度（acceleration）即ち**アクセル**の頭文字です。
```

【問題36】　静止状態の物体が自由落下を始めた。49 m/s の速度に達する時間として，正しいものは次のうちどれか。
　ただし，空気抵抗は考慮しないものとする。

　　(1) 3秒後　　　(2) 5秒後　　　(3) 8秒後　　　(4) 10秒後

【解説と解答】

● 自由落下運動は，次式により求めます。

$$v = v_0 + gt$$ （速度＝初速＋重力加速度×時間）

〔速度：v，初速：v_0，重力加速度：$g = 9.8$ m/s^2，時間：t〕

● 設問の数値を算式に代入します。
　静止状態からの落下なので，初速は 0 となります。
　　$49 = 0 + 9.8 \times t$　→　$49 = 9.8\,t$　→　$t = 5$

● 従って，5秒後となります。　　　　　　　　　　　　　解答　(2)

【問題37】　ボールを50 m/s の速度で投げ上げた。最高の高さになるまでのおおよその時間は，次のうちどれか。
　ただし，空気抵抗は考慮しないものとする。

　　(1) 約3秒　　　(2) 約5秒　　　(3) 約8秒　　　(4) 約10秒

【解説と解答】

● 投げ上げ運動は，ボールの上がる速度に対して**重力加速度**は**下向き**に働くので，重力加速度は**マイナスの作用**となり，算式は次のようになります。

$$v = v_0 - gt$$ ・速度：v　・初速：v_0　・時間：t
　　　　　　　　・重力加速度：$g = 9.8$〔m/s^2〕

● 最高点での速度は 0 となるので，**$0 = 50 - 9.8 \times t$** となります。

● よって，$t = 50 \div 9.8 \fallingdotseq 5.1$　約5秒となります。　　解答　(2)

【問題38】　ニュートンの運動の法則についての記述のうち，誤っている
　ものは次のうちどれか。

(1) 第一法則は慣性の法則とも呼ばれている。

(2) 第二法則は，物体に働く力により物体に生じる加速度についての法
　則である。

(3) 第三法則は作用・反作用の法則とも呼ばれ，物体に力を加えると，
　加えた側も同じだけの力を物体から受けるという法則である。

(4) 第四法則は，物体に外力が加わらない限り，今までの状態を持続す
　るという法則である。

【解説と解答】

　運動と力の関係を正確に示したのがニュートンの運動の法則で，次の三法則
から成り立っています。

　・運動の第一法則（慣性の法則）

　　物体は，外部から力を受けない限り，静止している物体は静止状態を続
　　け，運動している物体は等速直線運動を続ける。

　・運動の第二法則（運動法則・運動方程式）

　　物体に力が働くとき，物体には力と同じ向きの加速度が生じ，その加速度
　　の大きさは力の大きさに比例し，物体の質量に反比例する。

　・運動の第三法則（作用・反作用の法則）

　　物体に力を加える（**作用**）と，加えた側も同じだけの力を物体から受ける
　　（**反作用**）という法則。

● 設問(4)の説明は，第一法則の慣性の法則についての説明です。

● したがって，(4)が誤りとなります。　　　　　　　　　　　　解答　(4)

重要
ポイント

運　動

　物体が時間とともにその**位置を変える**ことを**運動**といい，運動における物体の**位置の変化**を**変位**という。

◆**運動量**：質量（m）と速度（v）の積が運動量となる。
　▶算出法　　　**運動量（mv）＝質量（m）×速度（v）**

◆**速　度**：単位時間あたりの速度の変化率をいう。
　▶算出法　　　**速度（v）＝変位（m）÷所用時間（t）**　〔m/s〕

◆**加速度**：単位時間当たりの変位量をいう。
　▶算出法
$$a = \frac{v_2 - v}{t} \quad \text{〔m/s}^2\text{〕}$$
　　　　　〔速度 v が，t 時間後に v_2 になった場合〕

◆**自由落下運動**：物体が自重により落下するときの速度
　▶算出法
$$v = v_0 + gt$$
　　　　　〔速度：v，初速：v_0，重力加速度：$g = 9.8$ m/s^2，時間：t〕

◆**投げ上げ運動**：物体を投げ上げるときの速度・時間等
　▶算出法
$$v = v_0 - gt$$
　　　　　〔速度：v，初速：v_0，重力加速度：$g = 9.8$ m/s^2，時間：t〕

◆**ニュートンの運動の法則**
　▶第一法則（慣性の法則）
　▶第二法則（運動の法則，運動方程式）
　▶第三法則（作用・反作用の法則）

2　機械材料

（1）金属の性質

【問題39】　金属の一般的な性質のうち，誤っているものはどれか。

(1)　溶解温度の高いものとして錫（すず）やタングステンがある。

(2)　一般的に金属は熱による膨張率が大きく，熱の良導体である。

(3)　オスミウムは比重が最も大きく，リチウムは比重が最も小さい。

(4)　アルミニウムは表面に酸化被膜をつくるために，内部まで腐食が進行しない。

【解説と解答】

金属の一般的性質の主なものとして，次のようなものがあります。

一般的な性質	金属の例
① 電気，熱の良導体である	・電気伝導度の例　　鉄＜銅＜銀
② 可鋳性，可鍛性がある	・展性，延性に富んでいる
③ 熱によって溶解する	・融点の低いもの：すず ・融点の高いもの：タングステン
④ 加熱すると膨張する	・膨張率が大きいもの　：鉛
⑤ 比重が大きい（重い）	・比重の小さいもの（軽い）：リチウム ・比重の最も大きいもの（重い）：オスミウム
⑥ 金属は腐食する	・金，白金は腐食しない ・アルミニウム，錫など表面に錆びの膜を造り，内部まで錆が進行しないものもある

＊このほか金属は弾性体で独特の光沢を持つ，など様々な性質がある。

＊比重の例：リチウム 0.53　鉄 7.87　銅 8.96　銀 10.49　オスミウム 22.58

＊融点の例（℃）：タングステン 3410　鉄 1539　銅 1083　金 1063　銀 960
　　　　　　　アルミニウム 660　亜鉛 419　鉛 327　すず 231

● (1) ×　錫（すず）は溶解温度の最も低い金属なので誤りです。

　(2)(3)(4) ○　選択肢の文章は，正しい説明です。

● したがって，(1) が誤りとなります。　　　　　　　　　　解答　(1)

【問題40】　炭素鋼の一般的な性質として，正しいものはどれか。

(1) 炭素含有量が増加するほど硬度は減少する。

(2) 炭素含有量が増加するほど展延性は減少する。

(3) 炭素含有量が増加するほど伸び率は増加する。

(4) 炭素含有量が増加するほど加工性は増加する。

【解説と解答】

　鉄は単体で使用されることは少なく，他の元素を添加して合金としたうえで，**機械的強度**や**性能を向上**させて広い用途で使われています。

　炭素鋼は鉄と炭素の**合金**で，一般構造用材料として使用されています。

　鉄に加える炭素量や他の元素の添加により，**鋳鉄**（FC）・**鋳鋼**（SC）・**鍛鋼**（SF）・**ステンレス鋼**（SUS）・**圧延鋼**（SS）など様々な種類があります。

● 炭素量が多くなるほど**硬くなる**反面**もろく**なり，展延性は減少するため加工しにくくなります。　　　　　　　　　　　　　　　　　　解答　(2)

＊鉄に**炭素のほか**，ニッケル・クロム・モリブデン・タングステンなど，**1種類または2種類以上**を加えた鋼（はがね）を特殊鋼といいます。

＊特殊鋼は，強度，耐食性，耐熱性に優れています。

　（例）**ステンレス鋼**（SUS），ニッケル鋼，などがあります。

オーステナイト鋼

　オーステナイトとは，**鉄鋼の組織**の名称の1つで，強度・性能に優れた安定的な組織の鋼をいいます。

▶**鉄を910℃程度に加熱すると結晶形が変わりγ鉄となる。**
このγ鉄（ガンマ鉄）に合金元素（C, Ni, Mn 等）が**溶け込んだ**固溶体又はその**状態をオーステナイト**といいます。

▶**高温では安定的な組織であるが，Ni や Mn を多く含ませることによって常温でも安定する組織となります。**
（例：オーステナイト鋼，ステンレス鋼，ニッケル合金等）

【問題41】 合金の一般的な性質として，誤っているものは次のどれか。

(1) 硬度は成分金属より増加する。

(2) 可鍛性は増加するが，可鋳性は減少する。

(3) 化学的腐食作用に対する耐腐食性は増加する。

(4) 熱及び電気の伝導率は成分金属の平均値より減少する。

【解説と解答】

　金属は一般的に他の金属を加えて性質を変化させた**合金**として性能を高めたうえで使用されます。

　合金にすると金属の性質には次のような変化が生じます。

① **強度・抗張力**は成分金属より一般的に強くなる。

② **硬度**は一般的に増加する。

③ **可鋳性**は一般的に増加する。　　　（鋳物にしやすい性質）

④ **可鍛性**は減少するか又はなくなる。　（鍛造しやすい性質）

⑤ 化学的腐食作用に対する**耐腐食性**は増加する。

⑥ **電気や熱の伝導度**は若干減少する。

⑦ **溶解点**（融点）は，成分金属の平均値より低くなる。

● (1)(3)(4) ○　正しい記述をしています。

● (2) ×　**可鍛性**は**減少**又はなくなるが，**可鋳性**は**増加**します。　　| 解答　(2) |

【問題42】 銅合金についての記述のうち，誤っているものは次のどれか。

(1) 青銅は銅とすずの合金で，ブロンズと呼ばれている。

(2) 青銅にりんを加えたりん青銅は，弾性に富んでいる。

(3) 砲金は銅にすずと亜鉛を加えた合金で，鍛造性に優れている。

(4) 黄銅は銅と亜鉛の合金で，真ちゅうと呼ばれ，最も古い合金といわれている。

【解説と解答】

　銅・銅合金は**電気**や**熱**の**伝導性**が高く**展延性・耐食性**に優れています。

黄　銅：**銅**と**亜鉛**の合金で，しんちゅうと呼ばれています。

　　　　圧延加工性，耐食性，機械的性質に優れ，銅合金としては最も広く使用されています。

青　銅：**銅**と**すず**（15%以下）の合金で，ブロンズと呼ばれており，**最も古い合金**といわれています。

　　　　りん青銅は弾性に富んでおり，スプリング等に用いられます。
　　　　また，砲金（ほうきん）と呼ばれる鍛造性に優れているものがあります。

● 最も古い合金は青銅ですから，(4)が誤りです。　　　　　　　　解答　(4)

【問題43】　金属材料についての記述のうち，誤っているものはどれか。

(1) 白銅は，銅にニッケルを加えた合金である。
(2) ハンダは鉛とすずの合金で，金属の接合に用いられる。
(3) ジュラルミンは，アルミニウム合金なので非鉄金属ではない。
(4) 鉄と炭素の合金が炭素鋼で，一般構造用材料に多く使用される。

【解説と解答】

● (1)(2)(4) ○　正しい記述です。白銅は百円硬貨などに用いられています。

● (3) ×　ジュラルミンはアルミニウムと銅などの合金で，鉄および鉄を主成分とした合金ではないので非鉄金属です。　　　　　　　　解答　(3)

【問題44】　合金の主な成分の配合として，誤っているものはどれか。

(1) 黄銅…銅と亜鉛　　　(2) はんだ…鉛とマンガン
(3) 炭素鋼…鉄と炭素　　(4) ジュラルミン…アルミニウムと銅

【解説と解答】

● (2) ×　正しくは**鉛とすず**になります。　　　　　　　　解答　(2)

（2）金属の熱処理

【問題45】　金属の熱処理についての記述として，誤っているものはどれか。

(1) 焼き戻しは，焼き入れ済みの金属を再度加熱した後に徐々に冷却して，硬度や強度を更に増加させる。

(2) 焼きなましは，高温に加熱して一定時間保持した後に炉内等で極めてゆっくり冷却し，組織の安定化を図る。

(3) 焼き入れは，高温に熱した後に水または油に没して急冷して，金属の硬度を増加させる。

(4) 焼きならしは，高温に加熱して一定時間保持した後に，大気中でゆっくり冷却して，機械的性質を向上させる。

【解説と解答】

　金属の加熱や冷却を行って，性質を変化させることを金属の熱処理といいます。出題頻度の多い部分です！

〈熱処理の種類・方法・目的〉

熱処理	方　　法	目　　的
焼き入れ	高温で加熱した後に急冷する	硬度・強度を高める
焼き戻し	焼き入れした温度より低い温度で再加熱した後，徐々に冷却する	粘性の回復 焼き入れ強度の調整
焼きなまし	加熱を一定時間保持した後に，炉内等で極めてゆっくり冷やす	金属内部のひずみの除去 組織の安定化，展延性の回復
焼きならし	加熱を一定時間保持した後に，大気中でゆっくり冷やす	ひずみの除去，切削性の向上 機械的性質の向上

● (1)の焼き戻しは，焼き入れで硬くなりすぎた金属の粘性を戻すことを目的として行います。更なる硬化が目的ではありません。

● 従って，(1)が誤りとなります。　　　　　解答　(1)

＊熱処理には，一般的熱処理（焼き入れ，焼き戻し，焼きなまし，焼きならし）のほかに，表面熱処理（浸炭，窒化，高周波）などがあります。

【問題46】　金属の熱処理の浸炭について，誤っている記述はどれか。

(1) 浸炭は，鋼の表面部分のみを硬くするために行う熱処理の準備処理のことをいう。

(2) 浸炭は，鋼の表面層部分にのみ炭素を添加・浸入させる処理であって，内部には同様の処理は行わない。

(3) 浸炭された材料は，表面層は固く耐摩耗性が向上したものとなり，内部は柔軟性を維持した材料となる。

(4) 浸炭された材料の表面部分が固く，内部は柔軟性がある不安定な材料であることから，特殊な部分の材料として用いられる。

【解説と解答】

　稼動部に用いる歯車・機械部品・自動車部品などのように，<u>内部は柔軟な構造を保ったまま，表面のみが固く耐摩耗性のある材料</u>を作り出すための手法が浸炭（しんたん）です。これにより，**耐摩耗性**と**靱性**（じんせい）を両立させることが可能となりました。詳細は下記を参照ください。

解答　(4)

浸　炭　(しんたん)

　金属の熱処理の一つに浸炭という方法があります。

　浸炭とは，鋼の表面部分のみを硬くするために**表面層に炭素を添加・浸入させる処理**をいいます。（700〜900℃程度で行う）

▶浸炭は鋼の表面を硬化させるための準備処理であり，硬化そのものは焼き入れ・焼き戻しにより行います。

▶浸炭された材料は，表面層は硬化して耐摩耗性を向上させることができ，**内部**は柔軟性（靱性）（じんせい）を維持することができます。
（自動車部品，歯車，機械部品などに使用）

▶炭素と窒素を同時に処理する浸炭窒化という方法もあります。窒素は**焼き入れ性**を向上させる働きをします。

▶浸炭深さ（＝表層面の厚み）と炭素濃度が**材料の性能**に大きく影響します。

重要
ポイント

金属材料

◆炭素鋼と炭素量

- ・**炭素鋼**は鉄と炭素の合金で，鉄に加える炭素量や他の元素の添加により，**鋼・鋳鉄・鋳鋼**など様々な種類がある。
- ・**炭素量**が多くなるほど硬くなり，もろくなる。硬くなると**展延性**は減少するため，加工しにくくなる。
- ・鉄に炭素のほか**ニッケル**や**クロム**等を添加した**特殊鋼**がある。ステンレス鋼，ニッケル鋼などが該当する。

◆合　金

- ＊金属は一般的に他の金属を加えて性質を変化させた**合金**として<u>性能を高めたうえで使用</u>される。
- ・**硬度**は一般的に増加し，**強度**は成分金属より一般的に強くなる。
- ・**可鋳性**は一般的に増加するが，**可鍛性**は減少するか又はなくなる。
- ・化学的腐食作用に対する**耐腐食性**は増加する。
- ・**電気や熱の伝導度**は若干減少する。
- ・**溶解点**(融点)は，成分金属の平均値より低くなる。

◆非鉄金属

- ＊黄　銅：**銅**と**亜鉛**の合金で，しんちゅうと呼ばれている。
- ・圧延加工性，耐食性，機械的性質に優れ，広く使用されている。
- ＊青　銅：**銅**と**すず**(15 ％以下)の合金で，ブロンズと呼ばれている。
- ・最も古い合金といわれている。
- ＊**りん青銅**は弾性に富んでおり，スプリング等に用いられる。
- ＊**ジュラルミン**はアルミニウムと銅の合金で，軽量・強靭である。

◆金属の熱処理

熱処理	方　　法	目　　的
焼き入れ	高温で加熱後，**急冷**する	硬くし，強くする
焼き戻し	焼き入れ温度より**低い温度**で再加熱した後，冷却する	粘り強さの回復 焼き入れ硬さの調整
焼きなまし	一定時間加熱を保持した後，**炉内**でゆっくり冷却する	組織の軟化，展延性の向上 ひずみの除去
焼きならし	一定時間加熱を保持した後，**大気中**で十分に冷却する	組織の均一化，ひずみの除去 機械的性質の向上

（3）金属の溶接

【問題47】 金属の**溶接**についての記述として，**誤っている**はどれか。

(1) 融接は，溶接する母材の板厚が厚く接合強度が必要な場合によく用いられる。

(2) 圧接は，接合部を加熱して溶融した後に，圧力を加えて接合する方法である。

(3) ろう接は，母材金属より溶融点の低い「ろう」や「はんだ」を溶接材として用いる接合方法である。

(4) 溶接には，アーク溶接，ガス溶接など多くの方法があるが，電気抵抗を利用したスポット溶接は，圧接に分類される。

【解説と解答】

金属の接合部に**熱**や**圧力**を加えて接合することを**溶接**といいます。

溶接は，**融接・圧接・ろう接**に大別されます。

融　接：**接合部及び溶接棒を一度溶融した後固化させて接合する方法**で，板厚が厚く接合強度が必要な場合によく用いられる。
　　　　　：アーク溶接，ガス溶接（酸素・アセチレン）等がある。

圧　接：**接合部を加熱**して粘性状態にし，**圧力を加えて接合**する。
　　　　　薄板の溶接によく使用される。厚板には対応できない。
　　　　　：スポット溶接，シーム溶接，電気抵抗溶接 等がある。

ろう接：母材より溶融点の低いろう，はんだを溶接材として用いる。
　　　　　：**ろう付け，はんだ付け** がある。
（溶融点450 ℃以上…硬**ろう**，溶融点450 ℃以下…軟ろう （**はんだ**）を用いる）

● (2) ×　圧接は接合部を加熱して**粘性状態**にし，圧力を加えて接合する方法で，**接合部を溶融する方法**は「**融接**」です。

● (1)(3)(4)は正しい記述をしています。　　　　　　　　　　解答　(2)

【問題48】　下記の溶接用語についての記述のうち，誤っているのはどれか。

(1) スパッタとは，溶接中に飛散するスラグや金属粒のことをいう。

(2) アンダカットとは，必要以上の余盛部分を除去することをいう。

(3) スラグ巻き込みとは，溶着金属の内部に不純物が取り込まれていることをいい，溶接棒の運棒操作が遅い場合に起こりやすい。

(4) ブローホールとは，溶着金属の内部に空洞ができることで，溶接電流が高すぎる場合や溶接面に水分が多い時に起こりやすい。

【解説と解答】

溶接の用語例と原因となりやすい例を次に示します。

ビ　ー　ド：溶接棒と母材が溶融して溶着金属となった部分のこと。

スラグ巻込み：溶着金属の内部にスラグ（不純物）が取り込まれている状態

　　　　　　　［原因］・溶接電流が低い。　・溶接棒の運棒速度が遅い。

　　　　　　　　　　　・スラグの除去が不完全であった。

アンダカット：溶接部分において，ビードと母材の境目に溶接線に沿ってできた細い溝のこと。

　　　　　　　［原因］・溶接電流が高い。　・溶接棒の運棒操作が不適切

ブローホール：気孔とも呼ばれ，溶接金属の内部に空洞ができること。

　　　　　　　［原因］・溶接電流が高い。　・溶接面に水分が多い。

　　　　　　　　　　　・金属内の水素含有量が多い。

ク　レ　ー　タ：溶接ビードの終わりにできたへこみ（凹み）のこと。

　　　　　　　［原因］・母材の余熱不足　・溶接棒の運棒操作が不適切

余盛（よもり）：溶接部に設計値以上のビードを盛ること。

　　　　　　　以前は補強になると考えられたが，強度的には不適切であることが分かり，強度的に重要な箇所は削り取る。

● 上記の解説より，(1)(3)(4)は正しい説明をしていることが分かります。

● (2)が誤った説明をしています。　　　　　　　　　　　　　　　　解答　(2)

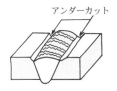

アンダーカット

オーバーラップ

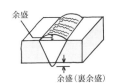

余盛

余盛（裏余盛）

溶　接

◆溶接の種類

　　金属の**接合部**に熱や圧力を加えて接合することを**溶接**といい，溶接
は，**融接・圧接・ろう接**に大別される。

融　　接：**接合部及び溶接棒を一度溶融した後固化させて接合する方法**
　　　　　で，板厚が厚く接合強度が必要な場合によく用いられる。
　　　　　（アーク溶接，ガス溶接）等

圧　　接：**接合部を加熱**して粘性状態にし，**圧力を加えて接合**する。薄板
　　　　　の溶接によく使用される
　　　　　（スポット溶接，シーム溶接，電気抵抗溶接）等。

ろ　う　接：**母材より溶融点の低いろう，はんだを溶接材として用いる**
　　　　　（ろう付け，はんだ付け）。

◆用語の例

ビ　ー　ド：溶接棒と母材が溶融して溶着金属となった部分のこと。

スラグ巻込み：溶着金属の内部にスラグ（不純物）が取込まれている状態。
　　　　　［原因］・溶接電流が低い。　・溶接棒の運棒速度が遅い。
　　　　　・スラグの除去が不完全であった。

アンダカット：溶接部分において，ビードと母材の境目に溶接線に沿って
　　　　　できた細い溝のこと。
　　　　　［原因］・溶接電流が高い。　・溶接棒の運棒操作が不適切

ブローホール：気孔とも呼ばれ，溶接金属の内部に空洞ができること。
　　　　　［原因］・溶接電流が高い。　・溶接面に水分が多い。
　　　　　・金属内の水素含有量が多い。

ク　レ　ー　タ：溶接ビードの終わりにできた**へこみ**（凹み）のこと。
　　　　　［原因］・母材の余熱不足　・溶接棒の運棒操作が不適切

余盛（よもり）：溶接部に設計値以上のビードを盛ること。

（4）ねじ，ボルト・ナット

【問題49】 M18×1.2と表示されたボルトがある。次の記述のうち正しいものはどれか。

(1) ボルトの呼び径は18 mm で，ピッチが1.2 mm である。

(2) 1.2はボルトのリード角を表わしている。

(3) ボルトの長さが18 mm で，ピッチが1.2 mm である。

(4) M はメートルねじを表わし，18はねじの長さを表わしている。

【解説と解答】

ねじは，巻き方向，条数，ねじ溝の形状，径，ピッチ，などにより多種多様なものがあります。ここでは，ごく一般的な説明をします。

- ⊙メートルねじ　…記号：M　メートル表示のねじで，**M-16**などと表示される。（現在はメートルねじが一般的）
  M はメートルねじであることを表わし，**16は呼び径**が16 mm であることを表わしている。
- ⊙ユニファイねじ …記号：UNC…**インチ表示**のねじ。
- ◎管用平行ねじ　…記号：G…**ねじが軸と平行**のもの。
- ◎管用テーパねじ …記号：R…**ねじが先細り**のもの（気密性が必要な場合）。

● 一般的に，ボルトはおねじ，ナットはめねじと呼ばれ，ボルトを表わす場合，M10，M18-1.2などと表示されます。

● M18-1.2とは，**メートルねじで呼び径が18 mm** であること，及び**ピッチ**（ねじ山間隔）が1.2 mm であることを表わしています。

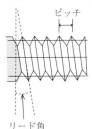

・**リード角**は，ねじ山の傾斜角度のことで，角度により進む距離が変わります。

・**リード**とは，ねじを1回転させた時にねじの進む距離をいいます。

● (1)が正しい説明をしています。　　　　　　　　　　　　　　　**解答　(1)**

重要ポイント

ねじ，ボルト・ナット

◆ねじの種類

　ねじは，巻き方向，条数，ねじ溝の形状，径，ピッチ，などにより多種多様なものがある。

- ⊙メートルねじ…　記号 M メートル表示のねじで，M-16などと表示される（メートルねじが一般的）。
　　　　　　　　　　　M はメートルねじを表し，16は呼び径が16 mm であることを表わしている。
- ⊙ユニファイねじ…記号 UNC インチ表示のねじ。

- ◎管用平行ねじ　…記号 G ねじが軸と平行のもの。
- ◎管用テーパねじ…記号 R ねじが先細りのもの。
　　　（気密性が必要な場合などに用いる）

◆ボルト・ナット

＊一般的に，ボルトはおねじ，ナットはめねじと呼ばれ，ボルトを表わす場合，M10，M18-1.2などと表示される。

＊ M18-1.2とは，メートルねじで呼び径が18 mm であること及びピッチ（ねじ山間隔）が1.2 mm であることを表わしている。

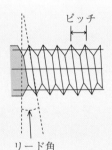

ピッチ

リード角

- ・リード角は，ねじ山の傾斜角度のことで，角度により進む距離が変わる。
- ・リードとは，ねじを1回転させた時にねじの進む距離をいう。

（5）比重と密度

【問題50】　次の記述のうち，適切でないものはどれか。

(1) 比重量とは，物質の単位体積あたりの重量のことをいう。

(2) 気体の比重は蒸気比重といい，1気圧0℃の空気が基準物質となる。

(3) 比重とは，物質の重さと同体積の水の重さを比較したものであり単位を持たない。

(4) 密度とは，物質の単位体積あたりの質量のことをいい，密度の単位には，kg/m^3 や g/cm^3 などが用いられる。

【解説と解答】

密度：物質の単位体積当たりの質量（kg/m^3，g/cm^3）をいいます。

　　　　［例］鉄の密度：$7.87g/cm^3$，水の密度（4℃の時）：$1\,g/cm^3$

比重：水の重さと他の物質の重さを比較したものをいいます。

　　　　したがって，4℃の水の密度と他の物質の密度の比ともいえます。

・1気圧4℃1gの水は，比重1，体積1 cm^3，密度$1\,g/cm^3$で，密度と同じ数値となることから，一般的に比重≒密度として扱われます。

$$比\ 重 = \frac{物質の重さ}{水の重さ}\quad \begin{matrix}（物質の密度）\\（水の密度）\end{matrix}$$

・単位体積当たりの重量を**比重量**といいます。

・比重は固体又は液体についての概念ですが，**気体は蒸気比重**といい，1気圧0℃の空気の重さ（1.293g/L）と比較します。

(1)(2)(4)は適切な記述をしていますが，(3)は4℃の水とすべきです。水は温度の影響を受けることから，体積が最小で密度が最大となる4℃の状態が基準となります。

解答　(3)

（6）気体の性質

> 【問題51】　27 ℃で12 L の気体を，圧力はそのまま一定状態に保ち−73
> ℃に冷却した場合，気体の体積は次のどれになるか。
>
> 　(1)　5 L　　　　　(2)　8 L　　　　　(3)　12 L　　　　　(4)　15 L

【解説と解答】

　熱や圧力の変化による気体の変化については「気体の体積は，圧力に反比例し，絶対温度に比例する」というボイル・シャルルの法則があります。

　温度 T_1（K），圧力 p_1，体積 v_1（L）の気体が，T_2, p_2, v_2に変化する場合，法則は次式で表わすことができます。

$$\frac{p_1 v_1}{T_1} = \frac{p_2 v_2}{T_2} \quad （一定）$$

　　T：絶対温度（$t+273$）
　　t：℃
　　K：ケルビン（絶対温度の単位）

ボイルの法則：温度が一定の時，気体の体積は圧力に反比例する。

シャルルの法則：圧力が一定の時，気体の体積は絶対温度に比例する。

　・圧力が一定の場合，気体の体積は温度が 1 ℃上昇または下降すると，気体が 0 ℃の時の体積の273分の 1 ずつ膨張又は収縮する。

　絶対温度は，これ以下の低い温度は無いと言われる点を 0 とした温度で，その単位を K（ケルビン）といいます。0 K＝−273.15℃です。

　設問の数値を公式に代入します。シャルルの法則を用います。

$$\frac{12}{27+273}\frac{L}{K} = \frac{v_2}{-73+273}\frac{L}{K} \qquad v_2 = 8\,L$$

解答　(2)

第2章

◉構造・機能・工事・整備◉

- ●避難器具は，火炎や煙などにより階段を用いる通常の避難ができないときに使用する**非常用の脱出器具**で，避難者が**迅速かつ安全に避難**できることが大前提となります。
- ●消防設備士など有資格者でなければ，工事・整備ができない避難器具として，① **金属製避難はしご（固定式のもの）**，② **緩降機**，③ **救助袋**が定められています。
- ●防火対象物に設置される避難器具として，上記のほか金属製以外の避難はしご，すべり台，避難用タラップ，避難橋，避難ロープ，すべり棒などがあります。

避難器具

　避難器具は，避難者が**迅速**かつ**安全に避難**できるものでなければならないことから，その構造・機能・性能等の基準が定められております。(218頁参照)
　　・**検定対象**…金属製避難はしご，緩降機
　　・**認定対象**…救助袋，避難橋，避難用タラップ，すべり台，すべり棒，
　　　　　　　　　　避難ロープ，避難はしご（金属製以外のもの）
　消防設備士など有資格者でなければ，① **金属製避難はしご（固定式のもの）**，② **緩降機**，③ **救助袋**の工事・整備ができないと定められています。

避難器具の種類

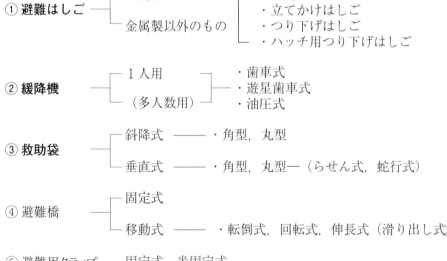

① **避難はしご** ─┬─ 金属製 ──────┬─ ・固定はしご
　　　　　　　　　└─ 金属製以外のもの ┘ ・立てかけはしご
　　　　　　　　　　　　　　　　　　　　　・つり下げはしご
　　　　　　　　　　　　　　　　　　　　　・ハッチ用つり下げはしご

② **緩降機** ─┬─ 1人用 ──┬─ ・歯車式
　　　　　　　└─（多人数用）┘ ・遊星歯車式
　　　　　　　　　　　　　　　　・油圧式

③ **救助袋** ─┬─ 斜降式 ── ・角型，丸型
　　　　　　　└─ 垂直式 ── ・角型，丸型──（らせん式，蛇行式）

④ 避難橋 ─┬─ 固定式
　　　　　　└─ 移動式 ── ・転倒式，回転式，伸長式（滑り出し式

⑤ 避難用タラップ ── 固定式，半固定式

⑥ すべり台 ── 固定式，半固定式 ── 直線式，曲線式，らせん式

⑦ すべり棒

⑧ 避難ロープ

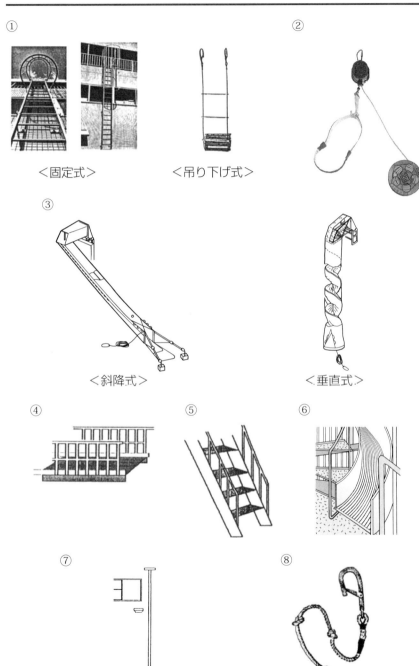

① ＜固定式＞　　＜吊り下げ式＞

②

③ ＜斜降式＞　　＜垂直式＞

④

⑤

⑥

⑦

⑧

避難器具

【問題1】 避難器具についての記述のうち，適切でないものはどれか。

(1) 避難設備とは，火災が発生した場合において避難するために用いる機械器具又は設備であって法令で定めるものをいう。

(2) 金属製避難はしご及び緩降機を除く避難器具は，消防庁長官の定める基準に適合するものでなければならない。

(3) 避難者が迅速かつ安全に避難できるものでなければならないことから，構造・機能・性能等の基準が定められている。

(4) 消防設備士など有資格者でなければ工事又は整備ができないものとして金属製避難はしご，緩降機，救助袋が定められている。

【解説と解答】

　避難器具は，避難者が迅速かつ安全に避難できることが絶対条件であることから，避難器具の構造・材質・強度，取付方法，避難環境などの詳細な基準が定められています。

　避難器具に関する基準等の**法的根拠**を次頁に**分かり易く**整理しましたので，基準等に直面したときは，その基準の所在を確認してみてください。

　単純な基準の暗記より**記憶に残り易く**なります。

(1) ○　適切な記述です。また，次のものが**避難器具・設備**に該当します。
　　　・すべり台，避難はしご，救助袋，緩降機，避難橋その他の避難器具及び誘導灯・誘導標識　　　　　　　　　（消防法施行令第7条4項）

(2) ○　**金属製避難はしご，緩降機**は「技術上の規格を定める省令」に**適合**すべきことが定められているので，除外されています。

(3) ○　選択肢の通りです。

(4) ×　有資格者でなければならない工事又は整備は，**金属製避難はしごの固定式**のものに限られます。　　　　　　　　　　　　解答　(4)

～法令等と技術基準～

避難設備・避難器具等の設置・維持に関する規定及び設備器具の技術上の基準は，下記の消防関係法令等で詳細が定められています。

法令等	該当条文	規定内容等
消防法	第17条	消防に用いる設備等の設置・維持の義務等
消防法施行令	第25条	避難器具の設置 （防火対象物・種類・収容人員　等）
消防法施行規則	第1条の3	収容人員の算定方法
	第26条	避難器具設置個数の減免
	第27条	避難器具設置に関する基準の細目

【省令】
＊金属製避難はしごの技術上の規格を定める省令（昭和40年自治省令）
＊緩降機の技術上の規格を定める省令（平成6年自治省令）
【告示】
＊避難器具の基準（昭和53年消防庁告示）
　・避難はしご（金属製以外），各種避難器具の構造・材質・強度の基準
＊避難器具の設置及び維持に関する技術上の基準の細目（平成8年消防庁告示）
　・避難器具の設置位置・構造・開口部・操作面積・降下空間・避難空地・避難通路等
　・避難器具専用室・標識・格納・取付方法・避難器具ハッチ
＊誘導用及び誘導標識の基準（平成13年消防庁告示）

【問題2】　下記の避難器具のうち，**国において行われる検定の対象品**は，いくつあるか番号で答えよ。

救助袋　緩降機　避難用タラップ　金属製避難はしご

(1)　1個　　　　　(2)　2個　　　　　(3)　3個　　　　　(4)　4個

【解説と解答】

避難器具のうち技術上の規格を定める省令により規定されている**緩降機**，**金属製避難はしご**が**検定**の対象です。その他のものは**認定**対象です。

したがって，検定対象避難器具は2個となります。　　　解答　(2)

1 金属製避難はしご

(1) 避難はしごの種類

【問題3】 金属製避難はしごの技術上の規格に基づく記述のうち，適切でないものはどれか。

(1) 固定はしごとは，防火対象物に固定されて使用されるものをいう。

(2) 立てかけはしごとは，防火対象物に立てかけて使用されるものをいう。

(3) 吊り下げはしごとは，防火対象物に吊り下げて使用されるものをいう。

(4) ハッチ用吊り下げはしごとは，避難器具用ハッチに定められた状態で格納される吊り下げはしごをいう。

【解説と解答】

金属製避難はしごは**検定**の対象で，「金属製避難はしごの技術上の規格を定める省令」により，構造・機能等の詳細な基準が定められています。

技術上の規格を定める省令（規格省令）は，**実技に繋がる部分**でもあるので，確実に把握する必要があります！

避難はしごの種類

設問の(1)が適切ではありません。規格省令では**常時使用可能な状態**で**防火対象物に固定されている**こととなっています。

避難者が迅速かつ**安全に避難**できることが絶対条件であることから定められたものです。

(2)(3)(4)は規格省令の通り正しく説明しています。

解答　(1)

【固定はしごの例】

① 固定はしご取付例　　　② 固定はしご〈収納式〉

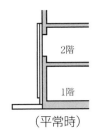

2階

1階

（平常時）

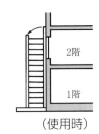

2階

1階

（使用時）

・レバーを倒して
　止め金を外す。
・横桟（よこさん）が出る。

＊はしごの下部を折りたたむ「折りたたみ式」，
　はしごの下部を伸縮させる「伸縮式」もある。

【吊り下げはしごの例】

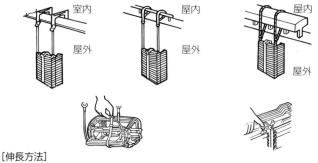

室内

屋外

屋内

屋外

屋内

屋外

[伸長方法]

・収納バンドを外に向けて引く。　　・止め金具を引き抜く。

【立てかけはしごの例】

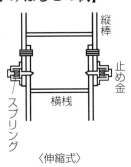

縦棒

止め金

横桟

スプリング

〈伸縮式〉

（折たたみ防止装置・縮てい防止装置の例）

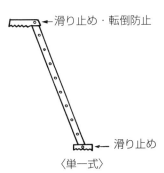

←滑り止め・転倒防止

←滑り止め

〈単一式〉

（2）避難はしごの構造

【問題4】 避難はしごについての記述のうち，誤っているものはどれか。

(1) 避難はしごは，縦棒及び横桟で構成されるものであること。

(2) 避難はしごは安全，確実，容易に使用できるものであること。

(3) 吊り下げはしごには，一定のものを除き防火対象物の壁面との距離を10 cm以上保有するための横桟を設けること。

(4) 固定式はしごの収納式のものは，保安装置に至る動作を除き，2動作以内で使用可能な状態となる構造であること。

【解説と解答】

　避難はしごは非常時に使用するものであることから，**安全，確実，容易に使用できる**ことが大前提となります。

　「金属製避難はしごの規格省令」において，設問の(1)(2)(4)のとおり定めています。それらは正しい記述となります。

　(3)が誤りです。**避難はしごと防火対象物との距離を10 cm以上保有**するためのものとしては，**突子（とっし）が横桟の位置ごとに設けられます。**

　突子は，避難者の踏足が十分に横桟に掛けられるための間隔を確保するため，及び**避難時の横揺れ防止のため**のもので，棒状のもの，枠状のものなどがあります。

解答 (3)

＊**突子**は避難はしごの重要な部分で，出題率の高い項目です！

【問題5】　金属製避難はしごの構造についての記述のうち，誤っているものはどれか。ただし，縦棒が1本のものを除く。

(1) 縦棒の間隔は内法寸法で30 cm以上50 cm以下とする。

(2) 横桟から防火対象物までの距離は10 cm以上であること。

(3) 横桟の間隔は，20 cm以上30 cm以下とし，縦棒に同一間隔で取り付ける。

(4) 横桟は直径14 mm以上35 mm以下の円形の断面又はこれと同等の握り太さの形状のものとする。

【解説と解答】

　避難はしごの規格省令の規定のうち，最も**基本的かつ重要な部分**です。確実に把握しておく必要があります！

　縦棒が2本以上のものについて，**規格省令**では次のように定めています。

・**縦棒の間隔**は内法寸法で30 cm以上50 cm以下とする。

・**横桟の間隔**は25 cm以上35 cm以下で，縦棒に同一間隔で取り付ける。

・**横桟**は，直径14 mm以上35 mm以下の円形の断面またはこれと**同等の握り太さ**の他の形状のものとする。

　　※円形は滑りやすいので，実際は楕円形，角型等が使用されています。

・**横桟の踏面**には，滑り止めの措置を講じること。

・**横桟**は，使用の際，**離脱及び回転しない**ものであること。

横桟の形状例（断面図）

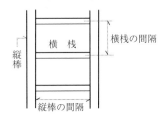

縦棒2本の例

上記より，(3)が誤りとなります。　　　　　　　　　　　　解答　(3)

【問題6】　避難はしごについての記述のうち，誤っているものはどれか。

(1) 吊り下げはしごは，使用の際に防火対象物から10 cm以上の距離を保有するための突子を横桟の位置ごとに設けること。

(2) 立てかけはしごは，上部支持点に滑り止めを，下部支持点に転倒防止のための安全装置を設ける。

(3) 縦棒が1本の固定はしごは，横桟の先端に縦棒の軸と平行に長さ5 cm以上の横滑り防止の突子を設けること。

(4) 収納式固定はしごには，振動その他の衝撃で止め金部分が外れないように，保安措置を設けること。

【解説と解答】

　避難はしごの個々の基準を確認するための重要な問題です。

(1) ○　**吊り下げはしご**には，防火対象物との間隔を10 cm以上離すための突子が設けられます。

(2) ×　転倒防止装置は，上部支持点に設けられる装置です。
上部支持点には滑り止めおよび転倒防止のための安全装置を，**下部支持点**には滑り止めを設けることが定められています。

(3) ○　縦棒が1本の固定はしごには，**避難者の足が横滑りをして事故を招かないように横桟の先端に滑り止めの突子を設けます。**

(4) ○　固定はしごのうち，**収納式・伸縮式・折たたみ式**のものには，**不時の作動を防止**する保安装置の規定があります。　　　　　　　　解答　(2)

＊**固定はしご**は，はしごの**横桟**と**防火対象物**との間隔を10 cm以上保有できるように設計し設置します。

＊**縦棒が1本の固定はしご**には，横桟の先端に縦棒と平行の滑り止め用の突子を設けます。

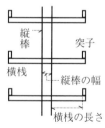

（縦棒1本のはしご）

【問題7】　吊り下げはしごについての記述のうち，誤りはどれか。

(1) はしごの伸張時にもつれなどの障害を起こさない構造でなければならない。
(2) 使用の際に防火対象物から10 cm以上の距離を保有することができるものは，突子を設けなくてもよい。
(3) 縦棒の上端には，丸かん，フックその他の容易に外れない構造の吊り下げ金具が取り付けてあること。
(4) はしごを吊り下げるために用いるロープ，チェーン，その他の金属の棒又は板は横桟とみなすことができる。

【解説と解答】

　避難はしごのうち，**吊り下げはしご**の構造についての問題です。

(1)(2)(3)は，いずれも正しい記述です。

　　・避難器具用ハッチに組み込まれる場合のように，防火対象物の壁面等からの距離が10 cm以上となるときには，突子は省略できます。

　(4)が誤りです。はしごを吊り下げるために用いるロープ，チェーン，その他の金属の板又は棒は縦棒とみなします。　　　　　　　　　　　　　　　　解答　(4)

【吊り下げ具の例】

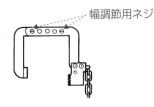

幅調節用ネジ

自在金具

窓枠やベランダ壁等の厚みのある所で使用する。
（幅の調節ができる）

屋外

ナスカンフック

パイプや手すりなどに
引っ掛ける。

屋外

【問題8】　吊り下げはしごに関係のないものは，次のうちどれか。

(1) 伸縮式　　(2) 収納式　　(3) 折りたたみ式　　(4) ワイヤロープ式

【解説と解答】

　吊り下げはしごの種類としては，**伸縮式，折りたたみ式，チェーン式，ワイヤロープ式**があります。

　収納式は固定はしごの一種です。

解答　(2)

【問題9】　縦棒が1本の避難はしごについて，誤っているものはどれか。

(1) 縦棒がはしごの中心軸となるように横桟を取り付ける。
(2) 縦棒が1本の避難はしごの縦棒の幅は15 cm以下とする。
(3) 折りたたみ式のものは，使用の際に自動的に作動する折りたたみ防止装置を設ける。
(4) 横桟の先端に縦棒の軸と平行に長さ5 cm以上の横滑り防止のための突子を設ける。

【解説と解答】

　縦棒が1本の固定はしごには，縦棒や横桟などの詳細を定めた一般的構造の規定に適合するものである他，次のような定めがあります。

・縦棒の幅は10 cm以下とし，縦棒がはしごの**中心軸**となるように，横桟を取り付ける。
・横桟の先端に縦棒の軸と平行に長さ5 cm以上の横滑り防止の突子を設ける。
・**横桟の長さ**は，縦棒から先端までの**内法寸法**で15 cm以上25 cm以下とする。

　したがって，誤りは(2)となります。

解答　(2)

【問題10】　立てかけはしごについて，**適切でないもの**はどれか。

(1) 下部支持点には，転倒防止装置を設ける。

(2) 上部支持点には滑り止め及び転倒防止のための安全装置を設ける。

(3) 伸縮式のものは，使用の際に自動的に作動する縮梯防止装置を設ける。

(4) 横桟の間隔は25 cm以上35 cm以下とし，縦棒に同一間隔で取り付ける。

【解説と解答】

　立てかけはしごには一般的構造の規定の他次のような定めがあります。

・**上部支持点**には，**滑り止め及び転倒防止**のための**安全装置**を設ける。

　（上部支持点とは，先端から60 cm以内の任意の箇所をいう）

・**下部支持点**には，**滑り止め**を設ける。

・**折たたみ式**のものは，使用の際に折りたたまれないよう，自動的に作動する**折たたみ防止装置**を設ける。

・**伸縮式**は，使用の際に自動的に作動する 縮 梯防止装置を設ける。

　（伸縮式とは，2連・3連など，はしごを伸縮できるものをいう）

(1)　×　　下部支持点には**滑り止め**が規定されています。　　　解答　(1)

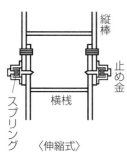

〈伸縮式〉

（折たたみ防止装置・縮てい防止装置）

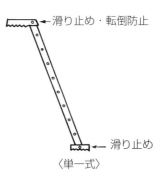

← 滑り止め・転倒防止

← 滑り止め

〈単一式〉

【問題11】 避難はしごには表示すべきことが定められているが，次のうち表示しなくてよいものはどれか。

(1) 製造者名又は商標　　(2) 設置階数　　(3) 長さ　　(4) 製造年月

【解説と解答】

　避難はしごには，次の事項を見やすい箇所に容易に消えないように表示しなければならないことが定められています。

> ・種別　　　・区分　・製造者名 又は 商標　・製造年月　・製造番号
> ・型式番号　・長さ　・自重（立てかけはしご，吊り下げはしご）
> ・ハッチ用吊り下げはしごには「**ハッチ用**」という文字

(2)の設置階数は規定されていません。　　　　　　　　　　　　　 解答　(2)

重要ポイント

避難器具

◆**避難器具の種類**
　金属製避難はしご，緩降機，救助袋，避難はしご，避難用タラップ，避難橋，すべり台，すべり棒，避難ロープ

◆**有資格者でなければ工事整備ができない避難器具**
　① 金属製避難はしご（固定式のもの）　② 緩降機　③ 救助袋

◆**避難器具の検定・技術基準**
　＊**検定対象**…**金属製避難はしご，緩降機**
　　　　　　・「金属製避難はしごの技術上の規格を定める省令」
　　　　　　・「緩降機の技術上の規格を定める省令」がある。
　＊**認定対象**…**救助袋**，避難はしご，避難橋，避難用タラップ，すべり台，すべり棒，避難ロープ

金属製避難はしご

「金属製避難はしごの技術上の規格を定める省令」により構造・機能・規格等の詳細が定められています。

◆避難はしごの構造（共通項目）

- ・縦棒の間隔：内法寸法で30 cm 以上50 cm 以下とする。
- ・横桟の間隔：25 cm 以上35 cm 以下で，縦棒に同一間隔で取り付ける。
　　　　　　　（間隔：横桟の中心を基準とする）
- ・横桟は，直径14 mm 以上35 mm 以下の円形の断面又はこれと同等の握り太さの他の形状のものとする。
- ・横桟の踏面には，滑り止めの措置を講じる。

◆縦棒が1本のはしごの構造

- ・縦棒・横桟の間隔等は，**共通項目**による。
- ・縦棒の幅：10 cm 以下とする。
- ・縦棒がはしごの中心軸となるように，横桟を取り付ける。
- ・横桟の先端に縦棒の軸と平行に長さ5 cm 以上の横滑り防止のための突子を設ける。
- ・横桟の長さは，縦棒から先端までの内法寸法で15 cm 以上25 cm 以下とする。

◆吊り下げはしごの構造

- ・縦棒・横桟の間隔等は，**共通項目**による。
- ・吊り下げはしごと，**防火対象物**との距離を10 cm 以上保有するための突子（とっし）を横桟の位置ごとに設ける。
　（避難者の踏足が十分に横桟に掛けられる間隔を確保するため）
- ・はしごを**吊り下げる**ためのロープ，チェーンその他の金属製の板又は棒は縦棒とみなす。
- ・縦棒の上端には，丸カン，フックその他の**容易に外れない構造**の吊り下げ金具が取り付けてあること。

◆立てかけはしごの構造

- ・縦棒・横桟の間隔等は，**共通項目**による。
- ・**上部支持点**には滑り止め，転倒防止の安全装置を設ける。
　（上部支持点とは，先端から60 cm 以内の任意の箇所をいう）
- ・**下部支持点**には滑り止めを設ける。
- ・折たたみ式には**自動的に作動する**折りたたみ防止装置を，伸縮式には**自動的に作動する 縮梯**防止装置を設ける。
　（伸縮式とは，2連・3連など，はしごを伸縮できるものをいう）

（3）避難はしごの材料

> **【問題12】**　金属製吊り下げはしごの各部分とそれに用いる材料との組み
> 合わせのうち，規格省令上，不適当なものはどれか。
>
> ⑴ 縦　　棒　・・・　航空機用ワイヤロープ
> ⑵ 横　　桟　・・・　一般構造用炭素鋼鋼管
> ⑶ 突　　子　・・・　アルミニウム
> ⑷ ボルト　・・・　リベット用丸鋼

【解説と解答】

　消防用設備類の中でも**避難設備**については，安全・確実が大命題であるために使用する材料についての出題があります！

　金属製避難はしごの材料には，強度・耐久性を確保するために次頁の表のもの又はこれと**同等以上の強度・耐久性を有する**ものを用います。

　また，耐食性を有しないものは耐食加工を施すことが定められています。

　規格省令で定める材料は，**次頁の重要ポイント**をご参照ください。

　⑷のボルトは，**みがき棒鋼**とされています。　　　　　　　解答　⑷

> **【問題13】**　金属製立てかけはしごの各部分とそれに用いる材料との組み
> 合わせのうち，不適切なものはどれか。
>
> ⑴ 縦　　棒　　　・・JIS G 3101・・一般構造用圧延鋼材
> ⑵ 縮梯防止装置・・JIS G 5705・・可鍛鋳鉄品
> ⑶ 滑　　車　　　・・JIS H 5120・・銅合金鋳物
> ⑷ 支え材　　　　・・JIS F 3444・・一般構造用炭素鋼鋼管

【解説と解答】

　支え材や**補強材**には強度が要求されることから**一般構造用炭素鋼鋼管**を用いますが，JIS記号において鋼類は主にGで表されます。

　⑷の**支え材**は，JISの分類ではJIS G 3444となります。　　解答　⑷

重要
ポイント

第2章
構造・機能・工事・整備

避難はしごの材料

　避難はしごに用いる材料は，下表で示す材質又はこれらと同等以上の耐久性を有するものとする。

　また，耐食性を有しないものは耐食加工を施したものとする。

〈固定はしご・立てかけはしご〉

部品名	材料　　　　　（JIS：日本産業規格）
縦棒・横桟 補強材 支え材	JIS G 3101（一般構造用圧延鋼材） JIS G 3444（一般構造用炭素鋼鋼管） JIS H 4100（アルミニウム，アルミニウム合金抽出形材）
縮梯防止装置 折たたみ防止装置	JIS G 3104（リベット用丸鋼） JIS G 3201（炭素鋼鍛鋼品） JIS G 5705（可鍛鋳鉄品）
フック	JIS G 3101（一般構造用圧延鋼材）
滑車	JIS G 5101（炭素鋼鋳鋼品） JIS H 5120（銅及び銅合金鋳物）
ボルト類	JIS G 3123（みがき棒鋼）
ピン類	JIS G 3104（リベット用丸鋼） JIS H 4040（アルミニウム，アルミニウム合金の棒・線）

〈吊り下げはしご〉

部品名	材料　　　　　（JIS：日本産業規格）
縦棒・突子	JIS G 3101（一般構造用圧延鋼材） JIS F 3303（フラッシュバット溶接アンカーチェーン） JIS G 3535（航空機用ワイヤロープ） JIS H 4000（アルミニウム，アルミニウム合金の板・条）
横桟	JIS G 3101（一般構造用圧延鋼材） JIS G 3123（みがき棒鋼） JIS G 3141（冷間圧延鋼板，鋼帯） JIS G 3444（一般構造用炭素鋼鋼管） JIS H 4000（アルミニウム，アルミニウム合金の板・条）
吊り下げ金具	JIS G 3101（一般構造用圧延鋼材）
ボルト類	JIS G 3123（みがき棒鋼）
ピン類	JIS G 3104（リベット用丸鋼） JIS H 4040（アルミニウム，アルミニウム合金の棒・線）

＊避難はしごの取付金具は，JIS G 3101若しくはJIS G 3444に適合するものとする。

（4）避難はしごの強度試験

【問題14】　金属製避難はしごに静荷重を加える試験において，　A　及び　B　に入る数字又は文字の組み合わせとして，正しいものはどれか。

縦棒の方向について縦棒1本につき，2 m又は端数ごとに　A　Nの圧縮荷重を加える試験において，　B　を生じないこと。

	A		B
(1)	500	・・・	永久ひずみ
(2)	800	・・・	亀裂，損傷等
(3)	1000	・・・	永久ひずみ
(4)	1200	・・・	亀裂，損傷等

【解説と解答】

　避難はしごによる避難の安全確保のために，強度試験や性能試験が行われます。試験の概要は次頁の重要ポイントを参照ください。

　規格省令の定めから(1)が正解となります。　　　　　　　解答　(1)

【問題15】　吊り下げはしごの突子に圧縮荷重を加える試験について，　ア　及び　イ　に該当するものの組み合わせとして，正しいものはどれか。

　1本の横桟に取り付けられた突子について，縦棒及び横桟に対し同時に直角となる方向に　ア　Nの圧縮荷重を加える試験において，著しい　イ　を生じないこと。

	ア		イ
(1)	100	・・・	永久ひずみ
(2)	150	・・・	変形，亀裂，破損
(3)	200	・・・	永久ひずみ，亀裂
(4)	250	・・・	亀裂，損傷等

【解説と解答】

　強度を確認する加重試験のほかに，はしごの**展開**及び**収納**を繰り返す「**繰返し試験**」「**腐食試験**」等の性能試験が行われます。

　本問については，(2)が正解となります。　　　　　　　　解答　(2)

重要
ポイント

避難はしごの強度・性能試験

　金属製避難はしごによる避難の安全確保のために，各部分について強度試験や性能試験が行われます。

◆強度試験

① **縦棒**は縦棒方向に次の静荷重を加える試験において永久ひずみを生じないこと。かつ，<u>2倍の荷重を加えたとき</u>に<u>亀裂・破損等を生じない</u>ことが定められています。

・縦棒1本につき，2m又は端数ごとに**500 N**(ニュートン)の圧縮荷重を加える試験（最上部の横桟から最下部の横桟までの間）

・縦棒が1本のもの
　縦棒が3本以上は内側の1本 ├─1000 N の圧縮荷重を加える試験

・縦棒にワイヤロープ，チェーンを用いるものは，**750 N** の引張荷重を加える試験

② **横桟**1本につき**中央7 cm**の部分に**1000 N**の等分布荷重を加えたとき，**永久ひずみを生じないこと。**

③ **収納式**の固定されていない縦棒の上端・中央・下端に220 Nの静荷重を縦棒・横桟に直角となる方向に加えたとき，永久ひずみ・亀裂・破損等を生じないこと。

④ **立てかけはしご**を水平にして両端を架台で支え，**中央及びその左右2mの位置**に，それぞれ650 Nの静荷重を垂直に加えたときに，永久ひずみ・亀裂・破損等を生じないこと。

◆繰返し試験等

＊避難はしごは，100回の**展開**および**収納**の操作を繰り返す試験において，著しい変形，亀裂又は破損を生じないこと。

＊**吊り下げ金具**は，その1個につき最上部の横桟から最下部の横桟まで，2m又はその端数ごとに**1500 N の引張荷重**を加える試験において著しい変形・亀裂・破損を生じないこと。

＊吊り下げはしごの**突子**は，1本について，縦棒及び横桟に対し同時に直角となる方向に**150 N の圧縮荷重**を加える試験において，著しい変形・亀裂・破損を生じないこと。

＊避難はしごの横桟は，**23 N・m のトルク**を用いる試験において，回転し又は著しい変形・亀裂・破損を生じないこと。

◆腐食試験

＊塩水噴霧試験方法（JIS Z 2371）により定められた方法で試験を行った場合において，機能又は構造に異常が生じるおそれのある腐食を生じないこと。

2 緩 降 機

（1）各部の構造

【問題16】　緩降機の調速器について，正しいものはいくつあるか。

A　堅牢で，かつ，耐久性があること。

B　常時分解掃除等を行わなくても作動すること。

C　カバーは堅固で壊れにくいものとし，点検以外では絶対に開放しないものであること。

D　機能に異常を生じさせるおそれのある「砂」，その他の異物が容易に入らないよう措置されていること。

(1)　1個　　　　　　(2)　2個　　　　　　(3)　3個　　　　　　(4)　4個

【解説と解答】

　緩降機では，各部の名称，機能，構造が**重要なポイント**となります！

　調速器とは，降下速度を一定範囲に調節する装置のことをいいます。
　[調速器の要点]
　・堅牢かつ耐久性があること。
　・常時分解掃除等を行わなくても作動すること。
　・降下時に発生する熱によって機能に異常を生じないこと。
　・降下時にロープを損傷しないこと。
　・機能に異常を生じさせるおそれのある「砂」その他の異物が容易に入らないよう措置されていること。
　・カバーが堅固な構造であること。
　・ロープが調速器のプーリー等から外れない構造であること。

　Cが誤っています。**調速器は絶対に分解作業をしないこと**。点検の際，性能に疑問がある時は**専門業者に確認を依頼**することになります。
　したがって，正しいものは3個となります。　　　　　　　　　　　解答　(3)

【緩降機の例】

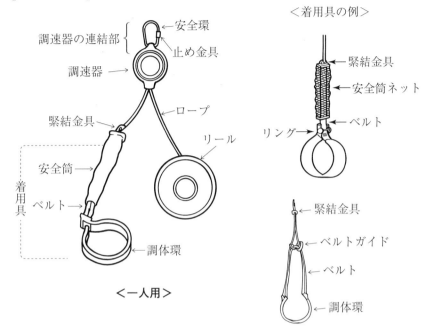

<着用具の例>

<一人用>

【問題17】　緩降機の調速器における調速方式について，誤っているもの
は次のうちどれか。

(1) 回転式　　　(2) 歯車式　　　(3) 油圧式　　　(4) 遊星歯車式

【解説と解答】

調速器の**調速方式**には，歯車式・遊星歯車式・油圧式があります。

(2)(3)(4)は，実際に存在する方式です。

(1)の方式は有りません。　　　　　　　　　　　　　　　　　解答　(1)

【問題18】　**緩降機**についての記述のうち，誤っているものはどれか。

(1) 緩降機の降下速度は速度調整装置により一定範囲の安全速度に調整される。

(2) 可搬式緩降機とは，使用時に任意の場所に移動して使用する緩降機をいう。

(3) 固定式緩降機とは，常時，取付具に固定されている状態の緩降機をいう。

(4) 緩降機とは，使用者が他人の力を借りずに自重により自動的に連続交互に降下することができる機構を有するものをいう。

【解説と解答】

　緩降機の構造・機能・規格は，「緩降機の技術上の規格を定める省令」において詳細が定められています。

　緩降機とは「使用者が他人の力を借りずに自重により自動的に連続交互に降下することができる機構を有するもの」をいいます。

　緩降機は調速器・調速器の連結部・ロープ・着用具より構成されています。

(1) ○　**調速器**において**安全な降下速度（毎秒16 cm 以上150 cm 以下）**に調整されます。

(2) ×　**可搬式**は，使用の際に**取付具に取り付けて使用する方式**のもので，任意の場所に移動するわけではありません。

(3) ○　**固定式**は，取付具に**常時固定されている方式**のものです。

(4) ○　緩降機は**自重**で**自動的**に**連続交互**に降下することができます。

　したがって，(2)が誤りとなります。

解答　(2)

【問題19】　調速器の連結部についての記述のうち，誤っているものはどれか。

(1) 使用中に分解，損傷，変形を生じないこと。
(2) 使用中に調速器が離脱しないこと。
(3) ロープとの緊結に支障を生じないものであること。
(4) 調速器の連結部は取付具に確実に結合され，緩降機の自重及び使用者の降下荷重を安全に支えるものであること。

【解説と解答】

調速器の連結部とは，調速器と取付具を連結する部分をいいます。

規格省令では，**使用中に分解，損傷，変形又は調速器が離脱を生じないもの**と定めています。

また，調速器の連結部は，取付具に確実に結合され，緩降機の自重及び使用者の降下荷重を安全に支えるものでなければなりません。

(3)が誤っています。調速器の連結部は，調速器と取付具とを連結する部分のことで，ロープとは関係のない部分です。　　　　　解答　(3)

```
安全環・止め金具
```

▶止め金具は環筒状で一般的には内側に**内**ネジが切られており，止め金具に入る部分には**外**ネジが切られています。

止め金具を回転させてネジ止めすると，安全環は開くことなく確実に連結されます。

【問題20】　緩降機のロープについて，誤っているものはどれか。

(1) ロープは降着面に達するに十分な長さがあること。
(2) ロープはワイヤロープを芯にして，外装を施していること。
(3) 芯の外装は，綿糸又はポリエステルを用いた金剛打ちとすること。
(4) ロープのねじれで使用者が旋転するときは，降下中に調整ができるものであること。

【解説と解答】

ロープとは，使用者の荷重を調速器に伝え，安全に降下させるためのもの。

[ロープの要点]
・しん（芯）に外装を施し，かつ，全長を通じ均一な構造であること。
・降下時に使用者を著しく旋転させるねじれ又は機能に支障を及ぼすおそれのある損傷を生じないこと。
・外装を金剛打ちとしたものとする。又は，これと同等以上のねじれを生じない構造とする。
・ロープの両端は離脱しない方法で緊結金具に連結させること。

(4)が誤りです。**ロープはねじれの無いものが基本になります。**
また，降下中に調整など不可能です。　　　　　　　　　　解答　(4)

金剛打ちロープ

▶普通のロープと金剛打ち（こんごう）ロープの違いは，ロープの繊維の撚り方（よ）（打ち方）の違いです。

普通のロープ　　　　　金剛打ち

▶ロープは繊維を撚り（よ）合わせて作りますが金剛打ちは，さらに多くの繊維を束ねたものを組み合わせた組紐（くみひも）の構造をしています。

▶金剛打ちは，普通のロープより強度は減じるが，ねじれにくく・手触りがよく・耐摩耗性に優れています。

【問題21】　緩降機の着用具についての記述のうち，誤っているものはどれか。

(1) 容易に着用することができること。
(2) 着用具のうち，ベルトは，ほつれが続けて生じないこと。
(3) 使用者がリングを調整することにより身体が保持できること。
(4) 着用具は，ロープの両端に離脱しない方法で連結してあること。

【解説と解答】

着用具とは，使用時に使用者の身体を保持する用具をいう。

［着用具の要点］

・容易に着用することができること。
・着用する際には，使用者の身体の定位置を，操作を加えることなく確実に保持すること。
・着用して使用する際に使用者から外れず，緩まないこと。
・取り外す操作をした場合，容易に取り外すことができること。
・降下時に使用者が監視及び動作する上で支障を生じないこと。
・使用者に損傷を与えるおそれがないこと。
・ロープの両端に，着用具を離脱しない方法で連結してあること。
・着用具のうち，ベルトは，ほつれが続けて生じないこと。

(3)が誤っています。着用する際には，何らの操作を加えることなく身体を保持する構造でなければなりません。

解答　(3)

多人数用　緩降機

▶着用具が複数個接続される多人数用緩降機は，規格上では認められていますが，複数の人が同時に降下するときのタイミングなど，安全性に問題があるため，日本国内では現在製造されていません。

【問題22】　緩降機のリールについて，誤っているものはどれか。

(1) リールは，ロープを巻き収めるためのものであること。
(2) リールには，定められた「シール」が貼付されていること。
(3) リールは，ロープなどが円滑に展張できるものであること。
(4) リールは，使用者に損傷を与えるおそれがないものであること。

【解説と解答】

　リールとは，ロープ及び着用具を巻き収めるための用具をいいます。

[リールの要点]

・ロープ及び着用具が円滑に展張できるように，巻き取れること。
・使用者に損傷を与えるおそれがないこと。
・リールには，定められた「シール」が貼付されていること。

リールを
下に落とす

ベルトが地上に
達していること
を確認する。

　(1)が誤っています。リールは**ロープ**だけを巻き収めるためのものでなく，ロープ及び**着用具**を巻き収めるためのものです。　　　　　　　　　　解答　(1)

リールの投下

▶緩降機を使用する際，反対側のリールをロープ・着用具を巻いた状態で
周囲の安全を確認して降着点へ投下します。

投下する理由

① ロープが降着点に到達していないと，降着点まで避難できないので，
　ロープの長さを確認するため。

② リールをベランダ等に置いたまま降下すると，ロープが伸長する際
　にリールが移動して障害物などで固定され，降下ができなくなるおそ
　れがあるため。

【問題23】　緩降機に関する用語について，誤っているものはどれか。

(1) 緊結金具とは，ロープと着用具を連結する金具のことをいう。
(2) 取付具とは，避難器具を固定部に取り付けるための器具をいう。
(3) 格納箱とは，平常時に避難器具を保護するために格納する箱のことをいう。
(4) 避難器具用ハッチとは，金属製避難はしごを常時使用できる状態で格納するハッチ式の取付具をいう。

第2章　構造・機能・工事・整備

【解説と解答】

緩降機及び避難器具を理解するために必要な用語です。

(1) ○　**緊結金具**は，**ロープ**と**着用具**を離脱しない方法で連結する金具のことです。　調速器の連結部と勘違いすることがあるので注意！

(2) ○　**取付具**には，次のような規定があります。
　　・壁・床・柱など構造上堅固な部分に確実に固定されていること。
　　・取付具は，定められた強度・耐久性を有すること。
　　・耐食性を有しない場合は，有効な耐食措置を講じたものであること。

(3) ○　**格納箱**は，平常時に避難器具を保護するために格納する箱のことで，避難器具の操作に支障をきたさないものであること，及び耐候性・耐食性・耐久性を有することが規定されています。

(4) ×　**避難器具用ハッチ**は，**金属製避難はしご**だけでなく，**救助袋等**の避難器具も格納できるハッチ式の取付具をいいます。

　したがって(4)が誤りとなります。　　　　　　　　解答　(4)

【問題24】　緩降機の一般的構造について，誤っているものはどれか。

(1) 緩降機は使用上安全であり，かつ，使用中に分解，損傷，変形を生じてはならない。

(2) 緊結金具は，緩降機の自重及び使用者の降下荷重を安全に支えるものでなければならない。

(3) リールは，ワイヤロープを芯として外装を施したロープおよび着用具を巻き収めることができるものでなければならない。

(4) 着用具は，使用者が降下時に監視及び動作する上で支障を生じないものでなければならない。

【解説と解答】

　緩降機には難しい理論の展開は無いので，**各部品類の名称・取付位置・機能**などを，繰り返し確認しましょう！

(1)(3)(4)は，正しい記述をしています。

(2) ×　**緊結金具は**，ロープと着用具を離脱しない方法で連結する金具のことをいいます。

解答　(2)

【問題25】　緩降機の規格省令に定める降下速度について，正しいものは次のうちどれか。

(1) 毎秒15 cm 以上120 cm 以下

(2) 毎秒16 cm 以上150 cm 以下

(3) 毎秒20 cm 以上180 cm 以下

(4) 毎秒25 cm 以上200 cm 以下

【解説と解答】

　降下速度は**緩降機の最重要事項**で，**毎秒16 cm 以上150 cm 以下**と定められています。

解答　(2)

【緩降機の操作方法】

 ①

① 取付金具の設定をする

⇩

 ②

② 格納箱から緩降機本体を取出す

・調速器、着用具その他に異常がないこと。

⇩

 ③

③ 緩降機の安全環を取付金具に取り付ける

・安全環の「止め金具」を確実に閉める。

⇩

 ④

④ 降下空間および付近の安全を確認して、リールを投下する

・着用具が降着点に到達していること。
・ロープが直線で伸長されていること。

⇩

 ⑤

⑤ 着用具を頭からかぶり脇の下に装着する

・ねじれのないこと。

⇩

 ⑥

⑥ 調速器側のロープ2本を両手で握って外に出て降下姿勢をとる

・2本のロープを確実に握ること。

⇩

 ⑦

⑦ ロープから手を離し、壁面に向いた状態で降下する

・両手を壁面に向けて広げ、姿勢を整えながら降下する。

＊リールは必ず投下すること。

・ロープが降着点に到達していないと降着点まで避難できないので，ロープの長さを確認するため。

・リールをベランダ等に置いたまま降下すると，ロープが伸長する際にリールが移動して障害物などで固定され，降下ができなくなるおそれがあるため。

重要
ポイント

緩降機

＊緩降機とは「使用者が他人の力を借りずに自重により自動的に連続交互に降下することができる機構を有するもの」をいう。
＊**固定式緩降機**：取付具に常時固定されている方式のもの。
＊**可搬式緩降機**：使用時に取付具に取り付けて使用する方式のもの。
＊緩降機の構造・機能・規格は，「緩降機の技術上の規格を定める省令」において詳細が定められている。

◆ 一般的構造
・調速器・調速器の連結部・ロープ・着用具より構成されていること。
・使用上安全であり，かつ，使用中に分解・損傷・変形を生じないこと。
・**固定式緩降機**は，上記のほか，取付具に確実に固定ができること。
・**可搬式緩降機**は，一般的構造のほか，取付具に安全環により確実・容易に取り付けができること。また，**調速器の質量は10 kg 以下**とする。

【緩降機の例】

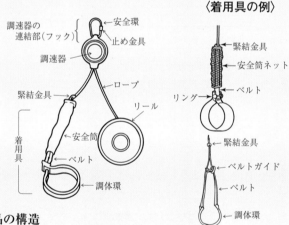

◆ 部品の構造
1 調速器…降下速度を一定範囲に調節する装置
・堅牢で，かつ，耐久性があること。
・常時**分解掃除等を行わなくても作動**すること。
・降下時に発生する熱によって機能に異常を生じないこと。
・降下時に**ロープ**を損傷しないこと。
・機能に異常を生じさせるおそれのある**砂**その他の異物が容易に入らないよう措置されていること。
・**カバーが堅固な構造**であること。
・ロープが調速器のプーリー等から外れない構造であること。

2 調速器の連結部…調速器と取付具を連結する部分
- 使用中に分解，損傷，変形又は調速器が離脱を生じないこと。
- 調速器の連結部は取付具に確実に結合され，**緩降機の自重及び使用者の降下荷重**を安全に支えるものであること。

3 ロープ…使用者の荷重を調速器に伝え，安全に降下させるためのもの
- しん（芯）に**外装**を施し，かつ，全長を通じ**均一な構造**であること。
- 降下時に使用者を著しく旋転させる**ねじれ**又は機能に支障を及ぼすおそれのある**損傷を生じない**こと。
- ロープの両端は離脱しない方法で**緊結金具**に**連結**させること。
- **外装を金剛打ち**としたものとする。又は，これと同等以上の**ねじれを生じない構造**とする。
- 金剛打ちの特徴
  金剛打ちは普通のロープより強度は減じるが，ねじれにくく・手触りがよく・耐摩耗性が向上する。

4 着用具…使用時に使用者の身体を保持する用具
- 容易に着用することができること。
- 着用する際には，**使用者の身体の定位置を，操作を加えることなく確実に保持する**こと。
- 着用して使用する際に，使用者から外れず，かつ，緩まないこと。
- 取り外す操作をした場合には，**容易に取り外すことができる**こと。
- 降下時に**使用者**が**監視及び動作する**上で**支障を生じない**ものであること。
- 使用者に損傷を与えるおそれがないこと。
- ロープの両端にそれぞれ最大使用者数（1回で降下できる使用者の最大数）に相当する数の着用具を離脱しない方法で連結してあること。
- 着用具のうち，**ベルト**は，**ほつれが続けて生じない**こと。
- ベルトは最大使用荷重（使用時に緩降機に加えることができる最大荷重）を最大使用者数で除して得た値に 6.5 を乗じて得た値に相当する引張荷重を加えて 5 分間保持した場合，破断又は著しい変形を生じないこと。

5 緊結金具…ロープと着用具を離脱しない方法で連結する金具
- ロープと着用具を離脱しない方法で連結してあること。
- 使用中に離脱，分解，損傷又は変形を生じないこと。
- 使用者に損傷を与えるおそれがないこと。

6 リール…ロープ及び着用具を巻き収めるための用具
- ロープ及び着用具が円滑に展長できるように，巻き取れること。
- 使用者に損傷を与えるおそれがないこと。
- リールには，定められた「シール」が貼付されていること。

（2）緩降機の部品の材料

【問題26】　緩降機の部品と材料の記述のうち，誤っているものはどれか。

(1) ベルトにポリエステル製のものを用いる。

(2) 安全環に JIS G 3101に適合する耐食加工の鋼材を用いる。

(3) ロープのしん材に JIS G 3525に適合するワイヤーロープを用いる。

(4) 緊結金具に JIS G 3101に適合する耐食加工を施した鋼材を用いる。

【解説と解答】

　避難設備には，**安全・確実**が必須条件となるため，**使用する材料**についての検証が不可欠となります！

　緩降機に用いる材料は，下表のもの又はこれと同等以上の**強度・耐久性**を有するものでなければならず，**耐食性を有しないもの**は，**耐食加工**を施すことが規定されています。

　ロープのしん材には JIS G 3525に適合し，かつ，**耐食性のあるもの又は耐食加工した材料**を用いる必要があり，単に JIS G 3525に適合しただけでは，技術基準を満たしたことになりません。　　　　　　　　　　　　 解答　(3)

〈緩降機に用いる部品の材料〉

部　品　名		材　　　料　　　(JIS：日本産業規格)
ロープ	しん	JIS G 3525（ワイヤロープ）に適合し，耐食加工したもの
	外装	綿糸又はポリエステルのもの
ベルト		綿糸又はポリエステルのもの
リング・安全環 緊結金具		JIS G 3101（一般構造用圧延鋼材）耐食加工したもの
リベット		JIS G 3104（リベット用丸鋼）耐食加工したもの

（3）緩降機の強度・性能試験

【問題27】　緩降機の強度・性能試験に関わる用語についての記述のうち，適切でないものはどれか。

(1) 最大使用荷重とは，緩降機を使用する際に，緩降機に加えることのできる最大荷重をいう。

(2) 最大使用者数とは，1回で降下できる使用者の最大数をいう。

(3) 試験高度とは，ロープの長さを最大限に使用する高さのことをいい，ロープの長さが20 mのものは20 mの高さをいう。

(4) 試験をする際は，周囲温度10°以上30°以下の状態で行うものとする。ただし，低温試験及び高温試験はこの限りではない。

【解説と解答】

　緩降機の強度試験・性能試験を理解する際に必要な用語です。

　選択肢(1)(2)(4)は適切な説明をしています。ただし，(2)については，現在の日本では多人数用は製造されていないので，一人用が前提となります。

　(3)の試験高度は，ロープの長さを最大限に使用する高さのことをいいますが，ロープの長さが15 mを超えるものは15 mの高さをいいます。

　したがって，(3)が不適切な説明をしています。　　　　解答　(3)

【問題28】　緩降機の試験をする際の周囲温度が定められているが，次のうち，正しいものはどれか。ただし，低温試験及び高温試験を除く。

(1) −10 ℃以上，40 ℃以下

(2) 0 ℃以上，40 ℃以下

(3) 10 ℃以上，30 ℃以下

(4) 10 ℃以上，40 ℃以下

【解説と解答】

　緩降機の強度・性能に関わる試験は，低温試験及び高温試験を除き10 ℃以上30 ℃以下で行うことが定められています。　　　　解答　(3)

【問題29】　下記は**緩降機の強度及び性能に係わる試験**の説明文である。説明文からこの試験の名称を答えよ。

　緩降機を試験高度に取り付け，250 N，650 N に最大使用者数を乗じた値に相当する荷重及び最大使用荷重に相当する荷重を左右交互に加えて，左右連続して 1 回降下させた場合，いずれも，毎秒16 cm 以上150 cm 以下であること。

(1) 強度試験　　(2) 含水降下試験　　(3) 繰返し試験　　(4) 降下速度試験

【解説と解答】

　緩降機の性能試験において，**安全な降下速度が確保されること**を確認するための試験です。　適正な降下速度は，**毎秒16 cm 以上150 cm 以下**であることを再確認しておきましょう。

　緩降機の**安全性確保**のために，次のような試験が行われます。

【強度試験】，【降下速度試験】，【含水降下試験】，【低温試験・高温試験】，
【繰返し試験】，【落下試験】，【落下衝撃降下試験】，【腐蝕試験】　　解答　(4)

【問題30】　下記は**緩降機の強度及び性能に係る試験**の説明文である。説明文からこの試験の名称を答えよ。

　使用者が降下するときにかかる荷重方向へ着用具に最大使用荷重の3.9倍に相当する静荷重を加えて 5 分間保持した場合，ロープは破断または著しい損傷を生じないこと，かつ，着用具又は緊結金具から離脱しないこと。

(1) 強度試験　　(2) 含水降下試験　　(3) 繰返し試験　　(4) 降下速度試験

【解説と解答】

緩降機の部品類に荷重をかけて，各部の耐力を確認する試験です。
(1)が正解となります。　　解答　(1)

【問題31】　緩降機の強度・性能試験についての記述のうち，適切でない
　　ものはどれか。

(1) 含水降下試験は，調速器，ロープ，着用具を水に一定時間浸した後
　　に行う降下試験である。
(2) 落下試験は，可搬式緩降機に定められた試験であって，固定式緩降
　　機には義務付けられていない。
(3) 緩降機の最大使用荷重は，最大使用者数に1000 Nを乗じた値以上で
　　なければならない。
(4) ベルトは，最大使用荷重の6.5倍の引張荷重を加えて5分間保持した
　　場合，破断又は著しい変形を生じてはならない。

【解説と解答】

　緩降機の強度試験・性能試験の知識を確認する問題です。
　本問は選択肢(1)が誤りです。**含水降下試験はロープが水を含んだ際**の平均
降下速度及び異常の有無を確認する試験で，ロープ以外は対象ではありませ
ん。
　選択肢(2)(3)(4)は適切な説明をしています。　　　　　　　　　解答　(1)

【問題32】　規格省令に基づき緩降機に表示しなければならないものとし
　　て，誤っているものは次のどれか。

(1) 設置年月　　　(2) 型式番号　　　(3) 製造番号　　　(4) ロープ長

【解説と解答】

　緩降機には，次の事項を見やすい箇所に容易に消えないように表示をしなけ
ればならない。

・型式　・型式番号　・ロープ長　・最大使用荷重　・最大使用者数
・製造者名又は商標　・製造年月　・製造番号　・取扱上の注意事項

(1)の設置年月は表示項目ではありません。　　　　　　　　　　解答　(1)

重要
ポイント

緩降機の強度・性能試験

◆用　語
*最大使用者数：**1 回で降下できる使用者の最大数**をいう。
　▶現在，日本では多人数用は製造されていない。
*最大使用荷重：緩降機を使用する際に，**緩降機に加えることのできる最大
　　　　　　　荷重**をいう。
　▶最大使用者数×1000 N（ニュートン）以上とすること。
*試験高度：**ロープの長さを最大限に使用する高さ**のこと。
　▶ロープの長さが15 m を超えるものは15 m の高さをいう。
*試験温度：緩降機の試験をする際は，低温試験及び高温試験を除き周囲温
　　　　　　度10 ℃以上30 ℃以下の状態で行うこと。

◆強度試験
○緩降機の降下方向へ着用具に最大使用荷重の3.9倍に相当する静荷重を加えて
　5 分間保持した場合，次に適合しなければならない。
　▶調速器・調速器の連結部・リング・緊結金具は，分解・破損・著しい変形
　を生じないこと。
　▶ロープは，破断または著しい損傷を生じないこと。かつ，着用具又は緊結
　金具から離脱しないこと。
○ベルトは，**最大使用荷重の6.5倍の引張荷重**を加えて 5 分間保持した場合，破
　断又は著しい変形を生じないこと。

◆降下速度試験
○緩降機の降下速度は，試験高度に緩降機を取り付け，着用具の一端に荷重を
　加えて降下させた場合，次の $\boxed{1}$ 又は $\boxed{2}$ に適合すること。
　$\boxed{1}$250 N, 650 N に最大使用者数を乗じた値に相当する荷重及び**最大使用荷
　　重に相当する荷重**を左右交互に加えて，**左右連続して 1 回降下させた場合
　　いずれも，毎秒16 cm 以上150 cm 以下であること。**
　$\boxed{2}$650 N に最大使用者数を乗じた値に相当する荷重を左右交互に加えて，左
　　右連続してそれぞれ10回降下させた場合，いずれも20回の平均降下速度の
　　80 ％以上120 ％以下であること。

◆含水降下試験
○ロープを水に 1 時間浸した後，直ちに試験高度に緩降機を取り付け，前記 $\boxed{2}$
　の規定荷重を左右交互に加え，左右連続して 1 回降下させた場合，いずれも
　平均降下速度の80 ％以上120 ％以下であること。かつ，**機能又は構造に異常
　を生じないこと。**

　以下の**各試験**は，所定の試験条件を満たした後に前記1の操作を行った場合，いずれの試験に於いても降下速度が規定の範囲内であり，かつ，機能又は構造に異常を生じないものであること。

◆低温試験・高温試験
○-20 ℃及び50 ℃に24時間放置した後，直ちに試験高度に緩降機を取り付け前記1の試験を行う。

◆腐食試験
○ JIS Z 2371（塩水噴霧試験）に定める試験方法により塩水を8時間噴霧した後に16時間放置することを1サイクルとして5回繰り返した後，24時間自然乾燥をさせ，前記1の試験を行う。

◆繰返し試験
○試験高度に緩降機を取り付け，着用具の一端に最大使用荷重に相当する荷重を左右交互に加え，左右連続してそれぞれ10回降下させることを1サイクルとして5回繰り返した後，前記1の試験を行う。

◆落下衝撃降下試験
○調速器から降下側のロープを25 cm引き出し，次にロープを引き上げ着用具に最大使用荷重を加えて繰り返し5回落下させ，この後，前記1の試験を行う。

◆落下試験
○可搬式緩降機は，調速器を**硬く弾力性のない平滑な水平面**に床上1.5 mの高さから連続5回落下させた後，前記1の試験を行う。

③ 救 助 袋

（1）救助袋の構造

【問題33】　救助袋についての記述のうち，誤っているものはどれか。

(1) 救助袋は，入口金具，袋本体，緩衝装置，取手，下部支持装置等から構成されている。

(2) 垂直式の救助袋とは，袋本体を垂直に展張して使用する救助袋をいう。

(3) 斜降式の救助袋とは，袋本体を斜めに展張して使用する救助袋をいう。

(4) 救助袋には，降着の際に衝撃を受ける部分に必ず緩衝装置として受布又は保護マットを取り付けなければならない。

【解説と解答】

　建物の上階の窓・バルコニー等と地上の間を帆布製の筒状の袋で連絡し，この中を滑り降りて避難します。

　救助袋は，入口金具・袋本体・緩衝装置・取手・下部支持装置等により構成されるものであることが「避難器具の基準」（消防庁告示）で定められています。

　また，救助袋は**認定対象機械器具**で，認定証票が**出口付近**に貼付されています。

　選択肢(1)(2)(3)は**避難器具の基準**の通り正しい説明をしています。

(4)が誤りです。**緩衝装置**には垂直式と斜降式では若干の違いがあります。

　選択肢(4)は**斜降式**の緩衝装置について述べたもので，**垂直式**の緩衝装置は「保護マットその他の緩衝装置を取り付けたもの」と規定されています。

　また，**衝撃の無い方式**のものには必ずしも緩衝装置は必要ありません。

したがって(4)が誤りとなります。

解答　(4)

第2章
構造・機能・工事・整備

救助袋の概要図

〈垂直式〉

降下速度の調節
- らせん式
  らせん状通路により
  速度を調節する方式
- 蛇行式
  通路を蛇行させて
  速度を調節する方式

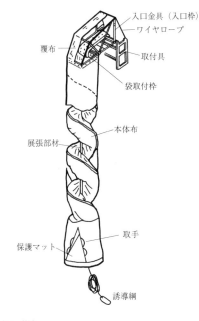

入口金具（入口枠）
ワイヤロープ
覆布
取付具
袋取付枠
本体布
展張部材
取手
保護マット
誘導綱

〈斜降式〉

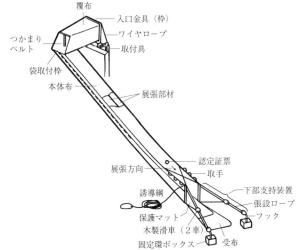

覆布
入口金具（枠）
つかまりベルト
ワイヤロープ
取付具
袋取付枠
本体布
展張部材
認定証票
展張方向
取手
下部支持装置
誘導綱
張設ロープ
保護マット
フック
木製滑車（2車）
受布
固定環ボックス

降下速度の調節（斜降式）
- 袋本体と使用者との摩擦力及び救助袋の展帳角度により行う。

【問題34】　救助袋の構造について，誤っているものはどれか。

(1) 入口金具の底部にはマットを，その他の面には覆い布を取り付けること。

(2) 袋本体を垂直に降ろして展張する垂直式は，誘導綱を省略することができる。

(3) 袋本体は，直径50 cm 以上の球体が通過することができるものであること。

(4) 袋本体の滑降部は，落下防止のため二重構造又は外面に網目の辺の長さ5 cm 以下の無結節の網を取り付けたものであること。

【解説と解答】

　平常時の救助袋は，入口金具・袋本体等が折りたたまれた状態で格納箱に収納されています。展張する際は，**格納箱を取り外す→誘導綱の投下→入口枠を引き起こす→袋本体を降ろす→ステップの設定**の順で行います。

　地上操作者は，誘導綱を確保し，救助袋の下部支持装置を固定します。

　避難者は入口枠につかまり**足から救助袋に入る**ため，入口金具の底部には保護マットが敷かれ，**外に落下しないよう周りには覆い布**が取り付けられます。

　選択肢(2)が誤りです。誘導綱は地上の操作者が救助袋本体を引き寄せるためものので，誘導綱がないと救助袋を降ろしても周囲の植物などの障害を受けて地上まで救助袋を降ろすことができないおそれがあります。

　したがって，**誘導綱は垂直式であっても省略できません**。　　　解答　(2)

【取付金具・格納箱の例】

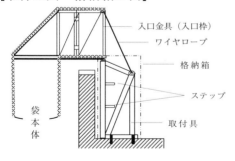
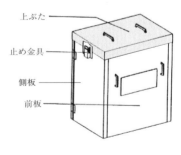

＊上ぶたを取り外すと，前板・側板を外すことができる。
＊側板を外さない方式のものもある。
＊「止め金具」は，屋外用格納箱に設けられる。

【問題35】　**垂直式救助袋**について，**誤っているもの**は次のうちどれか。

(1) 救助袋の出口付近に 6 個以上の取手を左右対象に，かつ，強固に取り付けたものであること。

(2) 下部支持装置は袋本体を確実・容易に支持できること。ただし垂直式救助袋には下部支持装置を設けないことができる。

(3) 袋本体は，平均毎秒 4 m 以下の速度で，途中で停止することなく滑り降りることができるものでなければならない。

(4) 袋本体にかかる引張力を負担する展張部材を有すること。また使用の際の展張部材の伸びは，本体布の伸びを超えないこと。

【解説と解答】

　垂直式救助袋とは，垂直に展張して**使用する救助袋**のことをいいます。

　垂直式と斜降式の技術基準は殆どが共通していますが，取手（とって）・誘導綱・平均降下速度・下部支持装置などの扱いに違いがあります。

　この相違点は，確実に把握する必要があります！

　設問のそれぞれの項目については次の通りです。

(1) ×　取手は出口付近に**垂直式**は 4 個以上を<u>左右均等</u>に，**斜降式**は 6 個以上を<u>左右対象</u>に取り付けます。

(2) ○　下部支持装置とは，救助袋を使用する際に袋本体の下部を支持して固定するためのものです。

　　　垂直式は，袋本体の下部を固定しなくても使用できることから，下部支持装置を設けないことができます。

(3) ○　**垂直式の降下速度**は，平均毎秒 4 m 以下の**速度**，**斜降式の降下速度**は平均毎秒 7 m 以下の**速度**と定められています。

(4) ○　救助袋を使用する際の**引張力**を展張部材が受けることにより，袋本体を保護しています。

解答　(1)

【問題36】 斜降式救助袋について，誤っているものは次のうちどれか。

(1) 袋本体は展張時においてよじれ及び片だるみが無いこと。

(2) 袋本体の滑降部は，滑り降りる方向の縫い合わせ部が設けられていないこと。

(3) 下部支持装置は，袋本体を確実に支持することができ，容易に操作できるものであること。

(4) 袋本体は，平均毎秒5m以下の速度で途中で停止することなく滑り降りることができるものであること。

【解説と解答】

　斜降式救助袋とは，斜めに展張して**使用する救助袋**のことをいいます。

　斜降式の要点としては，上記(1)(2)(3)のほかに次のものなどがあります。

・出口付近に6個以上の取手を，左右対象に強固に取り付けること。

・袋本体は連続して滑り下りることができ，**平均毎秒7m以下の速度**で途中停止することなく滑り降りることができること。

・救助袋の形状には**角型・丸型**があり，降下方式には次のものがある。

　　側面降下方式　　：建物の側面に沿って展張されるもの。

　　直面降下方式　　：建物に向って直角に展張されるもの。

　　左右斜め降下方式：建物から斜めに展張されるもの。

　選択肢(1)(2)(3)は正しい表記をしています。

(4)の降下速度が誤りで，正しくは**平均毎秒7m以下**です。　　　　　　| 解答　(4) |

斜降式の取手

▶斜降式救助袋の**下部支持装置に異常**がある場合，人力で取手を支持して**避難させること**ができるよう6個の取手をバランスよく左右対象に設ける規定になっています。

（2）誘導綱

【問題37】　救助袋に用いる誘導綱について，誤っているものはどれか。

(1) 袋本体の下端に，直径 4 mm 以上の太さの誘導綱を取り付ける。

(2) 誘導綱の長さは，袋本体の全長に 5 m を加えた長さ以上とする。

(3) 斜降式救助袋の誘導綱は，袋本体の長さ以上の長さとすることができる。

(4) 誘導綱の先端に，夜間において識別し易い300 g 以上の重さの砂袋等を取り付ける。

【解説と解答】

　救助袋を地上の操作者又は固定具の位置に**誘導する**ための綱が誘導綱と言われるもので，袋本体の下端に取り付けられます。

　誘導綱の先端には小さな砂袋等が取り付けられており，その砂袋を地上操作者の近くに投げて誘導綱が届きやすいようにしています。

　垂直式救助袋においても誘導綱は必要です。例えば，展張操作中において，袋本体が**木の枝**や他の**障害物**に引っ掛かる等のアクシデントの際，地上に落とされた誘導綱を引くと救助袋を引き寄せることができます。

　誘導綱（ゆうどうづな）の基準の概要は次の通りです。

・袋本体の下端に直径 4 mm 以上の太さの**誘導綱を取り付ける。**

・誘導綱の長さは，袋本体の長さ＋ 4 m 以上とする。

　ただし，斜降式は袋本体の全長以上の長さとすることができる。

　また，**垂直式で袋本体が5m 以下のものは誘導綱を省略**することができる。

・誘導綱の先端に，質量300 g 以上の砂袋等を取り付ける。

・砂袋等は，夜間でも識別しやすいものとする。（夜光塗料を使用）

(2) が誤りとなります。

解答　(2)

ロープ（綱）　←　　　　　　　　　　　　　　←　砂袋

（3）下部支持装置

【問題38】　救助袋の下部支持装置の固定具として用いられるいわゆる
「固定環ボックス」について，誤っているものは次のうちどれか。

(1) 固定環ボックス内には，排水のための措置が講じられている。

(2) 固定環ボックスには，防水等のためのふた（蓋）が設けられている。

(3) 固定環ボックスのふたには固定環ボックスの整理番号が付されている。

(4) 固定環ボックスの内部には，救助袋の下部を固定するための環状又は棒状の器具が設けられている。

【解説と解答】

　救助袋の**下部支持装置を降着面等に固定する器具**を「固定具」といいます。一般的に「固定環ボックス」と呼ばれています。

　固定具（固定環ボックス）は，**ふたの付いた箱**で救助袋の下部支持装置のフックを引掛けて固定できる環又は横棒が内部に収められています。

　斜降式には下部支持装置及び固定環ボックスは必要不可欠のものですが，**垂直式には下部支持装置を設けなくてもよい規定**となっています。

固定環ボックスの基準

・ふたは容易に開放できる構造とする。

・ふたは紛失防止のため箱とチェーンなどで接続する。

・**ふたの表面**に救助袋の設置階数を表示する。

・箱の内部に雨水等が滞留しないよう，水抜き措置を講じる。

・ふたは車両等の通行による積載重量に耐えるものとする。
　（JIS G 5501（ねずみ鋳鉄品）又は同等以上の強度・耐食性のもの）

・箱は，内部の清掃が容易にできる大きさとする。

したがって，(3)で表示する番号は，設置階数になります。　　　解答　(3)

【固定環ボックスの例】

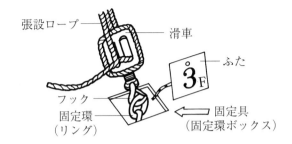

張設ロープ　滑車　ふた　フック　固定環（リング）　固定具（固定環ボックス）

【問題39】 斜降式救助袋の下部支持装置の固定に用いられる固定具についての記述のうち，誤っているものはどれか。

(1) 固定環ボックス内の固定環等は，環状又は棒状を問わず，直径12 mm 以上であること。

(2) 固定環等が横棒の場合は，下部支持装置のフックを容易に引っかけることができる横幅を有していること。

(3) 固定環等は JIS G 4303（ステンレス鋼棒）又は同等以上の強度及び耐食性を有するものを用いることとする。

(4) 固定環等は，規定の引張荷重に耐えられるよう十分に埋め込まれ，かつ，引き抜け防止の措置が講じられていること。

【解説と解答】

救助袋の**下部支持装置を降着面等に固定する器具**である「固定具」には，さらに次のような基準があります。

・環状又は棒状を問わず，**直径16 mm 以上**であること。

・規定の引張荷重に耐えられるよう十分に埋め込まれ，かつ，**引き抜け防止の措置**が講じられていること。

・JIS G 4303（**ステンレス鋼棒**）又は同等以上のものとする。

したがって，(1)が誤りとなります。　　　　　　　　　　　解答　(1)

第2章

構造・機能・工事・整備

重要
ポイント

救 助 袋

◆救助袋の構造　　　　　　　　　　　　　　（画像：P103, カラー頁）

共通項目 （①～⑨は垂直式・斜降式の共通項目）

① 救助袋は，**入口金具・袋本体・緩衝装置・取手・下部支持装置**などに
より構成されていること。（**垂直式**は，下部支持装置を設けなくてもよい）

② 入口金具は，**入口枠・支持枠・袋取付枠・結合金具・ロープ**その他
これに類するもので構成されていること。

③ 入口金具の底部には**マット**を，その他の面には**覆い布**を取り付ける。

④ 袋本体は，**直径50 cm 以上**の球体が通過することができること。

⑤ 袋本体にかかる引張力を負担する展張部材を有すること。また，使用
の際の**展張部材の伸び**は，**本体布の伸びを超えない**こと。

⑥ 展張部材・本体布は，袋取付枠に強固に取り付けられていること。

⑦ 袋本体の**滑降部**は，落下防止のため二重構造又は外面に網目の辺の長
さ**5 cm 以下**の無結節の網を取り付けたものであること。
　（落下防止性能を有する袋本体は，この限りではない）

⑧ 降着の際に衝撃を受ける部分には，緩衝装置として**受布**および**保護
マット**を取り付けること。（衝撃の無い方式のものは省略できる）

⑨ 袋本体の下端に**誘導綱**を取り付ける。

垂直式 （共通項目の①～⑨及び次に適合すること）
○誘導綱の長さは，袋本体の全長に**4 m**を加えた長さ以上とする。
○袋本体は連続して滑り降りることができ，**平均毎秒4 m 以下**の速度
で，途中で停止することなく滑り降りることができること。
・出口付近に**4 個以上**の取手を，左右均等に強固に取り付けること。
　（垂直式の取手は，**風や避難による著しい袋本体の揺動**を抑止に用いる）

斜降式 （共通項目の①～⑨及び次に適合すること）
○袋本体は展張時において，よじれ及び片だるみがないこと。
○袋本体の滑降部には，滑り降りる方向の縫合部をつくらないこと。
○袋本体は連続して滑り下りることができ，**平均毎秒7 m 以下**の速度
で途中停止することなく滑り降りることができること。
○出口付近に**6 個以上**の取手を，左右対象に強固に取り付けること。
○**下部支持装置**は，袋本体を確実・容易に支持できること。

○誘導綱の長さは，袋本体の全長に4mを加えた長さ以上とする。
斎降式は，<u>袋本体の全長以上の長さ</u>とすることができる。

◆誘導綱（ゆうどうづな）　　　　　　　　（画像：P107，カラー頁）
救助袋を地上操作者や固定具の位置に**引き寄せるためのロープ**が誘導綱
で，袋本体の下端に取り付けられており，先端には砂袋が付いている。

[誘導綱・砂袋の基準]
・誘導綱の太さは，直径4mm以上とする。
・誘導綱の長さは，袋本体の長さ＋4m以上とする。
　ただし，斎降式は袋本体の全長以上の長さとすることができる。
・誘導綱の先端に質量300g以上の「砂袋」を取り付ける。
・砂袋は，夜間でも識別しやすいものとする。（夜光塗料を使用）

◆下部支持装置　　　　　　　　　　　　　（画像：P103，カラー頁）
救助袋と固定具を連結して救助袋を支持する装置である。
下部支持装置は，**袋本体を確実に支持することができ，容易に操作で
きる**ことと規定されている。

◆固定具（固定環ボックス）　　　　　　　（画像：P109，カラー頁）
救助袋の**下部支持装置を降着面等へ固定する器具**をいう。
固定具は，ふたの付いた箱で救助袋の下部支持装置のフックを引掛け
て固定できる環又は横棒が内部に収められているため固定環ボックス
とも呼ばれている。

[固定具の基準]
・ふたは容易に開放できる構造とする。
・ふたは紛失防止のため箱とチェーンなどで接続する。
・ふたの**表面**に救助袋の設置階数を表示する。
・箱の内部に雨水等が滞留しないよう，**水抜き措置**を講じる。
・ふたは車両等の通行による積載重量に耐えるものとする。
・箱は，内部の清掃が容易にできる大きさとする。
・**固定環等**は，環状又は棒状を問わず直径16mm以上であること。
・**固定環等**は，規定の引張荷重に耐えられるよう十分に埋め込まれ
　かつ，引き抜き防止の措置が講じられていること。
・**JIS G 4303**（ステンレス鋼棒）又は同等以上のものとする。

（4）救助袋の材質

> 【問題40】　救助袋の入口金具と使用部品の材質についての記述のうち，誤っているものはどれか。
>
> (1) シャックルに JIS G 2801に適合する耐食性の材質のものを用いる。
> (2) 入口枠に JIS G 3101に適合する耐食性のある鋼材を用いる。
> (3) 袋取付け枠に JIS G 3452に適合する耐食加工を施した材質のものを用いる。
> (4) ワイヤロープに JIS G 3525に適合する耐食性を有する材質のものを用いる。

【解説と解答】

　入口金具に用いる部品は，JIS 規格（日本産業規格）に該当する材質又はこれらと同等以上の耐久性を有するものが用いられます。

　また，耐食性を有しない材質のものは，耐食加工を施したものとします。

部品名	材　質　　　　　（JIS：日本産業規格）
入口枠	JIS G 3101（一般構造用圧延鋼材）
支持枠	JIS G 3444（一般構造用炭素鋼鋼管）
袋取付枠	JIS G 3452（配管用炭素鋼鋼管）
ワイヤロープ	JIS G 3525（ワイヤロープ）
ボルト	JIS G 3123（みがき棒鋼）
シャックル	JIS B 2801（シャックル）
シンブル	JIS B 2802（シンブル）
チェーン	JIS F 2106（船用一般チェーン）
ロープ	JIS L 2703（ビニロンロープ）

救助袋に用いる**布類**については，次のように規定されています。

部品名	材　質　　　　　（JIS：日本産業規格）
本体布・受布 落下防止布	・耐久性を有すること。 ・織むら等がなく，十分な密度を有すること。
ロープ	・耐久性を有すること。 ・よりに緩みがなく，よじれの生じにくいこと。
ベルト・縫糸 落下防止網 下部支持装置	・耐久性を有すること。

　選択肢(1)が誤りです。シャックルは **JIS B 2801**となっており，JIS G ではありません。JIS の G や B などは**類別**を表しています。　　　解答　(1)

(5) 救助袋の強度試験

【問題41】　救助袋の強度試験について，誤っているものはどれか。

(1) 袋本体の引裂き強さ　　…　　120 N 以上
(2) 覆い布の引張り強さ　　…　　600 N 以上
(3) 袋本体の引張り強さ　　…　1000 N 以上
(4) 落下防止網の引張り強さ…　3000 N 以上

【解説と解答】

　救助袋に用いる布は，日本産業規格(JIS 規格)の一般織物試験方法で**引張り強さの試験，引裂き強さの試験**を行って**強度が確認**されます。

・引張り強さ…1000 N 以上に耐える強度を有すること。
　　　　　　　(覆い布は，800 N 以上とする)
・引裂き強さ…120 N 以上に耐える強度を有すること。
　　　　　　　(覆い布は，80 N 以上とする)
落下防止用の網は，引張り強さが3000 N 以上であること。
(2) 覆い布の引張り強さは800 N 以上が正解です。　　　　　　　　解答　(2)

【問題42】　避難器具の基準に基づき救助袋に表示しなければならないものとして，誤っているものは次のどれか。

(1) 種別　　　　(2) 製造年　　　　(3) 製造番号　　　　(4) 設置階数

【解説と解答】

　救助袋には，次の事項を見やすい箇所に容易に消えないように表示をしなければならない。

・種別　・製造者名 又は 商標　・製造年月　・製造番号　・設置階数
・展帳方向 (斜降式の救助袋に限る)

(2) **製造年**ではなく製造年月が表示項目です。　　　　　　　　解答　(2)

重要
ポイント

救助袋の材質

◆**入口金具に用いる部品は，下表で示す材質又はこれらと同等以上の耐久性を有するもの**とする。

また，耐食性を有しないものは耐食加工を施したものする。

部品名	材　質（JIS：日本産業規格）
入口枠	JIS G 3101（一般構造用圧延鋼材）
支持枠	JIS G 3444（一般構造用炭素鋼鋼管）
袋取付枠	JIS G 3452（配管用炭素鋼鋼管）
ワイヤロープ	JIS G 3525（ワイヤロープ）
ボルト	JIS G 3123（みがき棒鋼）
シャックル	JIS B 2801（シャックル）
シンブル	JIS B 2802（シンブル）
チェーン	JIS F 2106（船用一般チェーン）
ロープ	JIS L 2703（ビニロンロープ）

◆**救助袋に用いる布類**については，次のように規定されている。

部品名	材　質（JIS：日本産業規格）
本体布・受布 落下防止布	・耐久性を有すること。 ・織むら等がなく，十分な密度を有すること。
ロープ	・耐久性を有することと。 ・よりに緩みがなく，よじれの生じにくいこと。
ベルト・縫糸 落下防止網 下部支持装置	・耐久性を有すること。

救助袋の強度

救助袋に用いる布は，JIS規格（日本産業規格）の一般織物試験方法で引張り強さ試験，引裂き強さ試験が行われ**強度が確認**される。

▶**引張り強さ**…1000 N以上に耐える強度を有すること。
（覆い布は，800 N以上とする）

▶**引裂き強さ**…120 N以上に耐える強度を有すること。
（覆い布は，80 N以上とする）

・落下防止用の網は，引張り強さが3000 N以上であること。

・**縫糸**は，十分な**引張り強さ及び引掛け強さ**を有すること。

・**縫い合わせ部**は，十分な強度を有し縫糸に緩み等がないこと。

・**救助袋**は，救助袋の自重・積載荷重・風圧等に対して構造耐力上安全であること。

重要
ポイント

第2章
構造・機能・工事・整備

救助袋の概要図

　救助袋には垂直式と斜降式があります。救助袋の各部分の名称・位置・機能又は用途は重要な部分であるので，他の避難器具と同様に，確実に把握する必要があります。

◆垂直式：垂直に展張して使用する救助袋
◆斜降式：斜めに展張して使用する救助袋

垂直式

入口金具（入口枠）
ワイヤロープ
覆布
取付具
袋取付枠
本体布
展張部材
取手
保護マット
誘導綱

斜降式

覆布
入口金具（枠）
つかまりベルト
ワイヤロープ
取付具
袋取付枠
本体布
展張部材
認定証票
展張方向
取手
誘導綱
下部支持装置
張設ロープ
保護マット
木製滑車
フック
固定環ボックス
受布

④ その他の避難器具

【問題43】 避難器具についての記述のうち，誤っているものはどれか。

(1) 避難橋とは，建築物相互を連絡する橋状のものをいう。

(2) すべり棒とは，垂直に固定した棒を滑り降りるものをいう。

(3) すべり台とは，勾配のある直線状又はらせん状の固定された滑り面を滑り降りるものをいう。

(4) 金属製以外の避難はしごとは，立てかけはしごを除く固定はしご，吊り下げはしごのうち金属製以外のものをいう。

【解説と解答】

　防火対象物に設置される避難器具には，**金属製避難はしご，緩降機，救助袋**のほかに，**金属製以外の避難はしご，すべり台，避難用タラップ，避難橋，避難ロープ，すべり棒**等があります。

　選択肢(4)が誤っており，(1)(2)(3)は正しい記述をしています。

　金属製以外の避難はしごとは，**固定はしご，立てかけはしご及び吊り下げ**はしごで金属製以外のものをいいます。

　　　　　　　　　　　　　　　　　　　　　　　　　　　解答　(4)

【問題44】 避難器具についての記述のうち，誤っているものはどれか。

(1) 避難ロープは，耐久性に富んだ繊維製のものとする。

(2) 避難はしご(金属製以外のもの)については，金属製の横桟を用いることはできない。

(3) 避難橋の橋げた及び床板材として，アルミニウム材のものを使用することは差し支えない。

(4) 避難用タラップのうち，使用時以外はタラップの下端を持ち上げておくものを半固定式という。

【解説と解答】

　金属製以外の避難はしご，すべり台，避難ロープ，避難用タラップ，避難橋，すべり棒，救助袋については，避難器具の基準（消防庁告示）において詳細が定められています。

　避難器具には，安全・確実・容易に使用できる構造が要求されます。

(1)　○　直径12 mm 以上の耐久性に富んだ繊維製のものが用いられます。

(2)　×　避難器具の基準では，金属製以外の避難はしごの材質について，「縦棒は耐久性に富んだ繊維製のもの・・・横桟は金属製のもの又はこれと同等以上の耐久性を有するもの」と定めています。

(3)　○　避難橋の材質は主要部を不燃性とし，橋げた・床板等には鋼材・アルミニウム材又は同等以上のものとしています。

(3)　○　避難用タラップの半固定式とは，使用時に持ち上げられているタラップの下端を1動作で架設できる構造のものをいいます。

　したがって，(2)が誤りとなります。

解答　(2)

【その他の避難器具の例】

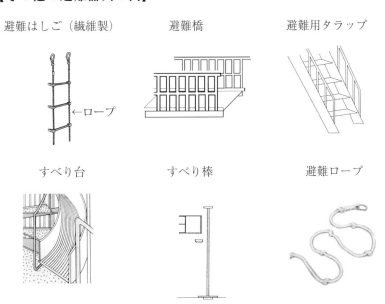

避難はしご（繊維製）　　　避難橋　　　　　避難用タラップ

←ロープ

すべり台　　　　　　すべり棒　　　　　避難ロープ

（1）避難はしご（金属製以外のもの）

【問題45】　避難はしご（金属製避難はしご以外のもの）についての記述のうち，誤っているものはどれか。

⑴　横桟は，使用の際には離脱しないこと。ただし，使用者が握った場合は緩く回転できるものであること。

⑵　金属製避難はしごと同様に，固定はしご，立てかけはしご，吊り下げはしごがある。

⑶　吊り下げ具は，丸かん，フックその他の容易にはずれないものとし，縦棒の上端に取り付けられたものとする。

⑷　避難はしごは2本以上の縦棒，横桟，及び吊り下げはしごにあっては吊り下げ具から構成されたものであること。

【解説と解答】

　避難器具の基準では「横桟は，使用の際，**離脱**及び**回転**しないものであること。」と定めています。

　したがって，⑴が誤りとなります。　　　　　　　　　　　　 解答　⑴

【問題46】　避難はしご（金属製はしご以外のもの）についての記述のうち，正しいものはどれか。

⑴　縦棒の間隔は，内法寸法で35 cm以上50 cm以下であること。

⑵　横桟の断面が円形であるもの以外については，特に踏面に滑り止めの措置を講じる必要はない。

⑶　横桟の間隔は，25 cm以上35 cm以下で縦棒に同一間隔で取り付けられたものであること。

⑷　横桟は，直径15 mm以上35 mm以下の円形の断面又はこれと同等の握り太さの他の形状の断面を有するものとする。

【解説と解答】

　金属製以外の**避難はしごの基準**は，材質以外は基本的には金属製避難はしごと同じ基準となります。**金属製避難はしごの基準**の再確認となります。

　金属製以外の避難はしごには，**縦棒**が**1本の規定はありません**。下記重要ポイントより，正解は (3) となります。　　　　　　　　　　　|解答　(3)|

重要
ポイント

避難はしご （金属製以外）

* ＊避難はしご（金属製以外のもの）の基準は「避難器具の基準」（消防庁告示）において詳細が定められています。
* ＊金属製以外の**避難はしご**には，縦棒が1本の規定はありません。

◆**避難はしごの構造**（共通項目）
* ・**2本以上**の縦棒・横桟・吊り下げ具（吊り下げはしごに限る）で構成されていること。
* ・縦棒の間隔：内法寸法で30 cm 以上50 cm 以下とする。
* ・横桟の間隔：25 cm 以上35 cm 以下で，縦棒に同一間隔で取り付ける。
　　　　　　（間隔：横桟の中心を基準とする）。
* ・横桟は，直径14 mm 以上35 mm 以下の円形の断面 又はこれと**同等の握り太さ**の他の形状のものとする。
* ・横桟の踏面には，滑り止めの措置を講じる。
* ・横桟は，使用の際，離脱及び回転しないこと。

◆**吊り下げはしごの構造**
* ・縦棒・横桟の間隔等は**共通項目**による。
* ・**吊り下げはしご**と防火対象物との**距離**を10 cm 以上保有するための**突子**（とっし）を横桟の位置ごとに設ける。
* ・伸張時に**もつれ**などの障害を起こさない構造であること。
* ・**はしごを吊り下げる**ためのロープ等は縦棒とみなす。
* ・縦棒の上端には，丸カン，フックその他の**容易にはずれない**構造の吊り下げ金具が取り付けてあること。

◆**立てかけはしごの構造**
* ・縦棒・横桟の間隔等は**共通項目**による。
* ・**上部支持点**には滑り止め，転倒防止の安全装置を設ける（上部支持点とは，先端から60 cm 以内の任意の箇所をいう）。
* ・**下部支持点**には滑り止めを設ける。

【問題47】 避難はしご（金属製はしご以外のもの）の材質についての記述のうち，**不適切なもの**はどれか。

(1) 吊り下げ具は，鋼材又はこれと同等以上の耐久性を有するものでなければならない。

(2) 横桟は，金属製のもの又はこれと同等以上の耐久性を有するものを用いなければならない。

(3) 縦棒は，金属製のもの又はこれと同等以上の耐久性を有するものでなければならない。

(4) 耐食性を有しない材質のものを用いる場合は，耐食加工を施さなければならない。

【解説と解答】

　避難はしご（金属製避難はしご以外のもの）に用いられる材料のうち，縦棒は耐久性に富んだ繊維製のもの又はこれと同等以上の耐久性を有するものと定められています。(3)が誤りとなります。　　　　解答　(3)

【問題48】 避難はしご（金属製以外のもの）の強度試験について， A ， B ， C に入るものの組み合わせとして，**正しいもの**はどれか。

　1本の横桟に取り付けられた A について，縦棒及び横桟の両方に垂直となる方向に B キロニュートンの C を加える試験において著しい変形，亀裂又は破損を生じないこと。

	A	B	C
(1)	縦　棒	0.10	引張り荷重
(2)	横　桟	0.12	分布荷重
(3)	突　子	0.15	圧縮荷重
(4)	フック	0.22	曲げ荷重

【解説と解答】

突子の強度を確認するための加重試験の説明です。

重要ポイントから(3)が正解となります。　　　　　　　解答　(3)

重要ポイント

避難はしご （金属製以外）

材　質

(1) 縦棒は，耐久性に富んだ繊維製のもの又はこれと同等以上の耐久性を有するもの。

(2) 横桟は，金属製のもの又は同等以上の耐久性を有するもの。

(3) 吊り下げ具は，鋼材又は同等以上の耐久性を有するもの。

(4) 耐食性を有しないものは，耐食加工を施したもの。

強　度

(1) 縦棒は，はしごを伸ばした状態で縦棒方向に，次の静荷重を加える試験を行います。

・縦棒は，最上部の横桟から最下部の横桟までの部分について2 m又はその端数ごとに縦棒1本につき1.3 kNの圧縮荷重（吊り下げはしごは引張荷重）を加える試験において亀裂・破損等を生じないこと。

・縦棒は前項の2分の1の静荷重を加える試験において，永久ひずみを生じないこと。

(2) 横桟は，横桟1本につき中央7 cmの部分に金属製のものは2 kN（その他の材質のものは3 kN）の等分布荷重を加える試験において，亀裂・破損等を生じないこと。

また，ここで定める静荷重の2分の1の静荷重を加える試験において，永久ひずみを生じないこと。

(3) 吊り下げ具は，その1個につき最上部の横桟から最下部の横桟まで，2 m又はその端数ごとに1.5 kNの引張荷重を加える試験において著しい変形・亀裂・破損を生じないこと。

(4) 突子は，1本について，縦棒及び横桟に対し同時に直角となる方向に150 Nの圧縮荷重を加える試験において著しい変形・亀裂・破損を生じないこと。

表　示

○次に定める事項を，見やすい箇所に容易に消えないように表示する。

・種別　・製造者名 又は 商標　・製造年月　・長さ

・自重（立てかけはしご又は吊り下げはしご　に限る）

（2）すべり台

【問題49】　すべり台の構造について，誤っているものはどれか。

(1) 滑り面の勾配は，25°以上35°以下であること。
(2) すべり台の底板の有効幅は40 cm 以上であること。
(3) 側板の高さは40 cm 以上，手すりの高さは60 cm 以上であること。
(4) 底板は，一定の勾配を有する滑り面を有し，すべり台の終端まで一定の速度で滑り降りることができるものであること。

【解説と解答】

　すべり台は，底板・側板・手すり・その他のもので構成されています。

　すべり台の終端の近くにおいて減速する必要があることから，底板は，一定の勾配の滑り面と滑り面の下端に連続して設けられた**減速面**から構成されています。病院や福祉施設などで設置されています。　　　　　解答　(4)

【問題50】　すべり台についての記述のうち，誤っているものはどれか。

(1) 積載荷重は，滑り面の長さ1 m につき1.5 kN の荷重とする。
(2) 側板及び手すりは，底板や支持部などの主要構造の部分に固定されるものとする。
(3) すべり台には，製造年月，長さ，勾配などを，見易い箇所に容易に消えないように表示するものとする。
(4) 底板，側板，手すり，支持部の材質は，鋼材，アルミニウム材，鉄筋コンクリート材又は同等以上の耐久性のあるものとする。

【解説と解答】

　すべり台の**積載荷重**は，滑り面の長さ**1 m** について**1.3 kN** と定められています。　　　　　解答　(1)

重要ポイント

すべり台

　すべり台とは，勾配のある固定された滑り面（直線状・らせん状）を滑り降りるものをいいます。

構　造

(1) すべり台は，底板，側板，手すりその他により**構成**されていること。

(2) **底板**は，一定の勾配を有する滑り面及び**滑り面の下端に連続して設けた減速面**により**構成**されていること。

(3) **底板**及び**側板の表面は平滑**であり，かつ，**段差，隙間等がない**こと。
（滑り面が**ローラー等**のものは，滑降に支障のない隙間等を設けてもよい。）

(4) 底板の有効幅は40 cm 以上とし，**底板と側板の接続部にはすき間を設けない**こと。（滑り面がローラー等の場合は(3)項に準ずる）

(5) 滑り面の勾配は，**25° 以上35° 以下**であること。
（らせん状のものは，滑り面の降下方向の中心線における勾配とする）

(6) **減速面**は，滑降時の速度を安全かつ有効に落とすものであること。

(7) 側板の高さ（底板の中心線からの鉛直距離）は40 cm 以上，手すりの高さは60 cm 以上であること。

(8) 地上高が1 mを超える部分の手すりは底板の両側に設けること。
ただし，側板の高さが60 cm 以上の場合はこの限りではない。

材　質

(1) 底板，側板，手すり，支持部は，**鋼材，アルミニウム材，鉄筋コンクリート材**又はこれと同等以上の耐久性を有するものであること。

(2) **耐食性のない材質**のものは，**耐食加工を施した**ものであること。

強　度

(1) 底板・側板・支持部に作用する**自重・積載荷重・風圧・地震力**等に対して，**構造耐力上安全**であること。

(2) 積載荷重は，**滑り面の長さ1 mにつき1.3 kN**であること。
（らせん状のものは，底板の降下方向の中心線の長さ）

(3) **側板・手すり**は，**底板・支持部**など主要構造部分に固定するとともに，使用に際して，**離脱せず**，かつ，強度上安全であること。

表　示

○次の事項を見易い箇所に容易に消えないように表示する。
・種類　・製造者名又は商標　・製造年月　・長さ　・勾配

（3）すべり棒

【問題51】 すべり棒についての記述のうち，誤っているものはどれか。

⑴ すべり棒は，安全，確実かつ容易に使用される構造であること。

⑵ すべり棒の材質は，鋼材又はこれと同等以上の耐久性を有するものであること。

⑶ すべり棒は，外周が35 mm 以上60 mm 以下の範囲で一定の値の円柱状のもので，かつ，表面は平滑であること。

⑷ すべり棒は，3.9 kN の圧縮荷重を軸方向に加える試験において，亀裂，破損，著しいわん曲等を生じないものであること。

【解説と解答】

すべり棒とは，垂直に固定した棒を滑り降りるものをいいます。

すべり棒の基準は，次頁の重要ポイントで確認してください。

設問⑶が誤りです。外周ではなく**外径**が正しい表記です。　　 解答　⑶

＊すべり棒は，危険性を伴うため，現在はほとんど使用されていません。

消防署においても，設置されなくなっています。

【問題52】 すべり棒に表示すべき項目として，誤っているものはどれか。

⑴ 製造者名又は商標　　⑵ 種　類　　⑶ 製造年月　　⑷ 太さ

【解説と解答】

すべり棒には，次の事項を**見やすい箇所に容易に消えないように表示**することが定められています。

・種　類　　・製造者名又は商標　　・製造年月

⑷の**太さ**は，規定されていません。　　 解答　⑷

すべり棒

すべり棒とは，垂直に固定した棒を滑り降りるものをいいます。

構　造

① すべり棒は，外径35 mm 以上60 mm 以下の範囲で一定の値の円柱状のもので，かつ，表面は平滑であること。

材　質

① すべり棒は，鋼材又はこれと同等以上の耐久性を有すること。
② 耐食性を有しないものは，耐食加工を施したものであること。

強　度

① すべり棒は，3.9 kN（キロニュートン）の圧縮荷重を軸方向に加える試験において，亀裂・破損・著しいわん曲等の障害を生じないものであること。
② 棒は，3.9 kN の 2 分の 1 の静荷重を軸方向に加える試験において，永久ひずみを生じないものであること。

表　示

○次の事項を見易い箇所に容易に消えないように表示する。
　・種　類　　・製造者名又は商標　　・製造年月

第2章
構造・機能・工事・整備

（4）避難ロープ

【問題53】 避難ロープについての記述のうち，誤っているものはどれか。

(1) 避難ロープの太さは，12 mm 以上でなければならない。

(2) 避難ロープは，使用する際に急激な降下を防止するための措置を講じたものでなければならない。

(3) 避難ロープは，全長を通じ均一な構造とし避難者の安全確保のためワイヤロープを芯材として用いたものであること。

(4) 避難ロープは，ロープ及び吊り下げ具により構成されること。ただし，直接防火対象物に固定するものはこの限りでない。

【解説と解答】

　避難ロープとは，上端部を固定した吊り下げロープを使用して，降下するものをいいます。

　急激な降下を防止するために，等間隔に結び目を設けている避難ロープもあります。

　選択肢(1)(2)(4)は正しい記述で，(3)が誤りです。

　ワイヤロープを芯材に使うことは要求されていません。

解答　(3)

【問題54】 避難ロープについての記述のうち，誤っているものはどれか。

(1) ロープには，耐熱性に富んだ繊維製のものを用いる。

(2) 吊り下げ具には，鋼材を用いることができる。

(3) ロープは，6.5 kN の引張荷重を加える試験において，破断や著しい変形等を生じてはならない。

(4) 吊り下げ具は，6 kN の引張荷重を加える試験において，亀裂，破損，著しい変形等を生じてはならない。

【解説と解答】

「ロープは，耐久性に富んだ繊維製のもの。吊り下げ具は，鋼材又はこれと同等以上の耐久性を有するもの」と定められています。

よって，(1)が誤りで，耐久性が正しい記述となります。　　　解答　(1)

第2章
構造・機能・工事・整備

重要
ポイント

避難ロープ

　　避難ロープとは，**上端部を固定した吊り下げロープを使用して，降下**するものをいいます。

構　造

(1) **避難ロープは，ロープ及び吊り下げ具により構成される**こと。
（直接防火対象物に固定して使用するものは吊り下げ具は不要）

(2) 使用の際，**急激な降下を防止**するための措置を講じていること。
（等間隔に結び目などをロープに設けているものなどがある）

(3) ロープは，全長を通じ**均一な構造**で，かつ，使用者を著しく旋転させるねじれ等の障害を生じないものであること。

(4) ロープの太さは，**12 mm 以上**のものであること。

材　質

(1) ロープは，**耐久性に富んだ繊維製**のものであること。

(2) 吊り下げ具は，**鋼材又はこれと同等以上の耐久性**を有するもの。

(3) 耐食性を有しないものは，耐食加工を施したものであること。

強　度

(1) **ロープ**は，**6.5 kN**（キロニュートン）の**引張り荷重を加える試験**において，破断・著しい変形等を生じないものであること。

(2) **吊り下げ具**は，**6 kN**の引張り荷重を加える試験において，亀裂・破損・著しい変形等を生じないものであること。

表　示

○次の事項を見易い箇所に容易に消えないように表示する。

　・種類　・製造者名又は商標　・製造年月　・長さ　・自重

（5）避難用タラップ

【問題55】 避難用タラップの構造等についての記述のうち，誤っているものはどれか。

(1) 避難用タラップは，踏み板，手すり等で構成されていること。

(2) 避難用タラップの半固定式のものは，1動作で容易に架設できる構造とする。

(3) 避難用タラップの手すりの高さは70 cm 以上とし，手すり子の間隔は18 cm 以下とする。

(4) 手すり，手すり子は，避難用タラップの踏板等の両側に設けること。また，手すり間の有効幅は70 cm 以上80 cm 以下とする。

【解説と解答】

　避難用タラップの半固定式とは，使用時以外はタラップの下端を持ち上げておき，使用の際に下端を引き下げて使用する方式のものをいいます。

　選択肢(4)が誤りです。

　正しくは50 cm 以上60 cm 以下となります。　　　解答　(4)

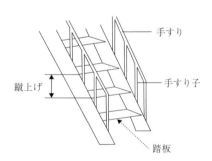

手すり

手すり子

蹴上げ

踏板

【問題56】 避難用タラップについての記述のうち，誤っているものは次のうちどれか。

(1) 踏板には，安全上の理由からアルミニウム材を用いることができない。

(2) 踏面の寸法は20 cm 以上とし，けあげの寸法は30 cm 以下とする。

(3) 手すり間の各踏板の部分の積載荷重は650 N とする。

(4) 高さが4 m を超えるタラップには，4 m ごとに踊場を設ける。

【解説と解答】

　「踏板・手すり・手すり子・支持部は，鋼材，アルミニウム材又はこれと同等以上の耐久性を有する材質のもの」と定められています。

　よって，(1)が誤りとなります。　　　　　　　　　　　　　　　　解答　(1)

重要ポイント

避難用タラップ

　避難用タラップとは，階段状のもので，使用の際，手すりを用いるものをいいます。

構　造

(1) **避難用タラップ**は，踏み板・手すり等で構成されていること。

(2) 半固定式のものは，1動作で容易に架設できる構造であること。
　（**半固定式**：使用時以外はタラップの下端を持ち上げておくもの）

(3) 踏面の寸法は20 cm 以上，けあげの寸法は30 cm 以下であること。

(4) **踏面**には滑り止めの措置を講じること。

(5) **タラップの高さ**が4 m 超のものは，**高さ4 m** ごとに踊場を設ける。
　踊場の踏幅は1.2 m 以上であること。

(6) 手すり間の有効幅は，50 cm 以上60 cm 以下であること。

(7) 手すり高さは70 cm 以上，手すり子間隔は18 cm 以下とする。

(8) 手すり，手すり子は，避難用タラップの踏板等の両側に設けること。
　タラップの有効幅が**60 cm** 超の場合は，**中間部**にも設置できる。

材　質

(1) 踏板・手すり・手すり子・支持部は，鋼材，アルミニウム材又はこれと同等以上の**耐久性**を有するものとする。

(2) 耐食性を有しないものは，**耐食加工**を施したものとする。

強　度

(1) 避難用タラップは，踏板・支持部に作用する**自重・積載荷重・風圧・地震力**等に対して，構造耐力上安全なものであること。

(2) **積載荷重**は，手すり間の各踏板の部分につき，0.65 kN とし，踊り場の床面積1 m²につき3.3 kN とする。

(3) 手すりは，**踏板・支持部**等主要な部分に固定するとともに，使用に際して，安全な強度を有していること。

表　示

○次の事項を見易い箇所に容易に消えないように表示する。

　・種類　・製造者名又は商標　・製造年月　・勾配

（6）避難橋

【問題57】 避難橋の構造等についての記述のうち，正しいものはどれか。

(1) 避難橋は，半固定式又は移動式とすること。
(2) 避難橋は，安全上 1 m 以上のかかり長さがあること。
(3) 避難橋の移動式のものは，1 動作で容易に架設できること。
(4) 幅木・手すり等は，橋げた・床板等主要な部分に固定すること。

【解説と解答】

(1) ×　避難橋の構造は**固定式**と**移動式**です。

(2) ×　**安全上十分なかかり長さ**が正しい記述です。

(3) ×　1 動作の規定はない。

(4) ○　正しい記述です。

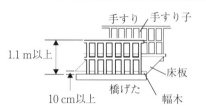

解答　(4)

【問題58】 避難橋についての記述のうち，誤っているものはどれか。
(1) 床板には 5 分の 1 未満の勾配を設けなければならない。
(2) 手すりの高さは1.1 m 以上，幅木の高さは10 cm 以上とすること。
(3) 手すり，手すり子及び幅木は，避難橋の床板等の両側に取り付けること。
(4) 橋げた，床板，幅木及び手すりの材質は，鋼材，アルミニウム材又はこれと同等以上の耐久性を有するものでなければならない。

【解説と解答】

床板の勾配については，**階段式の避難橋**は対象から除外されています。

(2)(3)(4)は正しい記述をしています。

よって，(1)が解答となります。

解答　(1)

避 難 橋

避難橋とは，**建築物相互を連絡する橋状**のものをいいます。

構　造

(1) **避難橋**は，橋げた・床板・手すり等で構成されるものであること。

(2) 固定式又は移動式であること。

（**移動式**：使用時に容易に架設できる構造のものをいう）

(3) **避難橋**は，安全上十分なかかり長さを有すること。

(4) **移動式**のものは，架設後のずれを防止する装置を有すること。

(5) **主要部分の接合**は，溶接・リベット又は同等以上の強度のものとする。

(6) 床板の勾配は，５分の１未満とする。（階段式のものを除く）

(7) 床板は，滑り止めの措置を講じること。

(8) 床板は，すき間の生じない構造とし，かつ，床板と幅木とは**すき間を設けないこと**。

(9) 手すり・手すり子・幅木は，避難橋の床板等の両側に取り付ける。

(10) 手すりの高さは1.1 m 以上，手すり子の間隔は18 cm 以下，幅木の高さは10 cm 以上であること。

(11) 手すりと床板の中間部に，転落防止の措置を講じること。

材　質

(1) 構造耐力上主要な部分は，**不燃性**のものとする。

(2) 橋げた・床板・幅木・手すりは，鋼材，アルミニウム材又はこれと同等以上の**耐久性**を有するものとする。

(3) 耐食性を有しないものは，**耐食加工**を施したものとする。

強　度

(1) 橋げた・床板・手すりに作用する**自重・積載荷重・風圧・地震力**等に対して，構造耐力上安全なものであること。

(2) **積載荷重**は，床面1 m^2 につき3.3 kN （キロニュートン）とする。

(3) 前項の荷重を加える試験におけるたわみは，支点間隔の３百分の1を超えないものであること。

(4) 幅木・手すり等は，**橋げた・床板**等主要な部分に固定するとともに，使用に際して，安全な強度を有していること。

表　示

次の事項を見易い箇所に容易に消えないように表示する。

・種類　　・製造者名又は商標　　・製造年月　　・長さ

・勾配（勾配を有するものに限る）

5 設置工事・点検整備

1 設置の基準

（1）用語の意義

【問題59】　避難器具の設置及び維持の基準に関する用語の意義についての記述として，誤っているものは次のうちどれか。

(1) 取付部とは，避難器具を取り付ける部分をいう。

(2) 取付具とは，固定部に取り付ける避難器具をいう。

(3) 固定部とは，防火対象物の柱，床，はりその他構造上堅固な部分又は堅固に補強された部分をいう。

(4) 避難器具専用室とは，避難はしご又は避難用タラップを地階に設置する場合の専用の室をいう。

【解説と解答】

　設置や維持に関する用語は，**避難設備の理解に欠かせない重要事項**です。確実に整理しておきましょう。

　取付具は**固定部に避難器具を取り付けるための器具**をいい，取付金具などのことをいいます。

　よって，(2)が誤りで(1)(3)(4)は正しい記述をしています。　　　　　　解答　(2)

ここからは

　避難器具の設置及び維持に関する技術上の基準の細目に基づく，避難器具の設置及び維持に関する部分となります。

　設置・維持の部分は実務上の最重要部分であることから，実技試験に直結することを念頭に取り組んでください。

【問題60】 避難器具の設置及び維持の基準に関する用語の意義についての記述のうち，**不適切なもの**はどれか。

(1) 開口部とは，避難器具の設置に有効な面積を持つ開口部をいう。

(2) 操作面積とは，避難器具を使用できる状態にする操作に必要な取付部付近の壁面の面積をいう。

(3) 降下空間とは，安全避難のために避難器具の設置階から降着面等までの避難器具の周囲に保有しなければならない空間をいう。

(4) 避難空地とは，避難器具の降着面等付近の避難上の空地をいう。

【解説と解答】

避難器具を**安全に使用するために必要な**空間に関する用語の問題です。

避難器具を設置するための開口部及び避難器具を使用する際の操作面積・降下空間・避難空地があり，避難器具の種類・大きさ等により基準が定められています（136〜146頁で基準の解説をしています）。

(1) ○ 避難器具の形状に適応する開口部の大きさが定められています。避難ハッチのように床面に設ける開口部もある。（136頁参照）

(2) × 操作面積とは，避難器具を使用状態にする操作に必要な取付部付近の床面などの面積をいいます。（138頁参照）

(3) ○ ひさし等の工作物や樹木などが安全避難の障害とならないように降着点まで確保しなければならない空間です。（140頁参照）

(4) ○ 避難空地である降着面等が安全な状態で確保されている必要があります。避難ハッチの降着面等は特に注意!（144頁参照）

よって，(2)が不適切となります。　　　　　　　　　　　　　　解答　(2)

＊開口部には，避難器具の設置目的のもの，通常の出入口，避難経路となるもの，消防隊の進入口など目的の異なるものがあります。

【問題61】　避難器具の設置及び維持に関する用語等についての記述として，誤っているものはどれか。

(1) 開口部の大きさは，避難器具の種類などにより定められている。
(2) 固定部とは，建物の柱，床，はりなど構造上堅固な部分をいう。
(3) 避難通路とは，避難をすることができる通路または階段をいう。
(4) 避難器具用ハッチとは，金属製避難はしご，救助袋等の避難器具を常時使用できる状態で格納できるハッチ式の取付具をいう。

【解説と解答】

　避難器具を設置する窓などの開口部は，(1)の記述の通り安全に避難器具を使用できる大きさが定められています。

　固定部は避難器具又は避難器具の取付け具を固定するための部分であるので，(2)の記述のとおり構造上堅固な部分となります。

　また，(3)の避難通路には安全避難上の基準が定められており，単に避難をするために使用される通路又は階段は基準上の避難通路ではありません。

　基準上の避難通路とは「避難空地から避難上安全な広場や道路等に通ずる避難上有効な通路」をいいます。通路幅などの基準があります。

　よって，選択肢(3)が誤りです。

　(4)は正しい記述です。避難ハッチ自体は取付具の一種です。　　解答　(3)

避難器具用ハッチ

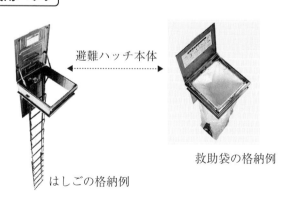

避難ハッチ本体

救助袋の格納例

はしごの格納例

第2章

構造・機能・工事・整備

設置・維持に関する用語

重要ポイント

◆**設置・維持に関する**用語の意義

固 定 部：防火対象物の柱・床・はり・その他構造上堅固な部分又は堅固に補強された部分

取 付 部：避難器具を取り付ける部分

取 付 具：避難器具を固定部に取り付けるための器具

避難通路：避難空地から避難上安全な広場や道路等に通ずる避難上有効な通路

避難器具専用室：避難はしご，避難用タラップを地階に設置する場合の専用の室

避難器具用ハッチ：金属製避難はしご，救助袋等の避難器具を**常時使用できる状態で格納**できる**ハッチ式の取付具**

◆**避難器具の安全使用に必要な**空間

開 口 部：避難器具の設置に有効な面積を有する開口部

操作面積：避難器具を使用状態にする操作に必要な，取付部付近の床などの面積

降下空間：避難器具の設置階から降着面等までの**避難器具の周囲に保有**しなければならない**空間**

避難空地：避難器具の降着面等付近に必要な避難上の空地

＜① 開口部＞

【問題62】　緩降機を設置する開口部について，誤りは次のうちどれか。

(1) 壁面の開口部は，高さが0.8 m以上幅0.5 m以上とする。

(2) 開口部を床面に設ける場合は，直径0.6 m以上の円が内接できる大きさとする。

(3) 壁面に設ける開口部は，高さが1 m以上幅0.45 m以上のものは有効である。

(4) 開口部に窓や扉等を設ける場合には，ストッパーなどを設け緩降機の使用中に閉鎖しない措置を講ずる。

【解説と解答】

　開口部とは，**避難器具の設置に有効な面積を有する開口部**をいいます。壁面などの窓，扉，床に設けられるものなどがあります。

　選択肢(2)が誤りです。正しくは0.5 m以上です。　　　　　　　　　|解答　(2)|

【問題63】　救助袋を設置する開口部について，誤っているものはどれか。

(1) 壁面の開口部の下端は，床面から1.2 m以下の高さとする。

(2) 斜降式救助袋を設置する開口部は，当該開口部又は近くの開口部等から袋の展張状態が確認できるものであること。

(3) 床面の開口部は，直径0.5 m以上の円が内接できる大きさとする。

(4) 斜降式救助袋を設置する開口部は高さ及び幅が1.2 m以上で，入口金具を容易に操作できる大きさであること。

【解説と解答】

　技術基準では，(4)と(2)が合体した次のような記述となっています。

「**斜降式救助袋の開口部**は，高さ及び幅が0.6 m以上で，入口金具を容易に操作できる大きさで，かつ，使用の際，袋の展張状態を当該開口部または近くの開口部から確認できるものであること」　　　　　　　　　|解答　(4)|

【問題64】　避難はしごを設置する開口部についての記述のうち，誤っているものはどれか。

(1) 壁面の開口部を高さ1 m，幅0.5 m とした。

(2) 床面の開口部を直径0.6 m の円が内接できる大きさとした。

(3) 壁面の開口部を高さ0.7 m 幅0.7 m とした。

(4) 床面の開口部を直径0.5 m の円が内接できる大きさとした。

【解説と解答】

　開口部に関しては，避難はしごと緩降機は同じ基準です。

　選択肢を比較すると，基準に満たない(3)が見つかります。　　　　解答　(3)

① **開口部**：避難器具の設置に必要な開口部

避難器具の種類	開口部の大きさ
避難はしご ・避難器具用ハッチに格納したものを除く 緩降機 避難ロープ 滑り棒	◇壁面に設ける場合 　高さ　0.8 m 以上 　幅　　0.5 m 以上 　　　又は 　高さ　1 m 以上 　幅　　0.45 m 以上 ◇床面に設ける場合 　直径0.5 m 以上の円が内接できる大きさ
救助袋 ・避難器具用ハッチに格納したものを除く	▶高さ0.6 m 以上，幅0.6 m 以上で，入口金具を容易に操作できる大きさであり，かつ，救助袋の展張状態を当該開口部又は近くの開口部等から確認できること。
滑り台	▶高さ0.8 m 以上，幅：滑り面部分の最大幅以上
避難橋 避難用タラップ	▶高さ1.8 m 以上 ▶幅　避難橋，避難用タラップの最大幅以上

※避難器具を安全に使用するための開口部・操作面積・降下空間・避難空地は，重要項目です。

＜② 操作面積＞

【問題65】　避難器具を使用可能な状態に設定する際に必要な操作面積についての記述のうち，誤っているものはどれか。

(1) 避難橋の操作面積は，当該器具を使用するのに必要な広さであること。

(2) 緩降機の操作面積は，高さ0.8 m以上幅0.5 m以上に囲まれた面積以上とする。

(3) 滑り台の操作面積は，当該器具を使用するのに必要な広さであること。

(4) 避難はしごの操作面積は，0.5 m²以上（当該器具の水平投影面積を除く）で，かつ，一辺の長さはそれぞれ0.6 m以上とする。

【解説と解答】

　操作面積とは，避難器具を使用できる状態にするための操作に必要な取付部付近の床面等の面積をいいます。

　選択肢(2)は開口部の基準を述べており，これが誤りです。

　選択肢(1)(3)(4)は正しい記述をしています。

解答　(2)

【問題66】　救助袋の操作面積等について，不適切な記述はどれか。

(1) 斜降式救助袋の操作面積は，器具の設置部分含み幅1.5 m以上，奥行1.5 m以上とする。

(2) 斜降式救助袋は，器具の設置部分を含んだ面積が2.25 m²以上であれば，基準となる形状を変えることができる。

(3) 救助袋の操作方法又は使用方法の標識は，避難器具の直近の見やすい箇所に設けることとする。

(4) 避難器具用ハッチに格納した救助袋については，器具の水平投影面積を除いた面積が0.5 m²以上で一辺が0.6 m以上とする。

【解説と解答】

　選択肢(2)の記述に**重要な部分が脱落しており**，不適切な記述となります。正しくは「斜降式救助袋は，器具の設置部分を含んだ面積が2.25 m²以上であれば，操作に支障のない範囲で基準となる形状を変えることができる。」となります。即ち，操作に支障のない範囲で基準の1.5 m×1.5 m（＝2.25 m²）の形状を変えることができるという規定です。

　したがって，(2)が不適切ということになります。

解答　(2)

② **操作面積**：設定操作に必要な取り付け部付近の床等の面積

避難器具の種類	操作面積
避難はしご 緩降機 避難ロープ 滑り棒	▶0.5 m²以上の面積で， 　一辺の長さが0.6 m 以上とする。 　（当該器具の水平投影面積を除く） ▶避難器具の操作に支障のないこと。 ［図：0.6 m以上×0.6 m以上, 0.5 ㎡以上］
救助袋	◇**避難器具用ハッチに格納したもの（上図に同じ）** ▶0.5 m²以上の面積で，一辺が0.6 m 以上 　（当該器具の水平投影面積を除く） ▶避難器具の操作に支障のないこと ◇**上記以外のもの**（右図） ▶幅　　1.5 m 以上 ▶奥行　1.5 m 以上 （器具の設置部分含む） ▶2.25 m²以上であれば，操作に支障のない範囲で形状を変えることができる。 ［図：1.5 m以上×1.5 m以上, 器具, 2.25 ㎡以上］
避難橋・滑り台 避難用タラップ	▶器具を使用するのに必要な広さ

＜③ 降下空間＞

【問題67】 避難はしごを使用する際の降下空間について，誤っているものはどれか。

(1) 降下空間とは，避難器具の設置階から降着面等までの避難器具の周囲に保有しなければならない空間をいう。
(2) 縦棒が1本の場合は，横桟の端からそれぞれ外方向へ0.2 m以上及び器具の前面から0.65 m以上の角柱形の範囲をいう。
(3) 避難器具用ハッチに格納したものは，ハッチ開口部から降着面まで，ハッチの開口部面積以上を有する角柱形の範囲をいう。
(4) 縦棒の外側から，それぞれ外方向へ0.2 m以上及び器具の前面から0.65 m以上の角柱形の範囲をいう。

【解説と解答】

　降下空間とは，避難器具の<u>設置階</u>から<u>降着面等</u>までの避難器具の周囲に保有すべき空間をいいます。すなわち，安全避難をするために器具の周囲には避難の障害となるものがあってはならないという規定です。

　選択肢(1)(2)(3)は正しい記述をしています。(4)が誤っています。

　「縦棒の**外側**から，」ではなく「縦棒の**中心**から，」となります。　　解答 (4)

【問題68】 下図は緩降機の降下空間を表している。A及びBの組み合わせのうち正しいものはどれか。ただし，Aは降下空間（円柱形）の半径，Bは壁面からロープの中心までの距離を表している。

	A	B
(1)	0.3 m以上	0.05 m～0.20 m以下
(2)	0.4 m以上	0.10 m～0.25 m以下
(3)	0.5 m以上	0.15 m～0.30 m以下
(4)	0.6 m以上	0.20 m～0.35 m以下

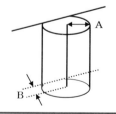

【解説と解答】

　緩降機の降下空間は「**器具を中心として半径0.5 m の円柱形に包含される範囲以上の空間**」とされています。

　また，使用の際，ロープが損傷しないように**壁面からロープの中心までの距離**が0.15 m 以上0.3 m 以下となるように設置する規定があります。

　よって，(3)が正解となります。　　　　　　　　　　　　　　　解答　(3)

【問題69】　降下空間についての記述のうち，誤っているものはどれか。

　(1) ひさし等の突起物が無い場合における垂直式救助袋の降下空間は，器具の中心から半径0.5 m 以上の円柱形の範囲とする。

　(2) 斜降式救助袋の降下空間は，救助袋の下方及び側面の方向に対し，上部は25°，下部は35°の範囲内とする。

　(3) 滑り台の降下空間は，滑り面から上方に1 m 以上及びすべり台の両端からそれぞれ外方向に0.2 m 以上の範囲内とする。

　(4) 避難はしごの降下空間は，縦棒の中心から，それぞれ外方向へ0.2 m 以上及び器具の前面から0.65 m 以上の角柱形の範囲をいう。

【解説と解答】

　降下空間が**器具の中心から半径0.5 m 以上の円柱形の範囲**となるものと，**器具の中心から半径1 m 以上の円柱形の範囲**となるものがあります。

・**半径0.5 m 以上の円柱形**のもの：緩降機，避難ロープ，滑り棒

・**半径1 m 以上の円柱形**のもの：救助袋（垂直式）

　選択肢(1)は垂直式救助袋であるので，**半径1 m 以上**が正しい表記となります。(2)(3)(4)は正しい記述をしています。　　　　　　　　解答　(1)

③ 降下空間：設置階から降着面等までの避難器具周囲に保有すべき空間

避難器具の種類	降下空間
避難はしご	◇縦棒の中心から，それぞれ外方向へ0.2 m 以上及び器具の前面から奥行0.65 m 以上の角柱形の範囲（縦棒が1本の場合は，横桟の端から0.2 m以上とする） ◇避難器具用ハッチに格納したものは，ハッチ開口部から降着面等まで，ハッチの開口部の面積以上を有する角柱形の範囲
緩降機	◇器具を中心として半径0.5 m の円柱形に包含される範囲以上の空間 ▶降下空間内に突起物を設けることができる場合 ・0.1 m 以内の避難上支障のない場合 ・0.1 m を超える場合でも，ロープを損傷しない措置を講じた場合
救助袋	垂直式 ◇器具の中心から半径1 m 以上の円柱形の範囲 ▶救助袋と壁面との間隔は0.3 m 以上とすることができる。 ▶ひさし等の突起物がある場合の間隔は，突起物の先端から0.5 m 以上とすることができる。 ▶突起物が入口金具から下方3 m 以内の場合は，壁面との間隔は0.3 m 以上とすることができる。 斜降式 ◇救助袋の下方及び側面方向に対し，上部では25°下部では35°の角度範囲内であること。 ◇防火対象物の側面に沿って降下する場合は，壁面との間隔は0.3 m 以上とする。（最上部を除く）

（避難はしご図中の寸法）0.2 m以上／0.2 m以上／0.2 m以上／0.1 m以上／0.65 m以上

（緩降機図中の寸法）0.5 m／0.15～0.3 m

（救助袋図中の寸法）1 m／0.3 m

避難器具の種類	降下空間
救助袋	 ・突起物に関する項目は，垂直式に同じ。
滑り台	◇すべり台の**滑り面**から 上方に1m以上，及び **すべり台の両端から外側へ** 0.2m以上の範囲
避難ロープ 滑り棒	◇器具を中心とした半径0.5mの 円柱形の範囲 ◇壁面に沿って避難する「避難ロープ」 は，壁面側にあってはこの限りではな い。
避難橋 避難用タラップ	◇**避難橋又は避難用タラップ**の 踏面から上方2m以上，及び**器具** **の最大幅以上であること。**

第2章

構造・機能・工事・整備

＜④ 避難空地＞

【問題70】　避難器具の避難空地について，誤っているものはどれか。

(1) 避難はしごの避難空地は，降下空間の水平投影面積以上の面積とする。

(2) 垂直式救助袋の避難空地には，下部支持装置を結合するための固定環が設けられていること。

(3) 避難橋及び避難用タラップの避難空地は，避難上支障のない広さとすればよいとされている。

(4) 斜降式救助袋の場合は，展張した袋本体の下端から前方2.5 m及び救助袋の中心線から左右それぞれ1 m以上の幅とする。

【解説と解答】

　避難空地とは，**避難器具の降着面等付近に必要な避難上の空地**をいいます。選択肢(2)が誤っています。斜降式救助袋の基準が記述されています。

　斜降式救助袋の避難空地は特異な形状をしており，試験問題として出題されやすい部分です。確実に把握してください。　　　　　　　　　　解答　(2)

【問題71】　避難空地を設定する際の基準が共通するものの組み合わせとして，正しいものは次のうちどれか。

(1) 緩降機 … 斜降式救助袋

(2) 垂直式救助袋 … 滑り棒

(3) 避難橋 … 滑り台

(4) 避難はしご … 緩降機

【解説と解答】

　避難空地の基準が共通しているものは(4)の避難はしごと緩降機で，ともに，降下空間の水平投影面積以上の面積とすることが定められています。

　よって，(4)が正解となります。　　　　　　　　　　　　　　　解答　(4)

④**避難空地**：安全避難のため降着面等の付近に保有すべき空間

避難器具の種類	避 難 空 地
避難はしご 緩降機	◇降下空間の水平投影面積以上の面積とする。 ＜避難はしご＞　　　＜緩降機＞ 0.2 m以上　0.2 m以上　0.1 m以上　0.65 m以上　0.15〜0.3m　0.5m
救助袋	垂直式 (避難器具用ハッチに格納するものを含む) ◇降下空間の水平投影面積以上の面積 0.3 m以上　1m 斜降式 ◇展張した**救助袋本体**の下端から 　前方2.5 m 及び 　救助袋の**中心線**から**左右**へそれぞれ 　1 m 以上の幅 救助袋　2.5 m　1 m以上　1 m以上
滑り台	◇すべり台の下部前方1.5 m 以上, 　及びすべり台の中心線から左右へ 　それぞれ0.5 m 以上の幅 1.5m以上　0.5m以上　0.5m以上
避難ロープ 避難橋・滑り棒 避難用タラップ	◇避難上支障のない広さとする。

＊斜降式救助袋の**避難空地**は特異な形状をしているので，要注意です！

（２）開口部の窓・扉等

> **【問題72】** 避難器具を設置する際に，窓の構造に応じたものが選定されるが，緩降機を設置する場合に最も適した窓は次のうちどれか。
> - (1) 上げ下げ窓
> - (2) 押し出し窓（前方に押し出す）
> - (3) はめ殺し窓
> - (4) 片開き窓（外側に開くもの）

【解説と解答】

　開口部に窓・扉等がある場合は，基本的にストッパーなどを設けて避難器具の使用中に閉鎖しない措置を講ずることが規定されています。

　窓の構造により避難器具が設置できない場合や，設置する避難器具の選定が必要となることがあります。 次に，窓の構造の例を記します。

【窓の種類の例】

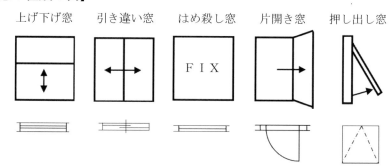

上げ下げ窓　　引き違い窓　　はめ殺し窓　　片開き窓　　押し出し窓

窓の種類	適応性	構　造　等
上げ下げ窓	△	可動扉を上下にスライドさせる方式の窓
引違い窓	○	窓の半分の扉がいずれも左右に動く
はめ殺し窓	×	いわゆるFIXといわれる，開かない窓
片開き窓（外開き）	○	扉が全開する窓（外開き○・内開きがある△）左右に扉がある観音開きタイプもある
押し出し窓	×	開く角度が小さく，有効面積が得られない

＊適応性　○：避難器具の設置に適応する。　×：適応しない。

　　　　　△：適応条件が満たされない場合があるもの。

＊このほか，滑り出し窓，回転窓，ルーバー窓など多数の種類があります。

　　上記より，(4)が最も適していることになります。　　　　　解答　(4)

（3）避難はしごの設置基準

> 【問題73】　避難はしごの設置について，**誤っている**ものはどれか。
>
> (1) 避難はしごを地階に設ける場合は，金属製吊り下げはしごとする。
> (2) 避難はしごが使用状態のとき，最下部横桟から降着面等までの高さは，0.5 m以下とする。
> (3) 降下空間と架空電線の間隔は1.2 m以上，避難はしごと架空電線との間隔は2 m以上とする。
> (4) 壁面等の開口部の下端は，床面から1.2 m以下の高さとする。ただし，有効にステップを設けた場合はこの限りではない。

【解説と解答】

(1) ×　**地階に設ける避難はしご**は，固定式のものをドライエリアの部分に設けます。また，**避難器具専用室**に設ける場合もあります。

(2) ○　安全に降着面等に避難するための規定です。（図Ⓐ）

(3) ○　避難障害のおそれのある障害物等に対する規定です。（図Ⓑ）
　　　（緩降機・滑り台・滑り棒・避難ロープ・避難用タラップに共通）

(4) ○　開口部が高い所では避難障害を生じるための規定です。（図Ⓒ）

ドライエリア：地階に相当する建築物の外壁に沿った空ぼりをいいます。
　　　　　　　（建物の外壁に沿って地下まで掘り下げた空間部分のこと）

解答　(1)

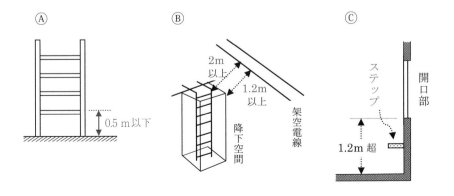

（4）緩降機の設置基準

【問題74】　緩降機の設置について，適切でないものはどれか。

(1) 緩降機を吊り下げるフックの取付位置は，床面から1.5 m以上1.8 m以下の高さとする。

(2) 降下空間および避難空地を他の緩降機と共用する場合は，器具相互の中心を0.5 mまで近接させることができる。

(3) 緩降機の取付位置から降ろした着用具の下端が，降着面等から0.5 m以上となるようにロープの長さを設定する。

(4) 降下の際，ロープが防火対象物と接触して損傷しないよう壁面からロープの中心まで0.15 m以上0.3 m以下の間隔をとる。

【解説と解答】

　緩降機を上下階などに設置する場合は，同一垂直線上に設置することができないため，(2)で示すような安全間隔をとるための規定があります。

　ただし，避難上問題のない場合はこの限りではありません。

　選択肢(1)(2)(4)は適切な記述をしています。(3)が適切ではありません。

　緩降機のロープの長さは，次のように規定されています。

　「ロープの長さは，**取付位置から降着面までの長さとする**。又は，**着用具の下端が降着面からプラスマイナス0.5 m**の位置となる長さとする。」

　よって，アンダーライン部分のいずれかの長さとなります。　　　|解答　(3)|

(1) (4)　　　　　　　　　　　(2)　　　　　　　　　　(3)

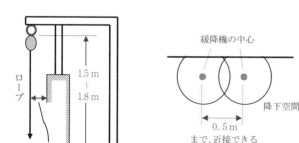

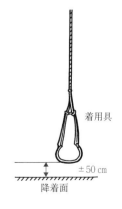

（5）救助袋の設置基準

【問題75】　救助袋の設置について，適切でないものはどれか。

(1) 斜降式及び垂直式の救助袋の避難空地には，下部支持装置を結合するための固定装置を設けなければならない。

(2) 防火対象物の側面に沿って降下する場合，救助袋と壁面との間隔は0.3 m以上とすることができる。ただし，最上部を除く。

(3) 斜降式及び垂直式の救助袋は，袋本体の下部出口部と降着面等からの高さは，無荷重の状態で0.5 m以下とすること。

(4) 垂直式救助袋を降下空間および避難空地を共用して設ける場合は，器具相互の外面を1 mまで接近させることができる。

【解説と解答】

　垂直式救助袋は，緩降機と同じように，基本的に同一垂直線上に設置することができないため，選択肢(4)の規定があります。

　垂直式救助袋の下部支持装置は省略することができるので，必ずしも固定装置を設ける必要はありません。選択肢(1)の記述は適切ではありません。そのほかの(2)(3)(4)は正しい記述をしています。　　　　　　　　解答　(1)

選択肢(3)

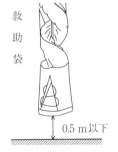
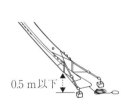

救助袋

0.5 m以下　　　0.5 m以下

選択肢(2)(4)

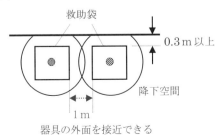

救助袋

0.3 m以上

降下空間

1 m

器具の外面を接近できる

【問題76】　次の避難器具の設置について，誤っているものはどれか。

(1) 避難ロープの避難空地は，避難上支障のない広さとする。
(2) 滑り台の降下空間は，滑り面から上方に1m以上及び滑り台の両端からそれぞれ外方向に0.5m以上の範囲内とする。
(3) 避難橋の取付部の開口部の大きさは，高さ1.8m以上，かつ，幅は避難橋の最大幅以上とする。
(4) 避難用タラップの降下空間は，踏面から上方2m以上及び避難用タラップの最大幅以上とする。

【解説と解答】

　滑り台・避難橋・避難用タラップなども多く設置される避難器具です。
　本問は(2)が誤っています。「滑り台の降下空間は，滑り面から上方に1m以上及び滑り台の両端から外方向に0.2m以上の範囲内とする」と，規定されています。

解答　(2)

重要ポイント

設置の基準

「避難器具の設置及び維持に関する技術上の基準の細目」
（消防庁告示）によりその詳細が定められています。

◆避難はしごの基準
(1) **安全使用に必要な空間**は該当ページを参照。
(2) 壁面に設ける開口部の下端は，床面から1.2m以下の高さとする。ただし，開口部の部分に避難上支障のないように固定又は半固定のステップを設けた場合はこの限りではない。
(3) 壁面等に設ける開口部に窓・扉などが設けられる場合には，ストッパーなどを設け，避難はしごの使用中に閉鎖しない措置を講ずること。ただし，操作及び効果に支障のないものは除く。
(4) 吊り下げ式の避難はしごは，使用の際，突子が有効かつ安全に防火対象物の壁面等に接することができる位置に設けること。ただし，使用の際，突子が壁面等に接しない場合であっても降下に支障の無いものは，この限りではない。

(5) 避難はしごを使用状態にした場合，当該避難はしごの最下部横桟から降着面等までの高さは0.5 m以下であること。

◆**緩降機の基準**

(1) **安全使用に必要な空間**は該当ページを参照。
(2) 開口部の下端が床からの高さ0.5 m以上の場合は，有効に避難できるように固定又は半固定のステップ等を設けること。
(3) 緩降機は使用の際，**壁面からロープの中心までの距離**が0.15 m以上0.3 m以下となるように設ける。
(4) 0.1 m以内で避難上支障のない場合，若しくは0.1 mを超える場合でもロープを損傷しない措置を講じた場合は突起物を降下空間内に設けることができる。
(5) 降下空間及び避難空地を他の緩降機と共用する場合は，器具相互の中心を0.5 mまで近接させることができる。
(6) 緩降機を吊り下げるフックの取付位置は床面から1.5 m以上1.8 m以下の高さとする。
(7) 緩降機のロープの長さは，取付位置に器具を設置したとき，降着面等へ降ろした着用具の下端が降着面等からプラスマイナス0.5 mの範囲となるように設定する。

◆**救助袋の基準**

(1) **安全使用に必要な空間**は該当ページを参照。
(2) 袋本体の下部出口部と降着面等からの高さは，無荷重の状態において0.5m以下とすること。
(3) 斜降式の避難空地には，下部支持装置を結合するための固定環が設けられていること。
(4) 防火対象物の側面に沿って降下する場合の救助袋と壁面との間隔は，0.3 m以上とすることができる。（最上部を除く）
　ひさし等の突起物がある場合は突起物の先端から0.5 m以上，突起物が入口金具から下方3 m以内の場合は0.3 m以上とする。
(5) 垂直式で降下空間及び避難空地を共用して避難器具を設ける場合は，**器具相互の外面**を1 mまで接近させることができる。

（6）避難器具専用室

【問題77】　**避難器具専用室**について，誤っているものはどれか。

(1) 避難器具専用室は，避難に際し支障のない広さであること。

(2) 避難器具専用室は建築基準関係法令で定める不燃材で区画されていること。ただし，防火性能を鑑みガラスは用いないこと。

(3) 避難器具の使用方法の確認及び操作が安全に，かつ，円滑に行うことができる明るさを確保する非常照明を設置すること。

(4) 入口には，随時開けることができ，自動的に閉鎖する高さ1.8 m以上，幅0.75 m以上の防火設備である防火戸を設けること。

【解説と解答】

　避難器具専用室とは「**避難はしご又は避難用タラップを地階に設置する場合の専用の室**」をいいます。

　(2)が誤っています。　**網入りガラス**又はこれと同等以上の防火性能を有するものは用いることができます。

　　　　　　　　　　　　　　　　　　　　　　　　　　　　　　解答　(2)

【問題78】　**避難器具専用室**に関する記述について，正しくないものは次のうちどれか。

(1) 避難階に設ける上昇口の大きさは，直径0.5 m以上の円が内接することができる大きさ以上であること。

(2) 上昇口の上部に，避難を容易にするための手がかり等を床面からの距離が1.2 m以上となるように設けること。

(3) 上昇口には，金属製のふたを設けること。ただし，上昇口の上部が避難器具専用室である場合は，この限りではない。

(4) 上昇口のふたの上部には，ふたの開放に支障となる物件が放置されないよう容易に開くことができる錠前等の措置を講じること。

【解説と解答】

避難器具専用室から避難するための出口を**上昇口**といいます。

選択肢(1)(2)(3)は正しく記述しています。(4)が正しくありません。

上昇口のふたは**常に開放できる状態**にしておく必要があるので，上昇口の上部には**囲いを設ける**等の措置を講じます。

施錠などは絶対にすることはできません。　　　　　　　　　　解答　(4)

第2章
構造・機能・工事・整備

> 重要
> ポイント

避難器具専用室

◆避難器具専用室の基準

(1) 避難器具専用室は，避難に際し支障のない広さであること。

(2) 避難器具専用室は建築基準関係法令で定める**不燃材で区画されている**こと。ガラスを用いる場合は**網入りガラス又はこれと同等以上の防火性能**を有するものとする。

(3) 避難器具の使用方法の**確認**及び**操作**が安全，円滑に行うことができる明るさを確保するよう**非常照明**を設置すること。

(4) 避難階に設ける**上昇口**は，直接建築物の**外部に出られる部分**に設けること。ただし，建築物の内部に設ける場合は，**避難器具専用室**を設け，**避難通路**を外部に避難できる位置に設ける。

(5) 避難階に設ける**上昇口の大きさは直径0.5 m 以上**の円が内接することができる大きさ以上であること。

(6) **上昇口**には，金属製のふたを設けること。ただし，上昇口の上部が**避難器具専用室**である場合は，この限りではない。

(7) 上昇口の上部に，避難を容易にするための**手がかり等**を床面からの距離が**1.2 m 以上**となるように設ける。

(8) 上昇口のふたは，**容易に開けることができるもの**とし，蝶番等を用いた片開き式のふたは，取付面と90°以上の角度で固定でき，**何らかの操作をしなければ閉鎖しない**ものであること。
（概ね180°開くものを除く）

(9) 上昇口のふたの上部には，ふたの開放に支障となる物件が放置されないよう**囲いを設ける**等の措置を講じる。

（7）避難器具用ハッチ

> 【問題79】　避難器具用ハッチについて，誤っているものはどれか。
>
> ⑴ 避難器具用ハッチとは，定められた避難はしご等の避難器具を常時使用できる状態で格納するハッチ式取付具をいう。
> ⑵ 避難器具用ハッチは，床，又はバルコニー等に埋め込む方法で設置される。
> ⑶ 避難器具用ハッチは，本体，ふた，取付金具，結合金具等により構成される。
> ⑷ 避難器具用ハッチに格納する避難はしごは，金属製吊り下げはしご又は一定強度を有する繊維製吊り下げはしごとする。

【解説と解答】

　避難器具用ハッチとは，**金属製避難はしご，救助袋**等の避難器具を常時使用できる状態で格納することができるハッチ式の取付具をいいます。

　⑴⑵⑶は正しい記述をしています。⑷が誤っています。

　避難器具用ハッチに格納される避難はしごは，**金属製吊り下げはしご**となります。また，使用の際，突子が建築物の壁面等に接しない構造の場合は，「**金属製避難はしごの技術上の規格を定める省令**」で定められているハッチ用吊り下げはしごを格納します。

解答　⑷

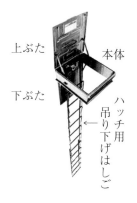

上ぶた　　本体
下ぶた
← ハッチ用吊り下げはしご

救助袋の格納例

【問題80】　避難器具用ハッチについての記述のうち，誤っているものは
どれか。

(1) 避難器具用ハッチには，上ぶた及び下ぶたを設けることとする。
(2) 各階の避難器具用ハッチの降下口は，原則として直下階の降下口と
は同一垂直線上にない位置とする。
(3) 避難器具用ハッチの下ぶたが開いた場合の下ぶたの下端は，避難空
地の床面上1.8 m以上の位置とする。
(4) アンカーにより建物に取り付ける構造のものは，固定箇所を4箇所
以上とする。

【解説と解答】

(1) 避難器具用ハッチの屋外に設置するものには下ぶたを設ける規定がありま
す。すなわち，すべてのものに下ぶたが必要なわけではありません。
(2) 上階と直下階の開口部は，同一垂直線上に設けないこと。
同一垂直線上であっても，前後に位置がずれている等，避難に支障が生じ
ない場合は認められます。
また，下図①のように直下階でなければ同一垂直線上に開口部があっても
避難上の支障はありません。
(3) 下ぶたによる事故を避けるための規定です（図②）。
(4) 記述のとおり，4箇所以上で固定する必要があります。
上記より，(1)が誤りとなります。

解答　(1)

①
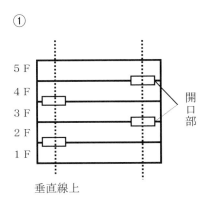
5 F 4 F 3 F 2 F 1 F　開口部　垂直線上

②
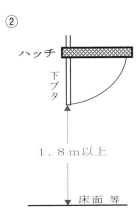
ハッチ　下ブタ　1.8 m以上　床面 等

【問題81】　避難器具用ハッチの構造について，誤っているものはどれか。

(1) 本体の上端は，床面から 3 cm 以上の高さであること。

(2) 足掛けは，本体に固定し，すべり止めの措置を講じること。

(3) 避難器具用ハッチは 3 動作以内で，容易，かつ確実に避難器具を展長できるものであること。

(4) 有効な開口部は，直径0.5 m 以上の円が内接する大きさ又は人の避難がこれと同等以上にできる大きさであること。

【解説と解答】

　避難器具用ハッチ本体の上端は，防水等の理由から，床面から 1 cm 以上の高さとする規定になっています。　よって，(1)が誤っています。　　解答　(1)

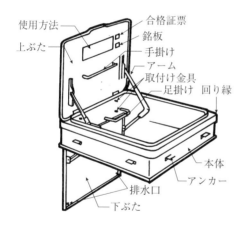

認定合格証

全国避難設備工業会
の認定品です。

【問題82】　避難器具用ハッチの構造について，正しくない記述はどれか。

(1) 屋外に設ける避難器具用ハッチには下ぶたを設ける。

(2) 概ね180°開くことができる上ぶたには，手掛けを設ける。

(3) 上ぶたは，蝶番等を用いて本体に固定し，容易に開けることができるものであること。

(4) 下ぶたには，直径 6 mm 以上の排水口を 4 個以上設け，または，これと同等以上の面積の排水口を設ける。

【解説と解答】

　選択肢(2)は，概ね90度の開放状態で固定できる上ぶたの規定です。

　概ね180°開く上ぶたには，手かけを設ける規定はありません。

　選択肢(1)(3)(4)は正しい記述をしています。　　　　　解答　(2)

(8) 避難器具用ハッチの材料・強度

> **【問題83】**　避難器具用ハッチを固定するブラケット等の強度を満たす式
> として，正しいものはどれか。
>
> 　　ただし，F：固定部に発生する応力〔kN〕，S：材料の許容せん断荷
> 重〔kN〕，N：ブラケット等の数（$N \geqq 4$であること）とする。
>
> (1) $\dfrac{F}{S} < N$　　　(2) $\dfrac{S}{N} < F$
>
> (3) $\dfrac{N}{F} < S$　　　(4) $\dfrac{F}{N} < S$

【解説と解答】

　避難器具用ハッチを埋め込む床又はバルコニー等は，強い耐力を有する鉄筋コンクリート造又は，鉄骨鉄筋コンクリート造とする他，避難器具用ハッチのボルト，ブラケット，フックなどの強度は，次式を満たすことと定められています。

$$\frac{F}{N} < S$$

F：固定部に発生する応力〔キロニュートン〕
S：材料の許容せん断荷重〔キロニュートン〕
N：ブラケット等の数（$N \geqq 4$であること）

＊$N \geqq 4$とは，4本以上又は4カ所以上で固定するという意味です。

　よって，(4)が正解です。　　　　　解答　(4)

〈避難器具用ハッチの材料〉

　避難器具用ハッチの**本体**及び**部品**には，オーステナイト系ステンレス，SUS 304 以上の性能を有する材料又はこれらと同等以上の強度・耐食性を有する**不燃材料**の使用が規定されています。

部　　品	材　　料
本体・ふた・フランジ	JIS G 4304（熱間圧延ステンレス鋼板及び鋼体） JIS G 4305（冷間圧延ステンレス鋼板及び鋼体）
取付金具 手掛け 足掛け アンカー	JIS G 3446（機械構造用ステンレス鋼鋼管） JIS G 3448（一般配管用ステンレス鋼鋼管） JIS G 3459（配管用ステンレス鋼鋼管） JIS G 4303（ステンレス鋼棒） JIS G 4304（熱間圧延ステンレス鋼板及び鋼体） JIS G 4305（冷間圧延ステンレス鋼板及び鋼体） JIS G 4308（ステンレス鋼線材） JIS G 4315（冷間圧造用ステンレス鋼線） JIS G 4317（熱間圧延ステンレス鋼等辺山形鋼） JIS G 4320（冷間圧延ステンレス鋼等辺山形鋼）
蝶番・ピン・ワッシャ ボルト・ナット・ リベット	**JIS G 3446〜JIS G 4315**（取付金具等と共通） JIS G 4314（ばね用ステンレス鋼線）
ワイヤロープ	JIS G 3535（航空機用ワイヤロープ） JIS G 3540（操作用ワイヤロープ）

〈避難器具用ハッチ各部の仕様〉

　避難器具用ハッチの部品の仕様は下記の通りとなっています。

各部の名称		仕　　様
本体	フランジ	板厚1.2 mm 以上
	取付金具の固定部分	板厚3 mm 以上
上ぶた		板厚2 mm 以上 （2 mm 以上と同等の補強措置を講じた場合は1.5 mm 以上）
下ぶた		板厚1.2 mm 以上
手掛け・アーム		丸棒：直径8 mm 以上，平鋼：板厚3 mm 以上 板加工のもの：板厚1.5 mm 以上
取付金具		板厚1.5 mm 以上
金具の取付用ボルト		直径10 mm 以上
本体取付用アンカー		丸棒：直径9 mm 以上，板加工のもの：板厚1.5 mm 以上
本体取付用フランジ		フランジの幅：5 cm，板厚1.2 mm

重要
ポイント

避難器具用ハッチ

◆構　造

(1) 本体・ふた・取付金具・結合金具等により構成されること。

(2) 避難器具が確実・容易に取り付けられる構造であること。

(3) アンカーにより建物に取り付ける構造のものは，固定箇所を4箇所以上とすること。

(4) 本体の上縁の高さは，回り縁から1 cm以上とする。

(5) 避難ハッチの開口部は，直径0.5 m以上の円が内接する大きさ又は人の避難がこれと同等以上にできる大きさであること。

(6) 3動作以内で，容易・確実に避難器具を展張できること。

(7) ボルト・ナット等には，スプリングワッシャ・割ピン・ダブルナット等の緩み止めの措置を講じること。

(8) 足かけを設ける場合は，すべり止めの措置を講じること。

(9) 下ぶたが開いた場合の下端は，避難空地の床面上1.8 m以上の位置とする。

上ぶたの基準（概ね180°開くものを除く）

(1) 蝶番等を用いて本体に固定し，容易に開けることができること。

(2) 上ぶたには手かけを設けること。

(3) 概ね90°の開放状態でふたを固定でき，なんらかの操作をしなければ閉鎖しないものであること。

下ぶたの基準

(1) 屋外に設置するものは，下ぶたを設けること。

(2) 直径6 mm以上の排水口を4個以上設ける。又は，これと同等以上の面積の排水口を設けること。

(3) 概ね90°開くものであること。

◆材　料

○ステンレス鋼又は同等以上の強度・耐食性の不燃材料とする。

○本体等には，オーステナイト系のステンレス（SUS 304）以上の性能を有する材料の使用が規定されている。

（9）避難器具の設置場所

【問題84】　避難器具の設置について，不適切な記述のものはどれか。

(1) 避難器具は，避難に際して容易に接近できる位置に設けること。
(2) 避難器具は，安全な構造を有する開口部に設置すること。
(3) 避難器具は避難の効率を考え，階段，避難口，その他の避難施設に近い位置に設けること。
(4) 避難器具は，開口部に常時取り付けておくか，又は必要に応じて速やかに開口部に取付けが可能な状態にしておくこと。

【解説と解答】

　避難器具は，階段などの通常避難施設を使用した避難ができないときに用いられる**緊急の脱出器具**です。したがって，**階段，避難口，その他の避難施設**から適当な距離の位置に設けます。

　2方向避難を補完する位置であることも考慮する必要があります。

(1)(2)(4)は適切な記述，(3)が不適切な記述となります。　　　解答　(3)

(10) 避難器具の標識

【問題85】　避難器具の標識の大きさについて，次の組み合わせのうち正しいものはどれか。

	縦の長さ	横の長さ
(1)	0.10 m 以上	0.24 m 以上
(2)	0.12 m 以上	0.36 m 以上
(3)	0.14 m 以上	0.48 m 以上
(4)	0.16 m 以上	0.56 m 以上

【解説と解答】

　避難器具の標識は，縦0.12 m 以上・横0.36 m 以上の大きさとし，**使用方法の確認，避難器具の操作等**が安全・円滑にできる**明るさ**が確保される場所に設置することが規定されています。　　　解答　(2)

【問題86】　避難器具の標識について，不適切な記述のものはどれか。

(1) 避難器具の設置位置が容易に分かる場合は，位置を示す標識は設けなくてもよい。
(2) 標識の地色と文字は対比色となる配色とし，文字が明確に読み取れるものとする。
(3) 標識には，「避難器具」又は「避難」若しくは「救助」等の文字を有する器具名を記載する。
(4) 避難器具の設置又は格納する場所には，「避難器具である旨」又は「使用方法」を表示する標識を設ける。

【解説と解答】

　避難器具を設置又は格納する場所には，見やすい箇所に**避難器具である旨及び使用方法**を表示する**両方の標識**を設ける必要があります。

　(4) が不適切な記述，(1)(2)(3)は正しい記述です。　　　　　解答　(4)

(11) 避難器具の格納

【問題87】　避難器具の保護のための格納箱について，誤りはどれか。

(1) 格納箱は，避難器具の操作に支障をきたさないものであること。
(2) 屋外に設置する避難器具は，格納箱を設けて中に格納すること。
(3) 避難器具の種類，設置場所，使用方法に応じて耐候性，耐食性，耐久性を有する材料を用いたものであること。
(4) 屋外に設けるものは有効に雨水等を排水する措置を講じること。

【解説と解答】

　避難器具は，**常時使用状態に取り付けてあるものを除き**，屋内・屋外の区別なく，保護のために格納箱に収納します。　　　　　解答　(2)

2　設置工事

（1）取付具の固定

【問題88】　**避難器具又は取付具の固定方法についての記述のうち，誤っ
ているものはどれか。**

(1) 鉄筋コンクリートの柱，床等に金属拡張アンカーボルトを埋め込ん
で固定する方法を，金属拡張アンカー工法という。

(2) 鉄筋コンクリート内部の鉄骨又は鉄筋に先端をかぎ状に曲げたボル
トを溶接又はフックさせて固定する方法をフック掛け工法という。

(3) 鉄筋コンクリートのバルコニー等に鉄筋又は鉄骨で補強された固定
ベースを置いて固定する方法を固定ベース工法という。

(4) 木造構造物の柱，はり等に確実に固定するためにボルトを貫通させ
て固定する方法を貫通工法という。

【解説と解答】

　避難器具又は**取付具**の固定方法として，次の方法が用いられます。

名　称	工　法
金属拡張アンカー工法	＊鉄筋コンクリートの柱・床・梁・壁等にドリルで孔を掘り，**金属拡張アンカーボルト**を埋め込んで固定する方法（穿孔アンカー工法ともいう）
フック掛け工法	＊先端をかぎ状に曲げた**ボルト**を鉄筋や鉄骨に**溶接又はフック**させて固定する方法
固定ベース工法	＊床や壁等にアンカーやボルト等による固定ができない場合，避難器具に加わる荷重に対抗する**おもりの役目**をする固定ベースを置いて避難器具を安定させる方法
貫通工法	＊構造耐力上アンカーやボルト等で**直接固定ができない**デッキプレート等を，ボルト穴を貫通させて**補強した鉄板等を挟み込む形**で固定する方法

　上表より，(1)(2)(3)は正しく，(4)が誤りと分かります。　　　　|解答　(4)|

固定方法の概要図

[金属拡張アンカー工法]

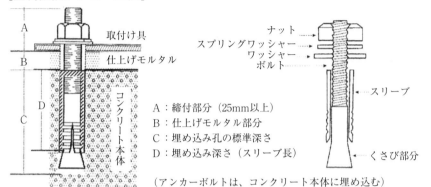

取付け具
仕上げモルタル
コンクリート本体

ナット
スプリングワッシャー
ワッシャー
ボルト
スリーブ
くさび部分

A：締付部分（25mm以上）
B：仕上げモルタル部分
C：埋め込み孔の標準深さ
D：埋め込み深さ（スリーブ長）

（アンカーボルトは、コンクリート本体に埋め込む）

[フック掛け工法]

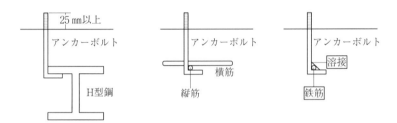

25mm以上
アンカーボルト
H型鋼

アンカーボルト
縦筋
横筋

アンカーボルト
溶接
鉄筋

[固定ベース工法]

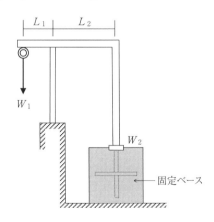

L_1　L_2

W_1

W_2

固定ベース

[貫通工法]

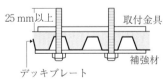

25mm以上
取付金具
デッキプレート
補強材

W_1：避難者等の重量（設計荷重）

L　：間隔（$L_1 < L_2$）

W_2：$W_1 \times 1.5$倍以上の重量

（2）ボルト，ナットの基準

【問題89】　避難器具の取付具の固定に用いられるボルト及びナットについて，誤っているものはどれか（ただし，避難ハッチ用は除く）。

(1) ボルトは，呼び径が M12以上のものを使用すること。

(2) ボルト及びナットは，JIS G 3123（みがき棒鋼）に適合する材料で作られていること。

(3) ボルト及びナットねじ部は，JIS B 0205（メートル並目ねじ）に適合すること。

(4) ボルトは途中で継ぎ目がなく，増し締めができる余裕のあるねじが切られていること。

【解説と解答】

　取付具の固定には，ボルトの呼び径 M10・M12・M16・M20のものが用いられます。（避難器具用ハッチに用いられるものを除く）

　ボルトは呼び径が M10以上のものを使用することが規定されています。

　したがって，本問は(1)が誤りとなります。(2)(3)(4)は正しい記述です。

　この他に次のような規定があります。

・ねじは JIS G 3123（みがき棒鋼）に適合するもの，又は同等以上の強度・耐久性を有する材料で作られたもの。

・ボルト及びナットのねじ部は，JIS B 0205（メートル並目ねじ）に適合するものとする。

・雨水等のかかる場所に設けるボルト・ナットは，JIS G 4303（ステンレス鋼棒）又は同等以上の耐食性を有するものとする。

・ボルトは途中で継ぎ目がなく，増し締めができる余裕のあるねじが切られていること。

・ボルト・ナットには，スプリングワッシャ・割ピンなどの緩み止めの措置を講じること。

解答　(1)

【緩み止め防止用座金類の例】

ナットと固定具との間にスプリングワッシャ等の座金（ざがね）を用いる。

スプリングワッシャ　　　平座金　　　　歯つき座金　　　　割りピン

　　　　　＊用途により，様々な座金類がある。

【問題90】　下記のボルトと1本あたりにかかる引張荷重との組み合わせ
のうち，技術基準に適合する組み合わせはどれか。

	ボルトの呼び径	引張荷重（kN／本）
(1)	M 10	15 kN
(2)	M 12	25 kN
(3)	M 16	35 kN
(4)	M 20	60 kN

【解説と解答】

　安全確保のために，固定部の全体にかかる引張応力を引張側のボルトの数で
除した値が，下表の許容荷重以下とする規定があります。

ボルトの呼び径	許容荷重（kN/本）	
	引張荷重	せん断荷重
M10	14	10
M12	20	15
M16	38	28
M20	59	44

　上表より，(3)が許容範囲内であることが分かります。　　　　解答　(3)

（3）金属拡張アンカー工法

【問題91】 金属拡張アンカーボルトを用いる取付具等の固定について，誤っている記述はどれか。（但し，避難ハッチに用いるものは除く）

(1) 金属拡張アンカーは，軽量コンクリート及び気泡コンクリートで造られている部分には使用できない。

(2) 埋め込み深さとは，金属拡張アンカーの呼び径に応じて定められた長さをいい，M12のボルトの埋め込み深さは50 mm である。

(3) 金属拡張アンカー相互の間隔は，埋込深さの3.5倍以上の長さとする。

(4) 金属拡張アンカーのへりあき寸法は，埋込深さの2.5倍以上の長さとする。

【解説と解答】

金属拡張アンカー工法とは，鉄筋コンクリートにドリルで孔を掘り，そこに金属拡張アンカーボルトを埋め込んで固定する方法です。

アンカーボルトを埋め込むための穴（孔）は，当該アンカーボルトの径にほぼ等しく，くさびが開き始めた状態でボルトがガタつかないものとします。

アンカーボルトのナットを締めてゆくと，ボルトのくさび部分が引き寄せられ，スリーブの下部が次第に開いて固定されます。

(1) ○ アンカーボルトのくさび効果により周囲と固定される工法のため，耐力的に弱く壊れやすい軽量コンクリート及び気泡コンクリートには，金属拡張アンカーは使用できません。

　　＊使用できる躯体：鉄筋コンクリート，鉄骨鉄筋コンクリート

(2) ○ 埋込み深さとは，アンカーに取り付けられたスリーブの長さのことをいい，スリーブをコンクリート本体に埋め込みます。

アンカーの呼び径に応じて次のように定められています。

〈アンカーボルトの埋込み深さ，穿孔深さ〉

アンカーの呼び径	M 10	M 12	M 16	M 20
埋め込み深さ（mm）	40	50	60	80
穿孔深さの下限（mm）	60	70	90	110

・埋め込み深さとは，アンカーのスリーブを完全に躯体に埋め込むことをアンカーを埋め込むといい，その深さはスリーブの長さに該当します。
したがって，**埋め込み深さ＝スリーブの長さ**ということになります。

・穿孔深さの下限とは，アンカーを埋め込むための孔（あな）が浅すぎると，アンカーを十分に埋め込めないことから，**穿孔深さの最低値**が定められています。ただし，コンクリート強度保持のために厚さ50 mm 以上を残さなければならない規定もあります。

(3) ○　正しい記述をしています。 アンカーの間隔が近すぎると，コンクリートに**亀裂等**の生じる危険があるため，**アンカー相互の間隔**は**埋込深さの3.5倍以上**の長さと定められています。

(4) ×　へりあき寸法とは，コンクリートのへり（縁）から金属拡張アンカーまでの距離をいいます。(3)と同じ危険性から**埋込深さの2倍以上**の長さとすることが定められています。　　　　　　　　　|解答　(4)|

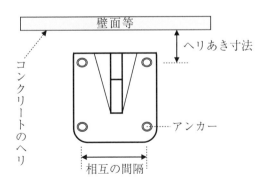

【問題92】　金属拡張アンカー工法についての記述のうち，誤っているものはどれか（但し，避難ハッチに用いるものは除く）。

(1) M16のアンカーを使用する場合のへり空き寸法は120 mm以上としなければならない。

(2) 鉄筋コンクリートの躯体にアンカーを埋め込むときは，仕上げモルタルの厚みも埋込み深さとして算入する。

(3) アンカーの呼び径が10 mmのものを用いる場合は，アンカー相互の間隔を140 mm以上としなければならない。

(4) アンカーの抜け出し事故の原因には，コンクリートの強度不足，穿孔した孔が大きすぎる，アンカーの埋設不良などがある。

【解説と解答】

埋め込み深さ・へりあき寸法・相互の間隔についての確認問題です。

アンカーの引抜けの原因としてコンクリートの強度不足，穿孔した穴が大きすぎる，穿孔穴の清掃不良，アンカーの埋設不良等があります。

選択肢(1)(3)(4)は正しく(2)が誤りです。仕上げモルタルは耐力的に問題があり，アンカーはコンクリート本体に埋め込みます。　　　解答　(2)

コンクリート設計基準強度に応じた金属拡張アンカーの呼び径及び本数は，次式を満たすことが定められています。

$$\frac{F}{N} < P$$

F：固定部に発生する応力〔キロニュートン〕
P：許容引抜荷重　　　〔キロニュートン〕
N：引張力のかかるアンカーの本数。
　ただし，$N \geqq 2$であること。

＊$N \geqq 2$とは，2本以上で固定する必要があるという意味です。

〈許容引抜荷重（コンクリート設計基準強度）〉

金属拡張アンカーの径	コンクリート設計基準強度 (N/mm²)		
	15以上	18以上	21以上
M10	4.7	5.7	6.7
M12	7.5	8.9	10.5
M16	10.9	13.0	15.0
M20	18.5	22.2	26.0

重要
ポイント

金属拡張アンカー工法

金属拡張アンカー工法は，鉄筋コンクリートに**ドリルで孔を掘り**，そこに金属拡張アンカーボルトを**埋め込んで固定**する方法です。

◆施工基準と要点

○この工法は，金属拡張アンカー工法は，構造耐力のある鉄筋コンクリート，鉄骨鉄筋コンクリートには使用できるが，耐力的に弱い**軽量コンクリートや気泡コンクリートには使用できない**。

○アンカーの埋込深さとは躯体に埋め込むスリーブの長さをいい，アンカーの呼び径により定められている。

（埋込深さは，仕上げモルタル等の仕上げ部分の厚さを除く）

〈アンカーボルトの埋込み深さ，穿孔深さ〉

アンカーの呼び径	M 10	M 12	M 16	M 20
埋め込み深さ　　(mm)	40	50	60	80
穿孔深さの下限 (mm)	60	70	90	110

▶穿孔深さの下限とはアンカーを埋め込むために**掘る孔の長さの最低値**をいいます。

▶実際には下限以上の深さの孔を掘る必要があります。

　ただし，コンクリートの厚さ50 mm 以上を残す規定がある。

○アンカーの相互の間隔は**埋込深さの3.5倍以上の長さ**とする。

○コンクリートのへり（縁）からの距離である**金属拡張アンカーのへりあき寸法**は，**埋込深さの２倍以上**とする。

○金属拡張アンカーボルトは，増し締めのできる余裕があるおねじ式とし，**呼び径がM10以上のもの**を使用する。

○アンカーボルトを埋込む穴は，当該アンカーやボルトの径にほぼ等しく，**くさびが開き始めた状態**でボルトがガタつかないこと。

○コンクリート設計基準強度に応じた**金属拡張アンカーの呼び径及び本数**は，次式を満たすこと。

$$\frac{F}{N} < P$$

F：固定部に発生する応力　[kN]
P：許容引抜荷重　　　　　 [kN]
N：引張力のかかるアンカーの本数
　　ただし，$N \geq 2$であること。

▶$N \geq 2$とは，２本以上で固定する必要があるという意です。

▶コンクリート基準強度（許容引抜荷重）の定めがあります。

（4）フック掛け工法

【問題93】　フック掛け工法について，誤っている記述はどれか。

⑴　フック掛けするボルトは，かぎ状に十分折り曲げ，鉄筋又は鉄骨に針金等で緊結することとする。

⑵　鉄筋にボルトを溶接する場合は，溶接部に当該鉄筋と同径で長さ0.5ｍ以上の添え筋を入れることとする。

⑶　溶接又はフック掛けするボルト等は2本以上を用い，かつ，溶接又はフック掛けする鉄筋は，それぞれ別のものとする。

⑷　ボルトを溶接又はフック掛けする鉄筋は，径が9mm以上長さ0.9ｍ以上のものとする。

【解説と解答】

鉄骨又は鉄筋に**ボルト等を溶接**又は**フック掛けする工法**です。

また，フック掛けするボルトは，かぎ状に折り曲げたものを用います。

⑵の添え筋の長さが誤っており，正しくは0.3ｍです。　　　　　　解答　⑵

重要
ポイント

フック掛け工法

　建築物の主要構造部の鉄骨又は鉄筋に**ボルト等を溶接**し，又は**フック掛け**する工法をフック掛け工法といいます。

○溶接し，又はフック掛けするボルト等は**2本以上**を用い，かつ，溶接又はフック掛けする**鉄筋**は，それぞれ別のものとする。

　（同一の鉄筋の場合はボルト等の間隔を0.2ｍ以上あける）

○溶接又はフック掛けする鉄筋は，径9mm以上長さ0.9ｍ以上のものとする。

○鉄骨は，鉄筋と同等以上の強度を有する部分とする。

　鉄筋にボルトを溶接する場合は，溶接部に当該鉄筋と同径で長さ0.3ｍ以上の添え筋を入れること。

○フック掛けするボルトは，**かぎ状に十分折り曲げ**，鉄筋又は鉄骨に針金などで緊結する。

(5) 固定ベース工法

> 【問題94】 固定具を固定ベースに取り付ける工法についての記述のうち，誤っているものはどれか。
>
> (1) 固定ベースは，鉄筋又は鉄骨で補強されたものであること。
> (2) 固定ベースの重量は，設計荷重の1.5倍以上のものとすること。
> (3) 避難器具を容易に取り付けるための離脱防止付きのフック等を設けること。
> (4) 気泡コンクリート製の固定ベースを用いる場合は，固定ベースの両面を鋼材等で補強し，ボルトを貫通させる工法とすること。

第2章
構造・機能・工事・整備

【解説と解答】

　床や壁などにアンカーやボルト等による固定ができない場合に用いられる工法です。バルコニーや屋上などで見られます。

　固定ベースは荷重など取付具に作用する外力に対抗するおもりであることから，耐力的に弱い気泡コンクリートは使用できません。　　　解答　(4)

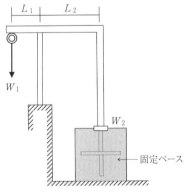

W_1：避難者等の重量（設計荷重）
L　：間隔（$L_1 < L_2$）
W_2：$W_1 \times 1.5$倍以上の重量

固定ベース工法

* 固定ベースの重量は，設計荷重の1.5倍以上とする。
* 避難器具を容易に取り付けるための離脱防止付きのフック等を設ける。（JIS B 2803 フック）

（6）設計荷重

【問題95】　避難器具の設計荷重について，消防庁告示に基づく別表の一部を参考にして，正しい記述のものを答えよ。

避難器具	a 荷　重（KN）	b 付加荷重	c 荷重方向
避難はしご	有効長2 m ごと又はその端数ごとに，1.95を加えた値	自　重	鉛直方向
緩　降　機	最大使用者数に3.9を乗じた値		
滑　り　棒	3.9	取付具の重量が，固定部にかかるものは，その重量を含む。以下同じ	
避難ロープ	3.9		

(1) 一人用可搬式緩降機の設計荷重は約4 kN である。
(2) 避難器具の設計荷重とは，a の荷重と b の付加荷重を加えた値をいう。
(3) 避難はしごの設計荷重は，有効長2 m またはその端数ごとに1.59 kN を加えた値をいう。
(4) 避難ロープの設計荷重には a 荷重3.9 kN は算入されるが，ロープは軽量であるのでその重量は考慮しなくてよい。

【解説と解答】

　設計上そこに加えても安全である最大の荷重が設計荷重であり，別表の a 荷重＋b 付加荷重の合成力が c 荷重方向に加わるとして算出された荷重をいいます。

　　　緩降機の設計荷重：1人×3.9 kN ＋100 N（自重）＝4.0〔kN〕

　可搬式緩降機の調速器の質量は10 kg 以下という規定があります。

　これが自重になります。

　荷重方向は鉛直ですから大きさに変わりはなく，a 荷重と b 自重の合成力は〔4kN〕となります。

解答　(1)

設計荷重

　避難器具を取り付ける固定部は，そこに発生する応力に耐えるための強度を有する設計を行う必要があります。

　「避難器具の設置及び維持に関する技術上の基準の細目」の別表第一により設計上の基準が定められています。

（別表第一）

避難器具		a 荷重（kN）	b 付加荷重	c 荷重方向
避難はしご		有効長2mごと又はその端数ごとに，1.95を加えた値	自　重 取付具の重量が，固定部にかかるものは，その重量を含む。以下同じ	鉛直方向
緩降機		最大使用者数に3.9を乗じた値		
滑り棒		3.9		
避難ロープ		3.9		
救助袋	垂直式	袋長 10m以下　　　　　6.6 10m超〜20m以下　9 20m超〜30m以下　10.35 30m超　　　　　　10.65	入口金具重量	鉛直方向
	斜降式	袋長　　　　　　上部　下部 15m以下　　　　3.75　2.85 15m超〜30m以下　5.85　5.25 30m超〜40m以下　7.35　6.45 40m超　　　　　　8.7　7.5	入口金具重量 （上部のみ）	上部 俯角70° 下部 仰角25°
滑り台		踊場の床面積1m²当り3.3 滑り面1m当り1.3　　加えた値	・自重 ・風圧力 ・地震力（※1〜※3） ・積雪荷重	合成力の方向
避難橋		1m²当り，3.3		
避難用 タラップ		踊場の床面積1m²当り3.3 踏み板ごとに0.65　　加えた値		

※1 風圧力：1m²当りの風圧力は，次式による。

$$q = 0.6 \ k\sqrt{h}$$

q：風圧力　（kN/m²）
k：風力係数（1とする）
h：地盤面からの高さ（m）

※2 積雪荷重：積雪量が1m²当り，1cmにつき20N以上として計算する。

※3 地震力：建築基準法施行令の規定による。

3　避難器具の点検

(1) 避難はしごの点検

> **【問題96】** 避難はしごの点検について，誤っているものはどれか。
>
> (1) ボルト，ナットの欠落，緩み，損傷，錆，腐食等の異常がないことを確認する。
> (2) 取付具，固定部材，吊り下げ金具，格納箱等に変形，損傷，錆，腐食等の異常がないことを確認する。
> (3) 固定収納式は，固定状態，取付状態に異常がなく，再格納の際，円滑に格納され，止め金が確実にかかることを確認する。
> (4) ハッチ用吊り下げはしごが使用状態の時，建築物の壁面等に接触している突子との間隔が10 cm以上であることを確認する。

【解説と解答】

設置した消防用設備等は，定期的に点検を行い，異常の有無を確認して適正に維持すべきことが，防火対象物の関係者に義務付けられています。

本問は選択肢(1)(2)(3)は正しい記述をしており，(4)が誤っています。

(4)の**ハッチ用吊り下げはしご**とは，「避難器具用ハッチに格納されている金属製吊り下げはしごのうち，**突子が建築物の壁面等に接しない構造のもの**」をいいます。

解答　(4)

点検方法

《吊り下げ式》

① 格納箱から「はしご」を取り出す。

② はしごに変形・損傷・錆・腐食等の異常がないか確認をする。

③ （異常がない場合）吊り下げ金具を固定部に取り付ける。

④ 階下の安全を確認し，止め金を外して「はしご」を降下させる。

⑤ 伸長状態が正常なときは，はしごを降下しながら各部の点検を行う。

⑥ （異常が無い場合）はしごを引き上げて再格納する。

《固定収納式》

① 止め金をはずして，使用状態にする。

② はしごの展開状態に異常がないか確認する。

重要
ポイント

避難はしごの点検

　設置された避難器具は**定期点検**を行い，**適正に維持**することが防火対象物の関係者に**義務付け**られています。

◆点検方法の概要
固定式
　① 設置状況について異常の有無を確認する。
　② 上記で異常のない場合，はしごを降下しながら，各部について点検をする。

吊り下げ式
　① 格納箱から「はしご」を取り出す。
　② はしごに変形・損傷・錆・腐食等の異常がないか確認をする。
　③（異常がない場合）吊り下げ金具を固定部に取り付ける。
　④ 階下の安全を確認し，止め金を外して「はしご」を降下させる。
　⑤ 伸長が正常な場合は，はしごを降下しながら各部の点検をする。
　⑥（異常がない場合）はしごを引き上げて再格納する。

固定収納式
　① 止め金をはずして，使用状態にする。
　② はしごの展開状態に異常がないか確認をする。

◆点検項目～（吊）：吊り下げ式，（収納）：固定収納式，・：共通項目～
　・縦棒・横桟・突子に変形・損傷・錆・腐食等の異常がないこと。
　・はしご全体が円滑に展長し，ゆがみ・変形等がないこと。
　・縦棒は垂直に，横桟は水平になっていること。
　・回転部・折りたたみ部・伸縮部が円滑に作動すること。
　・ボルト・ナットに緩み等の異常がないこと。
　・降下した際，各部に異常がないこと。
　・再格納の際，円滑に格納できること。
（吊）取付具・固定部材・吊り下げ金具・格納箱等に，変形・損傷・錆・腐食・ねじれ
　　　等の異常がないこと。
（吊）吊り下げ金具は，固定部材に確実に取り付けられていること，かつ，容易に取り
　　　付けられる状態であること。
（吊）突子が壁面等に向いており，壁との間隔が10 cm以上あること。
（吊）チェーンの溶接個所，ワイヤーロープにほつれ等がないこと。
（吊）はしごの長さ及び横桟と降着面までの間隔が適正であること。
（収納）固定収納式の場合は，止め金の作動が円滑であること。
（収納）収納された縦棒が円滑に展開されること。
（収納）固定状態，取付状態に異常がないこと。
（収納）固定収納式は，下端が堅固な地面等に接していること。
（収納）再格納の際，円滑に格納され，止め金が確実にかかること。
＊点検の結果，異常又は不具合のある場合は，適正に整備しなければならない。

（2）緩降機の点検

【問題97】　**緩降機の点検について，適切な記述は次のうちどれか。**

(1) 設置位置に取り付けた緩降機のロープは直線に伸長しており，降着位置に到達していたので，リールに巻き取り格納した。

(2) 油圧式の調速器から油が染み出たような痕跡があったので，油をよく拭き取り，念のため漏れ止め用のシールテープを貼った。

(3) ロープを左右に引いて調速器の作動状態を確認したところ，軽くではあるが抵抗感があったので，専門業者に調整を依頼した。

(4) 取付具のアンカーボルトの引抜き耐力を確認する際に，設計引抜き荷重に相当する試験荷重を加えて確認した。

【解説と解答】

　緩降機の点検は，取付具及び緩降機本体の各部の点検のほかに，緩降機を使用する際の最重要命題である降下速度の確認などがあります。

(1) ×　ロープの長さ・伸長状態は確認できましたが，格納の前に点検・確認すべき事項がたくさんあります。

(2) ×　油圧式調速器の油漏れは，専門業者に点検・整備を依頼する。

(3) ×　適度に抵抗感のある状態が正常な状態です。

(4) ○　固定部材にアンカーボルト等を用いている場合は，設計引抜荷重に相当する試験荷重を加えて引抜けに対する耐力の確認をします。

　　適正な締付をするためにトルクレンチを用いて点検を行います。

　　また，適正な締付トルクは下式により算出します。

$$T = 0.24\,DN$$

T：締付トルク〔kN・cm〕
D：ボルト径〔cm〕
N：試験荷重〔kN〕

　緩降機の**設計荷重**は，1人×3.9 kN＋98 N（自重）≒4.0 kN であるので，これを**試験荷重**としてアンカーボルトの締付トルクが算出されます。算出された以上の締付トルクで締付けを行ったときに，アンカーボルトが抜けなければ合格です。

解答　(4)

重要
ポイント

緩降機の点検

◆点検方法・点検項目 等
① **取付具を使用状態に設定する。**
- 取付具・調速器の連結部に，変形・損傷・錆・腐食等がないこと。
- 取付具のボルト・ナット・リベット等に緩みや脱落がないこと。
- ボルト・ナット等はトルクレンチを用いて締め付けを確認する。

② **格納箱から緩降機本体を取り出す。**
- 調速器カバーに，打痕・損傷・変形・錆等がないこと。
- 油圧式調速器の場合，油漏れがないこと。
- 調速器は分解しないこと。分解の痕跡があるものは使用しない。

③ **緩降機本体を取付具に取り付ける。**
- 調速器の連結部は取付具に確実に連結されていること。
- 調速器を固定しロープを左右交互に引いたとき，適度で安定した抵抗感があること。**不安定な抵抗感のもの，抵抗感のないものは性能に疑問があるので，専門業者に点検を依頼**する。
- ロープによじれ・ほつれ・吸湿による劣化等がないこと。
- ロープの芯材であるワイヤロープから錆が出ていないこと。
- ロープと緊結金具の連結に異常がないこと。
- 着用具に変形・損傷・発錆などがないこと。
- リールに定められたシールが貼付されていること。

④ **降下空間やその付近の安全確認をしてリールを投下する。**
- ロープは直線に伸長されており，降着位置に到達していること。

⑤ **着用具を着装し，降下して点検を行う。**
- ☆緩降機を使用して降下する点検は，取付具・調速器・着用具等の点検・確認を行った後に実施すること。
- 降下速度は適正であること。
- 降下が円滑で，降下者が旋転されることがないこと。

⑥ **格納箱に再格納する。**
- ☆着用具を引き上げ，緩降機本体を取付具から取り外す。
- 格納の際に円滑に格納できること。
- ロープの巻き取りは，リール自体を回転して行うこと。

（3）救助袋の点検

> 【問題98】　救助袋の点検についての記述のうち，誤っているものは次の
> うちどれか。
>
> ⑴ 取付具のボルト，ナット等の締付けを，トルクレンチを用いて確認
> をした。
> ⑵ 入口金具の引き起こしが円滑であること，また，回転部分には十分
> な遊びがあることを確認した。
> ⑶ 固定環ボックスの外部及び内部の外観点検には異常が認められな
> かったので，清掃をし水抜き口の確認をして終了した。
> ⑷ 救助袋を展張する付近の電線，樹木，ひさし等の状況を確認したの
> ち，救助袋を展張して救助袋の展帳状況を確認した。

【解説と解答】

　救助袋の降下空間や避難空地における避難障害物等の確認が必要です。

⑴ ○　ボルト・ナット等の締め付け確認は，トルクレンチで行います。

⑵ ×　回転部分には，余分な遊びがないこととされています。

⑶ ○　固定環ボックスの水抜き口の点検は忘れずに実施してください。

⑷ ○　樹木の成長・工作物の設置等，避難障害物等の注意が必要です。

解答　⑵

> 【問題99】　救助袋を展帳し，無荷重の状態で点検を行った。救助袋の出
> 口付近と地盤面等の間隔として，正しいものはどれか。
>
> ⑴ 30 cm 以下　　⑵ 40 cm 以下　　⑶ 50 cm 以下　　⑷ 60 cm 以下

【解説と解答】

　救助袋を点検する際は，安全避難のために，降着点における避難器具の出口
付近と地盤面等の間隔を必ず確認します。

解答　⑶

重要ポイント

救助袋の点検

◆点検方法・点検項目 等

① **格納箱を取り外す。**
- 取付具のボルト・ナット・連結部等に，ゆるみ・脱落・錆などがないこと。
- トルクレンチを用いて，締め付けを確認する。
- 固定ベース部に変形・変色・亀裂等がないこと。

② **誘導綱を投下し，救助袋を降ろし，入口金具を引き起こす。**
- 救助袋の展張障害となる電線・樹木・ひさし等がないこと。
- 袋本体に変色・汚損・よじれ・糸切れ・劣化等がないこと。
- 袋本体と展張部材の結合部に変形・損傷・摩耗等がないこと。
- 入口金具の引起しが円滑で，回転部分に余分な遊びがないこと。
- 入口金具の引起こしが電動のものは，作動が正常であること。
- 連結部・支持部・入口金具に変形・損傷・錆・亀裂がないこと。

(地上操作)　固定環ボックスを開け，救助袋を展張する。
- 張設ロープ・滑車・フック等に損傷・劣化・腐食等がないこと。
- 固定環ボックス・固定環・フタ等に変形・錆・脱落等がないこと。
- 水抜口がゴミ等でふさがれていないこと。

③ **足場用ステップを設定する。**
- ステップの設定が円滑で，余分な遊びがないこと。
- ステップに変形・損傷・錆・腐食等がないこと。

④ **降下点検をする。**
　☆降下点検は，固定具・取付具・袋本体・下部支持装置・固定環等各部の点検をし，安全性を確認した後に行うこと。
- 降下速度は適正で，降下は円滑であること。
- 開口部・降下空間・避難空地等が適正に管理されていること。
- 救助袋の下部出口は，地盤面等との間に適正な間隔があること。

⑤ **格救助袋を引き上げ，格納箱に再格納する。**
- 格納する際，円滑に格納できること。

第3章-1

◉消防関係法令─共通法令◉

- ●**消防設備士　第5類**の「消防関係法令」については，
  甲種：共通部分8問・類別部分7問，乙種：共通部分6
  問，類別部分4問が出題されます。
- ●**法律用語**には独特の表現がありますが，決めごとを述べて
  いるに過ぎないので，難しく感じる部分は，繰り返し熟読
  してください。
  　また，問題が長文となる傾向にあるので，本書でも練習
  のために長文問題を処々に配置しています。
- ●**法律名**を本書では次のように省略しています。
  - ・消防組織法…消組法　　・消防法…消法
  - ・消防法施行令…消令　　・消防法施行規則…消則
  - ・火災予防条例…火災条例

(1) 用　語

【問題1】　消防関係法令に定める用語の意義についての記述のうち，正しくないものはどれか。

(1) 防火対象物とは，山林，舟車，船きょ，埠頭に係留された船舶，建築物，その他の工作物若しくはこれらに属するものをいう。

(2) 消防対象物とは，山林，舟車，船きょ，埠頭に係留された船舶，建築物，その他の工作物又は物件をいう。

(3) 所有者とは，使用，収益，処分をすることができる全面的な支配権を有する者をいう。

(4) 関係者とは，命令等を履行できる所有者，管理者又は占有者をいう。ただし，不法占拠者はこれに含まれない。

【解説と解答】━━━━━━━━━━━━━━━━━━━━━━━━ （消法2条）━

　消防関係法令の条文を理解するために**必要**な用語の定義です。この用語を理解することにより，法令の難しさは一挙に軽減されます。

　この項で基本的な用語を確実に把握しておいてください！

　(1)(2)(3)は正しく用語の定義を説明しています。(4)が誤っています。

　命令が履行できる者であれば**不法占拠者**も含みます。　　　　　　| 解答　(4) |

防火対象物と消防対象物

▶防火対象物は，舟・船舶・建築物など建築物や工作物自体をいいます。消防法施行令の別表（政令別表第一）に於いて**具体的**に定めています。

▶消防対象物は，**防火対象物**に加えて**防火対象物内**の**格納物**や**屋外に置か**れた**物件**なども含みます。

※防火対象物との違いは，建築物・工作物等と無関係な物件も含んでいる点です。

用語の定義

◆消防法令で定める主な用語の定義

① 防火対象物

　山林，舟車，船きょ，埠頭に係留された船舶，**建築物，その他の工作物**若しくはこれらに**属するもの**をいう。

② 消防対象物

　山林，舟車，船きょ，埠頭に係留された船舶，**建築物，その他の工作物**又は**物件**をいう（防火対象物＋物件）。

③ 関係者

　防火対象物又は消防対象物の**所有者，管理者，占有者**をいう。

④ 関係のある場所

　防火対象物又は消防対象物の**ある場所**をいう。

⑤ 舟車（しゅうしゃ）

　船舶安全法第2条第1項の規定を適用しない船舶，端舟，はしけ，被曳船その他の**舟**及び**車両**をいう。

⑥ 危険物

　消防法の別表第一の**品名欄に掲げる物品**で，同表に定める区分に応じ同表の**性質欄に掲げる性状**を有するものをいう。

⑦ 消防隊

　消防器具を装備した**消防吏員**若しくは**消防団員の一隊**，又は消防組織法の規定による都道府県の**航空消防隊**をいう。

⑧ 救急業務

　災害による事故等又はそれに準ずる事故その他で，政令で定める傷病者のうち，医療機関等へ緊急に搬送する必要のものを，救急隊が医療機関その他の場所に搬送することをいう。

重要
ポイント

（２）消防活動

【問題２】　消防の組織についての記述のうち，誤っているものはどれか。

　⑴　消防活動は市町村が主体となって行い，市町村長が管理する。

　⑵　市町村は，消防事務を処理するため，消防本部，消防署又は消防団の全部又は一部を設けなければならない。

　⑶　消防本部及び消防署を設ける場合は，消防長が命令，指揮，監督を行い，それに基づいて消防署が消防事務の処理にあたる。

　⑷　消防本部を置かない市町村では，消防団長が命令，指揮，監督を行い，それに基づいて消防団が消防活動にあたる。

【解説と解答】━━━━━━━━━━━━━━━━━（消組法６条〜15条）━

　消防は市町村の責任で行い，条例に従って市町村長が管理をします。

　消防本部・消防署又は消防団の全部又は一部を設けることが定められており，下図のような組織図となります。

⑴ 消防本部・消防署を設ける場合

　＊消防本部の長である消防長が命令・指揮・監督を行います。

⑵ 消防本部を置かない市町村の場合

　＊直接市町村長が命令・指揮・監督を行い，それに基づいて消防団が消防活動を行います。　　　　　　　　　　　　　　　　解答　⑷

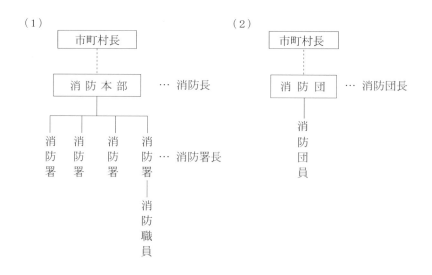

【問題3】　下記の用語についての記述のうち，誤っているものはどれか。

(1) 消防長とは，消防本部の長をいう。

(2) 消防吏員とは，消防本部を指揮，監督する者をいう。

(3) 消防団長とは，所属消防団の指揮，監督を行う消防団の長をいう。

(4) 消防職員とは，消防本部及び消防署において消防事務に従事する者をいう。

【解説と解答】

　消防職員とは，消防本部及び消防署で消防事務に従事する者をいいます。

　消防吏員とは消防本部に勤務する**消防職員のうち**，消火・救急・救助・査察などの業務を行う者をいいます。消防本部を指揮・監督する者は消防長です。

(1)(3)(4)は，正しく記述しています。　　　　　　　　　　　解答　(2)

【問題4】　消防組織についての記述のうち，誤っているものはどれか。

(1) 市町村は消防団を置かないことができる。

(2) 消防本部の構成員として消防団員も含まれる。

(3) 消防本部及び消防署の常勤職員の定員は条例で定める。

(4) 消防長は市町村長が任命し，そのほかの消防職員は市町村長の承認を得て消防長が任命する。

【解説と解答】

　市町村は，消防本部・消防署又は消防団の全部又は一部を設ける定めとなっており，**消防本部**又は**消防団**のいずれかを置かないことができます。ただし，**消防本部を省略して**消防署のみの設置はできません。

　消防本部と消防団は独立した組織であるので，(2) の記述が誤りであることが分かります。(1)(3)(4)は，正しい記述をしています。　　解答　(2)

【問題5】　**消防の組織**についての記述のうち，正しいものはどれか。

(1) 消防本部を置く市町村においては，消防団を置かない。

(2) 消防活動は市町村が主体となって行い，当該市町村が属する都道府県知事が管理する。

(3) 消防の組織のうち，複数の市町村にまたがって組織されるものを広域消防という。

(4) 消防本部を置かない市町村では，直接消防団長が消防団に対して命令・指揮・監督を行う。

【解説と解答】

　消防は市町村の責任で行い，そのために消防本部・消防署又は消防団の**全部又は一部**を設けます。消防活動については**市町村長**が管理することを再確認しておきましょう。

(1) ×　消防本部・消防署又は消防団の全部を置くことができます。

(2) ×　市町村の消防は，条例に従って**市町村長**が管理します。

(3) ○　消防組織を維持するには多くの費用が必要であることや利便性等から，複数の市町村が一体となって消防本部を設置し，消防活動を行うことがあります。これを広域消防といいます。

(4) ×　消防本部を置かない市町村では，直接市町村長が命令・指揮・監督を行い，それに基づいて消防団が消防活動を行います。消防団長が直接命令・指揮・監督を行うことはありません。

解答　(3)

**重要
ポイント**

消防の組織

◆**消防は市町村の責任で行い，条例に従って市町村長が管理をする。**

◆市町村は，消防本部・消防署又は消防団の**全部**又は**一部**を設けなければ
ならない。ただし，消防署のみを設けることはできない。

(1) **消防本部・消防署**を設ける場合

　＊消防本部の長である消防長が指揮・監督を行う。

(2) **消防本部**を設けない場合

　＊市町村長の直接の指揮・監督の基に消防団が消防活動を行う。

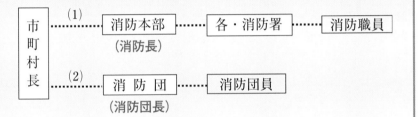

◆**重要用語**

　消防本部…消防事務を処理するための組織をいう。

　消 防 長…消防本部の長をいう（消防庁長官とは異なる）。

　消防職員…消防本部，消防署で消防事務に従事する者をいう。

　消防吏員…消防本部に勤務する**消防職員のうち，消火・救急・救助・査**
　　　　　　察などの業務を行う者をいう。

　消 防 署…消防本部の指揮監督のもとに，消防（消火・火災予防・救
　　　　　　急・救助）を行う消防機関をいう。

　消 防 団…消防本部や消防署と連携して消防活動に携わる地域住民によ
　　　　　　り組織される消防機関をいう。

　　　　　　※消防本部が設置されない市町村では，消防団が消防活動を
　　　　　　　全面的に担う。

　広域消防…複数の市町村により組織される消防組織を広域消防という。

**第3章-1
消防関係法令─共通法令**

（3）火災予防

【問題6】　消防機関は，屋外における焚火，喫煙，火気使用等の禁止・制限その他の火災予防上必要な措置命令を発することができるとされているが，措置命令を発することができない者は次のうちどれか。

　　⑴　消防長
　　⑵　消防署長及び消防吏員
　　⑶　消防本部を置かない市町村の長
　　⑷　都道府県知事

【解説と解答】━━━━━━━━━━━━━━━━━━━（消法3条〜5条の三）■

　　屋外における火災予防上必要な措置命令は，消防本部を置く市町村では，消防長・消防署長・消防吏員が，消防本部を置かない市町村では市町村長が発することができます。　消防団長・都道府県知事・総務大臣には措置命令を発する権限がありません。

解答　⑷

［命令の例］　・焚き火・喫煙・火気使用等の禁止，停止，制限，消火準備など
　　　　　　　・燃焼のおそれのある物件の除去，その他の処理 等

【問題7】　火災予防についての記述のうち，誤っているものはどれか。

　⑴　消防本部を置かない市町村の長は，消防団員に命じて必要な措置をとらせることができる。
　⑵　消防長，消防署長その他の消防吏員は，屋外における火災予防に危険と認める行為者に必要な措置命令を発することができる。
　⑶　屋外における火災予防とは，建築物の外部のことであり，敷地内であるか敷地外であるかは問わない。
　⑷　消防長は火災予防措置命令が履行されないときは，行政代執行法により消防職員に消防活動の支障となる物件を除去させ処分させることができる。

【解説と解答】

　措置命令の対象となる関係者が**確知できない場合**は，消防職員（又は消防団員）に物件の除去その他の措置をとらせることができます。

　ただし，物件を**除去した場合**は**保管**しなければならない規定があります。

　また，命令が履行されない場合，履行が不十分の場合，命令の期限内に履行が完了する見込みがない場合には，行政代執行法により消防職員又は第三者にその措置をとらせることができます。

　選択肢(4)の物件の除去はできますが処分はできません。　　　　解答　(4)

【問題8】　消防長又は消防署長が防火対象物の関係者に対して行う措置について，誤っているものはどれか。

(1) 火災予防上必要な書類や図面の提出を命令することができる。
　　ただし，命令は文書をもって行うものとする。

(2) 火災予防上必要な事項について，文書等を作成して報告するよう要求することができる。

(3) 火災予防上必要な書類等の提出を命令することを，一般的に資料提出命令という。

(4) 火災予防のために必要があるときは，消防職員をあらゆる仕事場，工場，公衆の出入りする場所等に立ち入らせることができる。

【解説と解答】

　消防長又は消防署長が**火災予防のために必要があるとき**に行う，防火対象物に対する**火災予防措置**の問題です。

　(1)(3)は一般的に**資料提出命令**と言われるもので，**口頭又は文書**で命令をします。　文書に限ったことではありません。

　(2)は一般的に**報告徴収**と言われるものの説明です。

　(4)は**立入検査**（予防査察）ができる旨の説明です。　　　　解答　(1)

【問題9】 消防長又は消防署長の命により火災予防上必要あるときに行う防火対象物への立入検査について，誤っているものはどれか。

(1) 消防職員は，消防対象物の位置，構造，設備，管理の状況を検査し，関係ある者に質問することができる。

(2) 命令を受けて防火対象物の立入検査をする消防職員は，市町村長の定める証票を防火対象物の関係者に提示しなければならない。

(3) 立入検査を受ける消防対象物に関係ある者とは，消防対象物の関係者及び従業員等をいう。

(4) 個人の住居は，関係者の承諾を得た場合又は火災の発生が著しく大で，特に緊急の場合以外は立ち入らせてはならない。

【解説と解答】

　消防長又は消防署長の命令を受けた**消防職員の立入検査（予防査察）**に関する問題です。消防本部を置かない市町村では，当該市町村長の命令を受けた**消防事務に従事する職員**又は**常勤の消防団員**が行います。

　(1)(3)(4)は正しい記述をしています。(2)が誤っています。

　立入検査をする消防職員等は，市町村長の定める**証票**を**携帯**し，**関係ある者**から請求があるときに提示します。ただし，請求のないときは提示する必要はありません。

$\boxed{\text{解答 }(2)}$

【問題10】 消防長又は消防署長は火災予防上必要があるときは，権限を有する防火対象物の関係者に対して火災予防措置命令を発することができるとされているが，この命令の対象とならない者はどれか。

(1) 防火対象物の所有者

(2) 権原を有する管理者

(3) 緊急の必要がある場合の工事請負人

(4) 消防用設備の点検を行っている消防設備士

【解説と解答】

　一般的に防火対象物の関係者は，防火対象物の**所有者・管理者・**命令を実行できる**占有者**が該当するが，火災予防上必要あるときに発せられる火災予防措置命令のうち，**特に緊急の必要があると認める場合**は工事中の工事請負人又は現場管理者も命令の対象となります。

解答　(4)

重要
ポイント

火災予防の措置命令

屋外における措置

◆消防長・消防署長・消防吏員は，火災予防・避難その他の消防活動の障害除去のための措置命令を出すことができる。

【措置命令の概要】

　▶火遊び・焚火・喫煙・火を使用する設備器具の使用等禁止・使用停止・使用制限・消火準備 等

　▶残火・取灰・火粉の始末，可燃性物件の除去，放置物の整理・除去 等

＊関係者が確知できない場合は消防職員（消防団員）に措置をとらせることができる。（物件を除去した場合は保管する）

＊命令の不履行，履行が不十分，命令期限内の履行の見込みがない場合には，行政代執行法により**消防職員**又は**第三者**にその措置をとらせることができる。（防火対象物に於いても共通）

防火対象物における措置

◆消防長・消防署長は，**防火対象物**における**火災予防に必要ある場合**は，次の措置をとることができる。

① 資料提出命令…火災予防上必要な書類や図面の提出を命令する。

② 報告徴収…火災予防上必要な事項を文書等で報告するよう要求する。

③ 立入検査…火災予防上必要があるときは消防職員をあらゆる仕事場，工場，公衆の出入りする場所等に立ち入らせる。

＊立入検査する場合は，市町村長の定める証票を携帯し，関係者から**請求があったときは提示**しなければならない。

＊個人の住居には，関係者の**承諾がある場合**，又は**特に緊急を要する場合**でなければ**立ち入らせてはならない。**

＊**防火対象物**の位置・構造・設備・管理状況に火災危険がある・消防活動に支障がある場合は**火災予防措置命令**を出すことができる。

＊措置命令に不服がある場合は，一定期間内に不服申し立てを行うことができる規定もある。

（4）消防同意

【問題11】　消防法に定める消防同意について，誤りは次のうちどれか。

(1) 特定行政庁，建築主事又は指定確認検査機関は，消防同意がなければ建築物の許可，認可，確認をすることができない。

(2) 建築をしようとする者は，特定行政庁等の窓口で確認申請をする際に消防同意を得るための申請をすることができる。

(3) 消防長又は消防署長は，防火に関するものに違反しないものである場合は，一定の期日以内に同意を与えなければならない。

(4) 建築物の許可，認可，確認の権限を有する行政庁等が建築物等について，管轄する消防長又は消防署長の同意を得る行為をいう。

【解説と解答】━━━━━━━━━━━━━━━━━━━━━━━━（消法7条）■

　消防同意とは，建築物の新築・改築・修繕・使用などについて，許可・認可・確認を行う**行政庁・建築主事**又は**指定確認検査機関**が，予め建築物の所在地等を管轄する<u>消防長又は消防署長の同意を得る</u>ことをいいます。

　消防同意は行政機関等と消防機関との間で行われる行為で，建築主等がこれに関わることはありません。(2)が誤りとなります。　　　　　解答　(2)

〈建築確認の流れ〉

確認・許可・認可の申請　　　　　　　同意を求める

建築主 等	⇒	行政庁・建築主事等	⇒	消防長又は消防署長
	←		←	

確認・許可・認可　　　　　　　　　　　同　意

建築物の確認

▶建築主事（けんちくしゅじ）
行政機関において建築確認を行うための事務を行う人をいう。

▶特定行政庁（とくていぎょうせいちょう）
建築基準法関係の事務を行う行政機関のことであるが，実際には，行政機関の長のことをいう。

▶指定確認検査機関（していかくにんけんさきかん）
建築確認のための事務を行う指定を受けた民間の機関をいう。

【問題12】　建築主事が求める消防同意の相手として，誤っているものは次のうちどれか。
(1) 建築予定地を管轄する消防長
(2) 建築予定地を管轄する消防署長
(3) 建築予定地を管轄する指定確認検査機関
(4) 建築予定地が消防本部を置かない市町村の場合の市町村長

【解説と解答】

　　行政庁・建築主事・指定確認検査機関が，建築物の許可・認可・確認を行う前に，予め建築物の所在地等を管轄する消防長又は消防署長の同意を得る行為です。消防本部を置かない市町村では市町村長が同意します。
　　指定確認検査機関は建築主事と同じ立場の機関ですから，同意を求める相手ではありません。よって，(3)が誤りとなります。　　　　　　　　　　　解答　(3)

第3章-1
消防関係法令―共通法令

重要
ポイント

消防同意

○消防同意とは，建築物の新築・改築・修繕・使用などの許可・認可・確認を行う行政庁・建築主事又は指定確認検査機関が，予め建築物の所在地等を管轄する消防長又は消防署長の同意を得る行為をいいます。

○消防長又は消防署長は，防火に関するものに違反しない場合は期間内に同意を与えて行政庁等に通知しなければならない。
　　▶一般の建築物・建築設備に関する確認… 3日以内
　　▶その他の確認・許可………………………… 7日以内

○消防同意は，行政機関等と消防機関との間で行われる行為で，建築主・施主等が関わることはありません。

《建築確認等の流れ》

確認・許可・認可の申請　　　　　　同意を求める

| 建築主 等 | ⇒ | 行政庁・建築主事等 | ⇒ | 消防長又は消防署長 |

確認・許可・認可　　　　　　　同　意

（5）防火対象物

【問題13】 防火対象物についての記述のうち，誤っているものは次のどれか。

(1) 不特定多数の者が出入りし，火災危険が大きく，火災時の避難が容易でない防火対象物を特定防火対象物という。

(2) 事務所のように，政令別表第一（1）〜（14）項に該当しない事業場は（15）項に分類され，非特定防火対象物の扱いとなる。

(3) 幼稚園は政令別表第一の（6）項で特別防火対象物，小学校は政令別表第一の（7）項で非特定防火対象物として扱われる。

(4) 政令別表第一（5）項に分類されている共同住宅のうち，15階建ての専用住宅マンションは特定防火対象物である。

【解説と解答】━━━━━━━━━━━━━━（消法8条，消令1条の二）━

　防火対象物のうち，不特定多数の人が出入りし，火災危険が大きく，火災時の避難が容易でない**防火対象物**を特定防火対象物といいます。

　特定防火対象物は危険性が大きいことから，消防用設備等の**設置基準等の適用が厳しい**ものとなります。

　特定防火対象物であるか否かの判断が様々な所で必要となることから，特定防火対象物は確実に把握する必要があります。（次頁，表内網掛け部分）

　また，特定防火対象物としての用途を特定用途といいます。

　本問の(1)(2)(3)は正しい記述です。(4)が誤っています。

　旅館・ホテルなど**政令別表第一**(5)**イ**に分類される施設は不特定多数の者が**出入り・宿泊**する施設であることから**特定防火対象物**として扱われるが，(5)**ロ**に分類される寄宿舎（社宅・寮）・共同住宅などは，いつも定まった特定の者が居住する施設で，(5)イの施設に比べて危険性が少ないことから，**非特定防火対象物**として扱われます。

解答　(4)

〈防火対象物〉

（政令別表第一）

（政令別表第一）		防火対象物　　　　　　　　　　　　　　　 ▢特定防火対象物
(1)	イ	劇場，映画館，演芸場，観覧場
	ロ	公会堂，集会場
(2)	イ	キャバレー，カフェー，ナイトクラブ，その他これらに類するもの
	ロ	遊技場，ダンスホール
	ハ	性風俗関連特殊営業店舗，その他総務省令で定めるこれらに類するもの
	ニ	カラオケボックスその他遊興の設備，物品等を個室で利用させる店舗で総務省令で定めるもの
(3)	イ	待合，料理店，その他これらに類するもの
	ロ	飲食店
(4)		百貨店，マーケット，その他の物品販売業を営む店舗 又は 展示場
(5)	イ	旅館，ホテル，宿泊所，その他これらに類するもの
	ロ	寄宿舎，下宿，共同住宅
(6)	イ	病院，診療所，助産所
	ロ	老人短期入所施設，養護老人ホーム，介護老人保健施設，有料老人ホーム，軽費老人ホーム，救護施設，乳児院，障害児入所施設，障害者支援施設，等【避難が困難な要介護者の入居・宿泊施設，避難が困難な障害者等の入所施設】
	ハ	老人デイサービスセンター，老人介護支援センター，児童養護施設，一時預り業施設厚生施設保育所，助産施設，放課後等デイサービス業施設等【主に通所する施設】
	ニ	幼稚園，特別支援学校　　　　　　　　　　　　　　（ロハは施設の概要）
(7)		小学校，中学校，高等学校，中等教育学校，高等専門学校，大学，専修学校，各種学校，その他これらに類するもの
(8)		図書館，博物館，美術館，その他これらに類するもの
(9)	イ	公衆浴場のうち，蒸気浴場，熱気浴場，その他これらに類するもの
	ロ	イに掲げる以外の公衆浴場
(10)		車両の停車場，船舶・航空機の発着場（旅客の乗降・待合のための建築物）
(11)		神社，寺院，教会，その他これらに類するもの
(12)	イ	工場，作業場
	ロ	映画スタジオ，テレビスタジオ
(13)	イ	自動車の車庫・駐車場
	ロ	飛行機・回転翼航空機の格納庫
(14)		倉庫
(15)		前各項に該当しない事業場
(16)	イ	複合用途防火対象物のうち，その一部が(1)〜(4)(5)イ(6)(9)イに掲げる防火対象物の用途に供されているもの
	ロ	イに掲げる以外の複合用途防火対象物
(16)の	2	地下街
(16)の	3	建物の地階で地下道に面したもの，及び地下道（特定用途が存するもの）
(17)		重要文化財，重要有形民俗文化財，史跡，重要美術品である建造物 等
(18)		延長50 m 以上のアーケード
(19)		市町村長の指定する山林
(20)		総務省令で定める舟車

（イ・ロ・ハの部分が**網掛け**となっているものが**特定防火対象物**）

【問題14】　下記のうち，消防関係法令において特定防火対象物としているものはいくつあるか。

　　　・病　　院　　　・幼稚園　　　・百貨店　　　・博物館

　　(1)　1つ　　　　(2)　2つ　　　　(3)　3つ　　　　(4)　4つ

【解説と解答】

　政令別表第一から病院（6）項，幼稚園（6）項，百貨店（4）項が特定防火対象物と分かります。博物館は（8）項に該当する**非**特定防火対象物です。（8）項の図書館・博物館・美術館等は，特定防火対象物と勘違いし易い防火対象物であるので要注意です！　　　　　　　　　　　　　　　　　解答　(3)

＊**特定防火対象物**が確実に**分かれば**，あとは**非**特定防火対象物です。

【問題15】　防火対象物と政令別表第一における分類との組み合わせのうち，誤っているものは次のうちどれか。

　　(1)　カ ラ オ ケ　…　（2）項
　　(2)　飲 食 店　…　（3）項
　　(3)　映 画 館　…　（7）項
　　(4)　事 務 所　…　（15）項

【解説と解答】

　カラオケボックス，ナイトクラブ，遊技場などは（2）項の代表的なものです。また，映画館は劇場・公会堂などと共に（1）項の防火対象物です。

　事務所のように，政令別表第一（1）〜（14）項に該当しない事業場は（15）項に分類され，非特定防火対象物の扱いとなります。　　　　　解答　(3)

【問題16】 下記のうち，消防関係法令において**特定防火対象物**としているものはいくつあるか。

　・民宿　　・キリスト教会　　・マーケット　　・映画スタジオ

　(1) 1つ　　　　　(2) 2つ　　　　　(3) 3つ　　　　　(4) 4つ

【解説と解答】

　政令別表第一から，民宿（5）イ，マーケット（4）項が特定防火対象物であり，キリスト教会（11）項，映画スタジオ（12）項が**非**特定防火対象物であることが分かります。

　特定防火対象物の見極めは繰り返し行ってください。　　　　　　　解答　(2)

特定防火対象物の整理方法

次のものが特定防火対象物です。

　①(1)～(6)項までは特定防火対象物。　(5)ロを除く

　②上記以外は，次の3つです。

- (9)イ　　（公衆浴場の蒸気浴場・熱気浴場）
- (16)イ　　（特定用途を含む複合用途防火対象物）
- (16)の2　（地下街），(16)の3　（建物の地下道に面するもの）

※特定防火対象物の属する項と用途を繰り返し確認する。

【問題17】　**複合用途防火対象物**について，誤っているものはどれか。

(1) 複合用途防火対象物は，使用される用途により政令別表第一の (16) イ又は (16) ロに分類される。

(2) 複合用途防火対象物とは，政令別表第一に示す2以上の用途に供されるものをいい，特定防火対象物の扱いとなる。

(3) 建物の特定用途部分の面積が延べ面積の10％以下で，かつ，300 ㎡ 未満の場合は，政令別表第一 (16) ロの建物として扱う。

(4) 複合用途防火対象物のうち，その一部に特定用途のものが規定以上 存する場合は，建物全体を (16) イの建物として扱う。

【解説と解答】━━━━━━━━━━━━━━━ (消法8条，消令1条の二) ━

　複合用途防火対象物は，「政令で定める2以上の用途に供される防火対象物」のことで，雑居ビルと呼ばれるものがこれにあたります。

　政令別表第一では，(16) イ又は (16) ロに分類され，次の違いがあります。

　　・(16) イ…複合用途防火対象物のその一部に特定用途のものが存するため，**建物全体が特定防火対象物の扱い**となる。

　　・(16) ロ…複合用途防火対象物であるが特定用途のものが存しない場合は，**非特定防火対象物の扱い**となる（用途ごとに基準を適用）。

複合用途防火対象物でも，特定・非特定のものがあります。　　解答　(2)

〈(16)イの例〉

4 F	事　務　所	(15)項
3 F	事　務　所	(15)項
2 F	事　務　所	(15)項
1 F	*喫　茶　店	(3)**項**

〈(16)ロの例〉

4 F	事　務　所	(15)項
3 F	事　務　所	(15)項
2 F	*学　習　塾	(7)**項**
1 F	事　務　所	(15)項

　　※特定用途部分の面積が，延べ面積の10％以下で，かつ，300 ㎡未満の場合は，特定用途部分が存していても(16)ロの建物として扱う。

防火対象物

　防火対象物は消防法施行令の政令別表第一で定められており，防火対象物の用途により(1)項～（20）項に区分されている。

◆特定防火対象物

　＊不特定多数の者が出入りし，火災危険が大きく，火災時の避難が容易でない防火対象物をいう。

- 特定防火対象物としての用途を特定用途という。
- 特定防火対象物は危険性が大きいことから，消防用設備等の設置基準等の適用が厳しいものとなる。

◆非特定防火対象物

　＊特定防火対象物ほど火災危険等が大きくない防火対象物

- (8)項の図書館・博物館・美術館は，特定防火対象物と間違いやすいので注意！

◆複合用途防火対象物

　＊2以上の用途に供される防火対象物のことをいう。

　＊政令別表第一では，（16）イ又は（16）ロに分類される。

- （16）イ…複合用途防火対象物のその一部に一定の特定用途が存する場合，建物全体が特定防火対象物の扱いとなる。
- （16）ロ…複合用途防火対象物であるが特定用途のものが存しない場合は，特定防火対象物の扱いにならない。

《(16)イの例》

4 F	事　務　所	(15)項
3 F	事　務　所	(15)項
2 F	事　務　所	(15)項
1 F	＊喫　茶　店	(3)項

《(16)ロの例》

4 F	事　務　所	(15)項
3 F	事　務　所	(15)項
2 F	＊学　習　塾	(7)項
1 F	事　務　所	(15)項

※特定用途部分の面積が，延べ面積の10％以下で，かつ，300 m²未満の場合は，特定用途部分が存していても（16）ロの建物として扱う。

◆事務所ビル

　＊事務所ビルは（15）項に該当する。

　　(1)～(14)項までに該当しない事業場は（15）項の扱いとなる。

- (5)イ・(5)ロの違い
- (5)イ…不特定多数が宿泊する施設であるため，特定防火対象物である。（旅館・ホテル・宿泊所など）
- (5)ロ…特定の者が居住する施設であることから，非特定防火対象物である。（寄宿舎・下宿・共同住宅など）

（6）防火管理者

> 【問題18】　**防火管理者についての記述のうち，不適切なものはどれか。**
>
> (1) 定められた防火対象物の管理権原者は，資格を有する者の中から防火管理者を選任しなければならない。
> (2) 防火管理者は一定の資格を有し，かつ，防火上必要な業務を適切に遂行できる地位を有する者でなければならない。
> (3) 防火管理者を選任又は解任した場合は，14日以内にその旨を所轄消防長又は消防署長に届け出なければならない。
> (4) 防火管理者が防火管理上の業務を行うときは，必要に応じて当該防火対象物の管理権原者の指示を受けなければならない。

【解説と解答】　　　　　　　　　　　　　　　（消法8条，消令3条，消規2条）

　防火管理者とは，防火上必要な業務を適切に遂行する<u>権限と知識を有する者</u>として<u>管理権原者から選任された一定の資格を有する者</u>をいいます。

　上記より(1)(2)は正しく，(4)もまた正しい記述をしています。

　防火管理者を**選任**又は**解任**したときの**届け出**は，遅滞なく行うことが規定されています。　よって，(3)が誤りとなります。　　　　　　　　　　　　　| 解答　(3) |

> 【問題19】　**防火管理者を定めなければならないものとして，誤っているものは，次のうちどれか。**
>
> (1) 救護施設で収容人員20名，かつ，延べ面積300 m^2 のもの。
> (2) 遊技場で収容人員25名，かつ，延べ面積300 m^2 のもの。
> (3) 飲食店で収容人員30名，かつ，延べ面積300 m^2 のもの。
> (4) 作業場で収容人員55名，かつ，延べ面積300 m^2 のもの。

【解説と解答】

　防火管理者は，次の基準で選任されます。

① 政令別表第一(6)ロ，(16)イ及び(16)の2のうち，(6)ロの用途部分が存するもので，収容人員10名以上のもの。

② **特定防火対象物** … 収容人員30名以上，かつ，延べ面積300 m^2 以上又は延べ面積300 m^2 未満のもの。（前項①を除く）

③ **非特定防火対象物** … 収容人員50名以上，かつ，延べ面積500 m²以上
　　　　　　　　　　　又は延べ面積500 m²未満のもの。（(18)〜(20)項を除く）

④ **新築工事中の建築物** … 収容人員50名以上で定められたもの。

⑤ **建造中の旅客船** … 収容人員50名以上で定められたもの。

　よって，(2)が誤りとなります。　　　　　　　　　　　解答　(2)

＊防火管理者の項では**特定防火対象物で延べ面積 300 m²以上のもの，非特定防火対象物で延べ面積 500 m²以上のものを甲種防火対象物といい，それ未満の延べ面積のものを乙種防火対象物**といいます。

＊**甲種防火対象物**は甲種防火管理者が管理をすることができ，**乙種防火対象物**は甲種及び乙種防火管理者が管理をすることができます。

【問題20】　**防火管理者の業務について，誤っているものは次のどれか。**

(1) 火気の使用又は取扱いに関する監督を行う。

(2) 消防計画を作成し，消火，通報，避難訓練を行う。

(3) 消防の用に供する設備，消防用水又は消火活動上必要な施設の点検又は整備若しくは工事を行う。

(4) 避難又は防火上必要な構造及び設備の維持管理並びに収容人員の管理，その他防火管理上必要な業務を行う。

【解説と解答】

　防火管理者の責務として，次のようなものがあります。

① **消防計画の作成**（消防長又は消防署長に届け出の義務がある）

② 消火・通報・避難訓練の実施

③ 消防用設備類・消防用水・消火活動上必要な施設の**点検・整備**

④ 火気の使用・取扱いに関する監督

⑤ 避難又は防火上必要な構造・設備の維持管理

⑥ 収容人員の管理・その他防火管理上必要な業務

　消防の用に供する設備類等の点検・整備は業務範囲ですが，工事は業務範囲には含まれていないので，(3)が誤りとなります。　　　　解答　(3)

【問題21】　統括防火管理者を選任しなければならない防火対象物として，正しくないものは次のうちどれか。

(1) 高層建築物のうち高さ35 m 以上のもの。
(2) 政令別表第一（16）ロの建物で，地階を除く階数が 5 以上，かつ，収容人員が50人以上のもの。
(3) 政令別表第一（16）の 3 に掲げる防火対象物。
(4) 政令別表第一（16）イのうち（6）ロの存する防火対象物で地階を除く階数が 3 以上，かつ，収容人員が10人以上のもの。

【解説と解答】

　統括防火管理者とは，**1つの建物で管理の権原が分かれている**場合において，建物全体の防火管理業務を統括する者をいいます。

　1つの建物に**複数の会社や店舗**などが入居しているような場合，それぞれの防火対象物において**防火管理者**が選任されますが，それらを統括して建物全体の防火管理にあたる者が統括防火管理者です。

　複数の防火管理者が共同で管理することから**共同防火管理**といいます。

●**統括防火管理者を選任しなければならない防火対象物**

　次のいずれかに該当する防火対象物のうち，管理の権原が分かれているものが選任しなければならない。

① 高層建築物（高さ31m を超える建築物）
② 政令別表第一（6）ロ及び（16）イで（6）ロの用途が存する防火対象物のうち，地階を除く階数が 3 以上で，かつ，収容人員が10人以上のもの。
③ 特定防火対象物のうち，地階を除く階数が 3 以上，かつ，収容人員が30人以上のもの。（前記②のものを除く）
④ 政令別表第一（16）ロの防火対象物のうち，地階を除く階数が 5 以上で，かつ，収容人員が50人以上のもの
⑤ 地下街のうち消防長又は消防署長が指定するもの。
⑥ 政令別表第一（16）の 3 に掲げる防火対象物（準地下街）

　高層建築物は，すべてのものに選任義務があります。　　　　　　　解答　(1)

防火管理者

* 防火管理者とは，**防火上必要な業務を適切に遂行**する権限・知識を有する**者**として管理権原者から選任された者をいう。
* 選任又は解任した時は，遅滞なく消防長又は消防署長に届出をする。
（無届・不選任・命令違反の場合，罰金・拘留・懲役等の罰則がある）

◆防火管理者を選任する基準
① (6)ロ，(16)イ及び(16)の2のうち(6)ロの用途部分が存するもので，収容人員10名以上のもの。（面積は問わない）
② 特定防火対象物で収容人員30名以上，かつ，延べ面積300 m²以上又は延べ面積300 m²未満のもの。（前項①を除く）
③ 非特定防火対象物で収容人員50名以上，かつ，延べ面積500 m²以上又は延べ面積500 m²未満のもの。（(18)～(20)項を除く）
④ 新築工事中の建築物 … 収容人員50名以上で定められたもの。
⑤ 建造中の旅客船 … 収容人員50名以上で定められたもの。

◆防火管理者の責務
(1) 消防計画の作成（消防長又は消防署長に届け出の義務がある）
(2) 消火・通報・避難訓練の実施
(3) 消防用設備類・消防用水・消火活動上必要な施設の点検・整備
(4) 火気の使用・取扱いに関する監督
(5) 避難又は防火上必要な構造・設備の維持管理
(6) 収容人員の管理・その他防火管理上必要な業務
※防火管理者は，総務省令に基づいて業務を遂行すること。
※必要に応じ管理権原者の指示を求め，誠実に職務を遂行すること。

◆統括防火管理者
* 1つの建物で管理の権原が分かれている場合において，建物全体の防火管理業務を統括する者をいう。
* 1つの建物を複数の防火管理者が共同で管理することを共同防火管理という。

◆統括防火管理者を選任する基準
① 高層建築物（高さ31mを超える建築物）
② (6)ロ及び(16)イのうち(6)ロの用途が存する防火対象物
　▶地階を除く階数が3以上で，収容人員が10人以上のもの
③ (16)ロの防火対象物
　▶地階を除く階数が5以上で，収容人員が50人以上のもの
④ 特定防火対象物（前記②のものを除く）
　▶地階を除く階数が3以上で，収容人員が30人以上のもの
⑤ 準地下街及び地下街（消防長又は消防署長が指定するもの）

第3章-1 消防関係法令─共通法令

（7）防火対象物の点検・報告

> **【問題22】** 消防法第8条の二の二に定める防火対象物の定期点検についての記述のうち，適切でないものはどれか。
>
> ⑴ 点検対象事項が点検基準に適合していると認められた防火対象物は，総務省令の定めにより表示をすることができる。
> ⑵ 特定防火対象物で収容人員が300人以上のものは，防火管理上必要な事項について点検をし，結果を報告しなければならない。
> ⑶ 特定1階段等防火対象物は，火災危険が大きいことから収容人員に関わりなく定期点検をし，その結果を報告しなければならない。
> ⑷ 一定の防火対象物の管理権原者は，防火管理上必要な事項について資格のある者に点検させ，結果を毎年1回報告する義務がある。

【解説と解答】 ━━━━━（消法8条の2の2，消令4条の2の2，消則4条の2の4）━
　下記に該当する防火対象物の**管理の権原者**は，防火管理上必要な事項について防火対象物点検資格者に点検をさせ，1年に1回その結果を消防長又は消防署長に報告することが定められています。

特定防火対象物のうち，次に該当するものが定期点検の対象となります。
　　▶**収容人員が300人以上のもの。**
　　▶**特定1階段等防火対象物**…⑹ロの用途が存するものは収容人員10名以上，
　　　　　　　　　　　　　　　その他の用途は収容人員30人以上

定期点検により点検基準に適合していると認められた場合は，総務省令で定めた表示をすることができます（図1）。

定期点検・報告の開始後，過去3年以内に**命令等の違反**や**管理権原者の変更**等がない場合は，申請により点検・報告の特例の認定を受けることができ，以後**3年間**について**定期点検・報告義務が免除**されます。
特例の認定を受けた場合，特例認定の表示をすることができます。（図2）
特定1階段等防火対象物には収容人員の基準があります。

　　　　　　　　　　　　　　　　　　　　　　　　　　　| 解答　⑶ |

【防火基準点検済証】　　　　**【防火優良認定証】**

図1

図2

※図1・図2とも，表示は義務ではありません。

特定1階段等防火対象物

　特定1階段等防火対象物とは，<u>屋内階段が1つで，1階・2階以外の階に特定防火対象物がある建物</u>をいいます。

　ただし，**屋外**に階段が設けられている場合は，**特定1階段等防火対象物**とはなりません。

　この種の建物は小規模ビルに最も多く，災害時に避難が容易でないことから**防火基準等の適用が非常に厳しいもの**となっています。

第3章-1
消防関係法令─共通法令

重要
ポイント

防火対象物の点検・報告

　定められた防火対象物の管理権原者は，資格を有する者に**防火上必要な事項**を点検させ，その結果を報告することが義務付けられています。

◆**定期点検と報告の基準**
　特定防火対象物で，次の**いずれかに該当**するものが対象
　① 収容人員が300人以上のもの。
　② 特定1階段等防火対象物…(6)ロの用途が存するものは収容人員10名以上，
　　　　　　　　　　　　　　　その他の用途は収容人員30人以上

- 期　　間：1年に1回
- 点検者：防火対象物点検資格者
- 報告先：消防長又は消防署長（消防本部を置かない場合；市町村長）

※点検基準に適合している場合は，定められた表示ができます。

◆**特例の認定**
　点検・報告の開始後，過去3年以内に**命令等の違反**や**管理権原者の変更**等がない場合は，申請により点検・報告の特例の認定を受けることができ，以後**3年間**について**点検・報告の義務**が免除される。
　※特例の認定を受けた場合，特例認定の表示をすることができます。

（8）消防用の設備等

【問題23】　消防法第17条第1項の政令で定める消防の用に供する設備についての記述のうち，誤っているものは次のうちどれか。

(1) 自動火災報知設備は警報設備の一種である。
(2) 誘導灯及び誘導標識は避難設備の一種である。
(3) 動力消防ポンプ設備は消火設備の一種である。
(4) スプリンクラー設備は消火活動上必要な施設の一種である。

【解説と解答】 ━━━━━━━━━━━━━━━━━ (消法17条，消令7条) ━

　政令で定める消防の用に供する設備とは，消防法施行令第7条において消火設備・警報設備・避難設備であると明記されています。

　上記設備及び消防法17条で定める**消防用水・消火活動上必要な施設**を総称して消防用設備等と呼んでいます。

〈消防用設備等〉

消火設備	消火器，簡易消火用具(水バケツ，水槽，乾燥砂，膨張ひる石，膨張真珠岩) 屋内消火栓設備，屋外消火栓設備，スプリンクラー設備， 水噴霧消火設備，泡消火設備，不活性ガス消火設備，粉末消火設備， ハロゲン化物消火設備，動力消防ポンプ設備
警報設備	自動火災報知設備，ガス漏れ火災警報設備，漏電火災警報器， 消防機関へ通報する火災報知設備， 非常警報器具(警鐘，携帯用拡声器，手動式サイレン，その他の非常警報器具) 非常警報設備(非常ベル，自動式サイレン，放送設備)
避難設備	避難はしご，救助袋，緩降機，すべり台，避難橋，その他の避難器具 誘導灯・誘導標識

消防用水	防火水槽，これに代わる貯水池，その他の用水
消火活動上必要な施設	排煙設備，連結散水設備，連結送水管， 非常コンセント設備，無線通信補助設備

　上表に照らして(1)(2)(3)は正しい記述をしていることが分かります。
　スプリンクラー設備は，消火設備として欠かせない設備です。
　消火活動上必要な施設は，主に消防隊の活動に関わる設備です。

解答　(4)

【問題24】　消防法施行令第7条に規定された消防用設備等の組み合わせ
のうち，誤っているものは次のうちどれか。

(1) 警報設備…自動火災報知設備，漏電火災警報器，非常ベル
(2) 消火設備…屋内消火栓設備，動力消防ポンプ設備，乾燥砂
(3) 避難設備…避難はしご，救助袋，誘導標識
(4) 消火活動上必要な施設…排煙設備，連結送水管，防火水槽

【解説と解答】

　消火活動上必要な施設に分類されている**防火水槽**は，消防用水に属する
設備・施設です。よって，(4)が誤りとなります。　　　　解答　(4)

【問題25】　消防の用に供する設備等とそれらを設置する防火対象物につ
いての記述のうち，不適切なものは次のうちどれか。

(1) 消防用設備等を技術基準に従って設置し，維持すべき防火対象物と
は，消防法施行令別表第一に掲げる防火対象物である。
(2) 消防用設備等と同等以上の性能を有し，設備等設置維持計画に従っ
て設置し，維持するものとして特殊消防用設備等がある。
(3) 防火対象物の所有者は，防火対象物に応じた消防用設備等を政令で
定める技術基準に従って設置し，維持しなければならない。
(4) 市町村は，その地方の気候や風土の特殊性を考慮し，消防用設備等
の技術基準に関する政令，命令等の規定と異なる規定を設けること
ができる。

【解説と解答】

　政令別表第一の一定規模以上の防火対象物が，消防用設備等の設置・維持の
対象となります。選択肢(1)(2)(4)は正しい記述をしております。
　(3)は，防火対象物の**所有者**ではなく関係者が正しい表記です。　　　解答　(3)

【問題26】　消防の用に供する設備等として認められる認定基準に関する記述について，誤っているものはどれか。

(1) 防火安全性能試験により安全性の確認が行われ，技術基準に適合するか否かの評価が行われる。
(2) 消防法施行令第7条に定める消火設備，警報設備，避難設備のうち，消防庁長官が認めるものは設置が認められる。
(3) 必要とされる防火安全性能を有する消防の用に供する設備として消防長又は消防署長が認めたものは設置が認められる。
(4) 消防用設備等と同等以上の性能を有し，設備等設置維持計画に従って設置し維持するものとして総務大臣が認定したものは設置が認められる。

【解説と解答】

　法規定だけにとらわれずに**防火安全性能**を評価し，一定基準以上のものは消防の用に供する設備として設置が認められます。

　消防の用に供する設備として認められる経路（ルート）が異なることから，ルートA，ルートB，ルートCとしています。（詳細は次ページ参照）

　(2)の**施行令第7条の設備**はすでに設置が認められた設備です。　　解答　(2)

【問題27】　消防の用に供される設備に必要とされる防火安全性能として，不適切なものは次のうちどれか。

(1) 初期拡大抑制性能
(2) 避難安全支援性能
(3) 設置維持支援性能
(4) 消防隊活動支援性能

【解説と解答】

　消防用設備等に必要な防火安全性能とは，(1) 初期拡大抑制性能，(2) 避難安全支援性能，(3) 消防隊活動支援性能をいいます。

　上記より，設置維持支援性能はありません。　　解答　(3)

重要
ポイント

消防用設備等

＊**消防用設備等**は，政令別表第一に掲げる防火対象物の一定規模以上のものに設置が義務付けられています。
＊**政令で定める消防の用に供する設備**とは，消防法施行令第7条で定めている消火設備・警報設備・避難設備をいいます。
＊**市町村**は，その地方の気候や風土の特殊性を考慮し，政令や命令と異なる規定いわゆる付加条例を設けることができます。
＊**消防用設備等**とは，上記の3設備および消防法17条で定める消防用水・消火活動上必要な施設の総称です。

◆**消防用設備の認定**
消防に用いる設備は，**法規定の設備**だけでなく防火安全性能を評価し，一定基準以上のものは設置が認められます。

① **法規定によるもの**（ルートA）。
　▶法令で定められた消火設備・警報設備・避難設備，消防用水・消火活動上必要な施設をいう。
　▶設備の例…消火器・屋内消火栓設備・スプリンクラー設備，自動火災報知設備，避難はしご・救助袋，防火水槽 等

② **必要な防火安全性能を有する設備等**（ルートB）
・必要とする防火安全性能を有する消防用の設備で，定められた技術基準等に適合すると消防長又は消防署長が認めるもの。
・設備の例：パッケージ型消火設備・パッケージ型自動消火設備 等

③ **大臣認定による特殊消防用設備等**（ルートC）
・特殊の消防用設備等で通常用いられる消防用設備等と同等以上の性能を有し，設備等設置維持計画に従って設置し，維持するものとして総務大臣が認定したもの。
・設備の例…閉鎖型ヘッドを用いた駐車場用消火設備・加圧防煙システム 等

◆**防火安全性能**
消防用設備等に必要な防火安全性能とは次の性能をいいます。
(1) 初期拡大抑制性能
　▶火災の発生や火災発生の危険性を早期に覚知又は感知し，初期消火を迅速に行い，火災の拡大を初期に抑制する性能
(2) 避難安全支援性能
　▶在館者が迅速・安全に避難することを支援するのに必要な性能
(3) 消防隊活動支援性能
　▶消防隊の安全・円滑な消防活動を支援するのに必要な性能

第3章-1
消防関係法令—共通法令

（9）消防用設備等の工事・検査

【問題28】　消防用設備等又は特殊消防用設備等の工事に関する記述について，誤っているものはどれか。

(1) 設置工事を行う防火対象物の関係者は，工事着手日の10日前までに消防長又は消防署長に着工届を提出しなければならない。
(2) 工事の着工届は，設置工事と同様に変更工事においても消防長又は消防署長に着工届を提出しなければならない。
(3) 防火対象物の関係者は，設置工事が完了した日から4日以内に消防長又は消防署長に設置届を提出しなければならない。
(4) 一定の防火対象物は設置届を提出した後に，当該設備等の検査を受けなければならない。

【解説と解答】━━━━━━━━━━━━━━━（消法17条の14，消則33条の18）━

　消防用の設備等又は特殊消防用設備等の**設置工事**又は**変更工事**をするときは，**着工届➡設置届➡設置検査**の手順で行います。

　着工届は，工事着手日の10日前までに工事に関わる**甲種消防設備士**が消防長又は消防署長に提出します。

　設置届は，工事の完了日から4日以内に，**防火対象物の関係者**が消防長又は消防署長に届け出をします。
　設置届は個々の防火対象物に消防用設備等を設置したことの届けであるので，**防火対象物の関係者**が届書を提出します。注意！

　検査は，定められた**防火対象物**が対象となります（次頁参照）。
設備等が技術基準に適合している場合は「**検査済証**」が交付されます。
(1)の着工届は，工事に関わる**甲種消防設備士**が行います。　　　　　|解答　(1)|

＊市町村は，その地方の気候・風土の特殊性を考慮し，消防の用に供する設備等に関する政令・命令等の規定と異なる規定を設けることができます。これに基づいて定められる市町村条例を付加条例といいます。

【問題29】　消防用設備等又は特殊消防用設備等の検査についての記述の
うち，誤っているものはどれか。

(1) 特定防火対象物で延面積300㎡以上のものは検査対象である。

(2) 特定１階段等防火対象物は延面積に関係なく検査対象である。

(3) 非特定防火対象物であっても，検査の対象となることがある。

(4) ５階建ての旅館に設置された非常警報器具は検査の対象である。

【解説と解答】　━━━━━━━━━━━━━（消法17条の３の２，消令35）━

次の防火対象物が設置後の**検査**の対象となります。

１．① 令別表第一(2)ニ，(5)イ，(6)イ(1)〜(3)，(6)ロに掲げるもの。

　　② 令別表第一(6)ハ（入居又は宿泊させるもの）

　　③ 令別表第一(16)イ・(16)の２・３のうち，上記①②が存するもの。

２．**特定防火対象物で延面積が300 m²以上のもの**（上記①②を除く）。

３．**非特定防火対象物で延面積が300 m²以上のもの**で，消防長又は消防署長が
　　指定したもの。

４．**特定１階段等防火対象物**（この項では，特定用途が避難階以外に存するもの）

　設置された防火対象物の種類に関係なく，**簡易消火用具・非常警報器具**及び
省令で定める舟車は，検査を受ける必要がありません。　　　　|解答　(4)|

重要
ポイント

設置工事

消防用の設備等又は特殊消防用設備等の**設置工事**又は**変更工事**をするときは，
着工届➡設置届➡設置検査の手順で行います。

◆**着工届**…工事着手日の10日前までに工事に関わる**甲種消防設備士**が消防長又は消防署
　　　　　長に提出する。

◆**設置届**…工事の完了日から４日以内に，**防火対象物の関係者**が消防長又は消防署長に
　　　　　届け出をする。
　　　　　※届出の義務者が**防火対象物の関係者**であることに注意！

◆**検　査**…定められた防火対象物が検査の対象となる。
　　　　　技術基準に適合している場合は**検査済証**が交付される。

＊**検査が必要ない設備等**…簡易消火用具・非常警報器具，及び規則で定める**舟車**は検査
　　　　　の必要がない。

(10) 新基準への対応

【問題30】　消防用設備等の技術上の基準に関る規定が変更され，新たに施行又は適用される際の措置として正しくないものはどれか。

　(1) 既存の防火対象物に設置された簡易消火用具は，適用除外の特例により，従前の規定が適用される。

　(2) 新規定の施行又は適用の際，既存の防火対象物に設置された消防用設備等が適合しない場合は，従前の規定を適用する。

　(3) 新規定の施行後に床面積の合計が1000 ㎡以上の改築をするものは，新たな規定に適合させなければならない。

　(4) 新築，改築等の工事中の防火対象物の消防用設備等が，新規定に適合しない場合は，従前の規定を適用する。

【解説と解答】　━━━━━━━━━（消法17条の2の5，消令34条〜34条の2）━

　消防用設備等の技術上の基準に係る新規定が施行又は適用される場合，消防用設備等には次のような適用除外が定められています。

新規定に適合させなくて良いもの

　(1) 既存の防火対象物の消防用設備等が，新規定に適合しないときは新規定を適用せず，従前の規定を適用する（不遡及の原則）。

　(2) 現に新築・増築・改築・移転・修繕・模様替えの工事中の防火対象物の消防用設備等が新規定に適合しないときは，従前の規定を適用する。

新規定に適合させなければならないもの

消防用設備類
・消火器・簡易消火用具・避難器具・漏電火災警報器
・非常警報器具，非常警報設備・誘導灯，誘導標識
・自動火災報知設備（重要文化財等，特定防火対象物に設置するもの）
・ガス漏れ火災警報設備 (・一定の地下街，準地下街に設けるもの)
　　　　　　　　　　　　(・温泉採取施設に設けるもの)

防火対象物
▶従前の規定に違反しているもの
▶特定防火対象物
▶消防用設備等が新規定の対象となった場合

▶規定施行後の増築・改築で，床面積の合計が1000 ㎡以上又は防火対象物の
延面積の2分の1以上となるもの
（大規模修繕・模様替えとは，主要構造壁の**過半の修繕又は模様替え**をいう）
(1)の簡易消火用具は，新規定に適合させる設備等です。　　　　　　解答　(1)

【問題31】　消防用設備等の技術上の基準が変更された場合，新基準に適
合させなければならないものとして正しいものはどれか。

　　　　(1) 屋内消火栓設備　　　　　　(2) 粉末消火設備
　　　　(3) スプリンクラー設備　　　　(4) 救助袋

【解説と解答】

新規定に適合させる設備等を整理して下さい。
新規定に適合義務のある避難器具の救助袋が解答となります。　　解答　(4)

第3章-1
消防関係法令─共通法令

重要
ポイント

新基準への対応

　消防用設備等の技術上の基準に係る新規定ができた場合，新規定に適合させるもの
と，適合させなくて良いものに整理します。
◆新規定に適合させなくて良いもの
　(1) 既存の防火対象物の消防用設備等が，新規定に適合しないときは新規定を適用せ
　　ず，従前の規定を適用する（不遡及の原則）。
　(2) 現に新築・増築・改築・移転・修繕・模様替えの工事中の防火対象物の消防用設
　　備等が新規定に適合しないときは，従前の規定を適用する。
◆新規定に適合させるもの
[消防用設備類]
　・消火器・簡易消火用具・避難器具・漏電火災警報器
　・非常警報器具，非常警報設備・誘導灯，誘導標識
　・自動火災報知設備（重要文化財等，特定防火対象物に設置するもの）
　・ガス漏れ火災警報設備（・一定の地下街，準地下街に設けるもの）
　　　　　　　　　　　　　（・温泉採取施設に設けるもの）
[防火対象物]
　▶従前の規定に違反しているもの。
　▶特定防火対象物
　▶消防用設備等が新規定の対象となったもの。
　▶規定施行後の増築・改築で床面積の合計が1000 m²以上，又は防火対象物の延べ面
　　積の2分の1以上となるもの。主要構造壁の**過半**となる大規模修繕・模様替えを行
　　うもの。

(11) 定期点検・報告

【問題32】 消防用設備等を消防設備士又は資格を有する者に点検させなければならない防火対象物として，誤っているものはどれか。

(1) 特定1階段等防火対象物

(2) 特定防火対象物で延べ面積が1000㎡以上のもの。

(3) 政令別表第一（20）項に掲げる総務省令で定める舟車

(4) 非特定防火対象物の延べ面積が1000㎡以上で，消防長又は消防署長等から指定されたもの。

【解説と解答】　━━━━━━（消法17条の3の3，消令36条，消則31条の6）━

　防火対象物の関係者は，設置した消防用設備等又は特殊消防用設備等を**定期に点検**し，**技術基準を常に維持**することが義務付けられています。

　また，次の防火対象物は消防設備士又は消防設備点検資格者に点検させなければならないことが定められています。

　① 特定防火対象物で，延面積が1000㎡以上のもの。

　② 非特定防火対象物の延面積が1000㎡以上で，消防長又は消防署長から火災予防上必要があるとして指定されたもの。

　③ **特定1階段等防火対象物**

　上記以外は防火対象物の**関係者自らが点検し，報告**することができます。

　(3)の政令別表第一（20）項の総務省令で定める舟車は，唯一，点検義務から除外されています。

　よって，(3)が誤りとなります。　　　　　　　　　　　　　　　|解答　(3)|

【問題33】 消防用設備等又は特殊消火設備等の点検結果の報告期間についての組み合わせのうち，正しいものはどれか。

　　(1) 博物館　…　1年に1回

　　(2) 映画館　…　1年に1回

　　(3) 百貨店　…　3年に1回

　　(4) 飲食店　…　3年に1回

【解説と解答】

点検結果の報告は，下記区分に従い消防長又は消防署長に行います。

- **・特定防火対象物** 　：１年に１回
- **・特定防火対象物以外**：３年に１回

(1) 博物館（特定防火対象物以外），(2)(3)(4)（特定防火対象物）

したがって，(2) の映画館が正解となります。
| 解答　(2) |

【問題34】　消防用設備等又は特殊消火設備等の定期点検についての記述のうち，誤っているものはどれか。

(1) 消防用設備等の点検は，種類及び点検内容に応じ，１年以内で消防庁長官が定める期間ごとに行わなければならない。

(2) 点検に携る消防設備士又は点検資格者は，定期点検を適正に行い，その結果を消防長又は消防署長に報告しなければならない。

(3) ６か月ごとに行う機器点検は，消防用設備や機器等の配置，損傷の有無及び簡易な操作による機能の確認等を行う点検である。

(4) 特殊消防用設備等は，設備等設置維持計画に定める点検期間ごとに点検を行い，それに定められた報告期間ごとに報告を行う。

【解説と解答】

定期点検には**機器点検**と**総合点検**があり，次のような流れになります。

$$\boxed{定期点検} \Rightarrow \boxed{維持台帳に記録} \Rightarrow \boxed{報告}$$

機器点検：６か月ごとに，消防用設備・機器等の配置，損傷の有無，簡易操作による機能の確認等を行います。

総合点検：１年ごとに，消防用設備・機器等の全部又は一部を作動させ，又は設備・機器等を使用することにより，総合的な機能を点検します。

点検結果は「維持台帳」に記録し，必ず残します。

(2) の点検結果の報告義務者は，**防火対象物の関係者**です。
| 解答　(2) |

【問題35】　**消防用設備等又は特殊消防用設備等の定期点検及び報告に**ついての記述のうち，**誤っているものはどれか。**

(1) 消防本部を設けない市町村においては，消防用設備等の点検報告は当該市町村長に行わなければならない。

(2) 特殊消防用設備等の点検及び報告は，通常用いられる消防用設備等の規定に関わらず，設備等設置維持計画に基づいて行われる。

(3) 防火対象物の関係者は定期に消防用設備等の点検を行い，その結果を遅滞なく消防機関へ報告しなければならない。

(4) 消防設備士など有資格者の点検が定められた防火対象物以外は，防火対象物の関係者自らが点検し，結果を報告することができる。

【解説と解答】

　消防用設備等の定期点検のうち比較的あいまいになりがちな部分について，再確認をするための問題です。

(1)○　消防本部を置かない市町村では市町村長になります。

(2)○　特殊消防用設備等は，設備等設置維持計画に従って設置され，維持されます。

(3)×　報告期間は，特定防火対象物は1年に1回，特定防火対象物以外は3年に1回と定められています。

(4)○　資格者の点検が定められたもの以外は，防火対象物の関係者自らが点検し報告することができます。　　　　　　　　　　　　　　│解答　(3)│

消防用設備等・特殊消防用設備等

▶**消防用設備等**は，消防法第17条，第1項・第2項に基づいて**政令で定める技術上の基準**に従って設置され維持されます。

▶特殊**消防用設備等**は，消防法第17条，第3項に基づいて，**設備等設置維持計画**に従って設置され維持されます。

（消防用設備等と特殊消防用設備等の法令の適用根拠に注意！）

重要
ポイント

定期点検

　防火対象物の**関係者**には，設置した**消防用設備等**又は**特殊消防用設備等**を定期に点検し，技術水準を維持する**義務**があります。

◆**定期点検が必要なもの**：政令別表第一の（20）項以外のもの
◆**定期点検の種類**
　定期点検には機器点検と総合点検があり，点検結果を維持台帳に記録するとともに消防長又は消防署長に報告します。

定期点検 ➡ 維持台帳に記録 ➡ 報　告

機器点検：6 か月ごとに，消防用設備・機器等の配置，損傷の有無，簡易操作による機能の確認等を行う。

総合点検：1 年ごとに，消防用設備・機器等の全部又は一部を作動させ，又は設備・機器等を使用することにより，総合的な機能を点検する。

◆**資格者に限られる点検**
　次の点検は消防設備士又は消防設備点検資格者に限られます。
① **特定防火対象物**で，延面積が1000 m^{2}以上のもの。
② **非特定防火対象物**の延面積が1000 m^{2}以上で，消防長又は消防署長から指定されたもの。
③ **特定1階段等防火対象物**
　※上記以外は，防火対象物の**関係者自ら**が点検し報告ができる。
◆**報告の期間**
　点検結果の報告は，下記区分に従い**消防長又は消防署長**に行う。
特定防火対象物　　　：1 年に 1 回
特定防火対象物以外：3 年に 1 回

(12)　検定制度

【問題36】　消防用機械器具等の検定に関する記述のうち，誤っているものはどれか。

(1) 型式承認とは，検定対象機械器具等の型式に関わる形状，構造，材質，成分及び性能が総務省令で定める技術上の基準に適合している旨の総務大臣が行う承認をいう。

(2) 型式承認の印があるものについては，型式適合検定の届出をすることにより，当該器具を工事に限り使用することができる。

(3) 型式適合検定とは，個々の検定対象機械器具等が型式承認を得た内容と同一であるか否かについて行う検定をいい，日本消防検定協会又は登録検定機関が行う。

(4) 型式適合検定に合格したものには合格証が付されるが，合格証のないものは販売できず，販売を目的とした陳列もできない。

【解説と解答】━━━━━━━（消法21条の2，消令37条，消則34条の3，省令）━

　消防に用いる機械器具・設備，消火薬剤・防火液等は，**火災予防・消火・人命救助**等に重大な影響を及ぼすことから，国において**検定**が行われます。

　検定は下記の2段階で行われます。

① 型式承認：**総務大臣が承認**を行う。
- 検定対象機械器具等の形状・材質，成分・性能等が，総務省令で定める技術上の規格に適合していることを確認して承認する。

② 型式適合検定：**日本消防検定協会**又は**登録検定機関**が行う。
- 製造された検定対象機械器具等が，型式承認を受けた形状等に適合しているかを総務省令で定めた方法で確認する検定をいう。

　型式承認を受け，**型式適合検定に合格**したものには**合格証**が付されます。

　合格表示が無いものは，販売し，販売目的で陳列し，又は工事に使用することが禁止されています。

解答　(2)

[合格証]：検定品の種類と対応する**合格証の大きさに注意！**

├─ 10 mm ─┤	├─ 12 mm ─┤	├─ 15 mm ─┤	├─ 3 mm ─┤	├─ 8 mm ─┤

・消火器
・金属製避難はしご
・火災報知設備の
　感知器，発信機
・中継器，受信機

・緩降機

・消火器用消火薬剤
・泡消火薬剤

・閉鎖型スプリ
　ンクラーヘッド

・流水検知装置
・一斉開放弁
・住宅用防災警報器

不正の合格表示・合格証と紛らわしい表示をしている場合は，消防長又は消防署長は，防火対象物の権限者に**表示の除去**を命じることができます。

【問題37】 次に掲げる消防用機械器具等のうち，検定の対象とされていないものはどれか。

　(1) 消火器　　　　(2) 火災報知設備の中継器
　(3) 住宅用防災警報器　　(4) 開放型スプリンクラーヘッド

【解説と解答】

次のものが検定対象品です。

・消火器・消火器用薬剤（CO_2を除く）
・泡消火薬剤（水溶性液体用を除く）
・火災報知設備（の感知器 発信機 中継器 受信機）
・ガス漏れ火災警報設備（の中継器 受信機）
・閉鎖型スプリンクラーヘッド
・一斉開放弁（内径300 mm 以内のもの）
・流水検知装置（スプリンクラー 水噴霧 泡消火設備 に使用するもの）
・金属製避難はしご　　・緩降機　　・住宅用防災警報器

住宅用防災警報器は寝室・階段などの壁や天井に設置し，住宅火災による人的被害の予防のために設置される**感知器**と**警報器**が一体のものです。

(4)の**スプリンクラーヘッド**には閉鎖型と開放型の2種類があり，閉鎖型ヘッドは検定対象ですが，開放型ヘッドは検定の対象外です。

この種の問題にはよくあるパターンです。　　　　解答　(4)

【問題38】 消防の用に供する機械器具等についての記述のうち，正しくないものはどれか。

(1) 船舶安全法に基づく検査又は試験に合格した消火器であっても消防法で定める検定を受けなければならない。

(2) 検定制度の他に消防用の機械器具等を用いるにあたり，技術基準等にてらし自主表示，認定，性能評定などの評価が行われる。

(3) 型式承認を受けようとする者は，あらかじめ，日本消防検定協会又は登録検定機関の行う検定対象機械器具等についての試験を受けなければならない。

(4) 検定対象機械器具等以外のものであっても，火災予防，人命救助等に重大な影響のあるものは一定基準以上のものを使用することが定められている。

【解説と解答】

検定対象以外であっても一定基準以上のものの使用が定められています。

検定の他に次のようなものがあり，日本消防検定協会又は登録認定機関において，認定・性能評定などの業務を行っています。

① 自主表示：動力消防ポンプ，消防用吸管，消防用ホース 等
  • 自主表示対象機械器具等の製造業者・輸入業者は，形状等が技術上の規格に適合している場合，自らその旨の表示ができる制度をいう。
  • 技術上の規格の例 「動力消防ポンプの技術上の規格を定める省令」
                「消防用吸管の技術上の規格を定める省令」等

② 認　定：パッケージ型消火設備，非常警報設備の放送設備 等
  • 消防用機械器具等に係る技術上の基準等に適合しているかどうかを判定し，適合している旨の表示をする。認定証が付される。

③ 性能評定：粉末自動消火装置，非常通報装置，避難ロープ装置 等
  • 特に技術上の基準の定めのないものについて，一定以上の性能を有するか否かの判定を行う制度が性能評定である。評定証が付される。

船舶安全法，航空法に基づく検査又は試験に合格したものは，検定対象から除外されます。

解答 (1)

【自主表示・認定・評定の例】

自主表示　　　　　　　　認定証　　　評定証

> **重要ポイント**

検定制度

消防に用いる機械器具・設備，消火薬剤・防火液等は火災予防・消火・人命救助等に重大な影響を及ぼすことから，国において**検定**が行われます。

◆**検　定**：検定は下記の2段階で行われます。

① 型式承認：**総務大臣**が承認を行う。
- 検定対象機械器具等の形状等が総務省令で定める技術上の規格に適合していることを判定し，適合品を承認する。

② 型式適合検定：**日本消防検定協会・登録検定機関**が行う。
- 型式承認を受けた形状等に適合しているかどうかを総務省令で定める方法によって確認する検定をいう。
- **型式承認**を受け**型式適合検定**に**合格**したものには**合格証**を付す。
- **型式適合検定合格表示が無い**検定対象機械器具等は，販売・販売目的の陳列及び工事に使用することが禁止されている。

◆**自主表示**：動力消防ポンプ，消防用吸管，消防用ホース 等
- 自主表示対象機械器具等の製造業者・輸入業者は，形状等が技術上の規格に適合している場合，自らその旨の表示ができる制度。
- 技術上の規格「動力消防ポンプの技術上の規格を定める省令」
　　　　　　　　　「消防用吸管の技術上の規格を定める省令」等
- 自主表示をする製造業者・輸入業者は，予め，総務大臣に届け出る。

◆**認　定**：パッケージ型消火設備，非常警報設備の放送設備 等
- 消防用機械器具等に係る技術上の基準等に適合しているかどうかを判定し，適合している旨の表示をする。認定証が付される。
- 日本消防検定協会，登録認定機関 が認定を行う。

◆**性能評定**：粉末自動消火装置，非常通報装置，避難ロープ装置 等
- 特に技術上の基準の定めのないものについて，一定以上の性能を有するかを判定する制度が性能評定である。評定証が付される。

(13) 消防設備士

【問題39】　消防設備士免状についての記述のうち，正しいものは次のうちどれか。

(1) 消防設備士免状の交付を受けようとする者は，住所地を管轄する都道府県知事に申請しなければならない。

(2) 消防設備士免状を亡失，滅失，汚損又は破損した場合は，当該免状の再交付を申請しなければならない。

(3) 免状に貼付した写真が10年を経過したとき，記載事項に変更が生じたときは，書換えの手続きをしなければならない。

(4) 免状は，いずれの都道府県でも有効であるが，政令指定都市における工事は，一定の手続きをしなければならない。

【解説と解答】━━━━━━━━　（消法17条の5，消令36条の2，消則33条の2）━

消防設備士免状は，試験を実施した都道府県知事が交付します。

免状を亡失・滅失・汚損・破損した時は，再交付の申請ができますが，免状の再交付は義務ではありません。

(3)は，免状の記載事項の変更ですから，書換えの手続きが必要です。

(4)免状はいずれの都道府県でも有効で，手続き等は一切ない。　　解答　(3)

【問題40】　消防法施行令第36条の4に定める，消防設備士免状の記載事項に該当しないものは，次のうちどれか。

(1) 免状の交付年月日　　(2) 住所又は居所
(3) 氏名及び生年月日　　(4) 免状の種類

【解説と解答】━━━━

免状の記載事項には次のようなものがあります。

・免状の交付年月日及び交付番号
・氏名及び生年月日
・免状の種類
・本籍地の属する都道府県
・過去10年以内に撮影した写真

免状は都道府県知事の主管であり，住所は関係ありません。　　解答　(2)

〈**免状に関する手続き**〉　免状に関わる申請先は都道府県知事です。

交　付	免状の交付申請 ・試験の合格を証する書類を添付する。	＜都道府県知事＞ 合格地
書換え	記載事項の変更（氏名・本籍の変更） ・遅滞なく申請する。 貼付した写真が10年を経過したとき	＜都道府県知事＞ 居住地　又は 勤務地・交付地
再交付	亡失・滅失したとき ・免状が見つかった場合は10日以内に亡失 　した免状を提出する。 汚損・破損したとき ・当該免状を添えて申請する。	＜都道府県知事＞ 交付地　又は 書換え地

第3章-1
消防関係法令─共通法令

【問題41】　消防設備士に関わる記述のうち，不適切なものはどれか。

(1) 消防設備士免状の記載事項に変更が生じたので，勤務先の都道府県知事に変更のための申請をした。

(2) 消防設備士の資格を有する者であっても，消防の用に供する設備等の工事及び整備を行うことについて制限がある。

(3) 消防設備士の誠実業務実施義務，就業時の免状携帯義務，法定講習の受講義務，これらの違反は免状の返納命令の対象となる。

(4) 義務設置の消防設備を消防設備士の資格を有する者が立ち会い，資格者の指示により資格のない者が消防設備の点検をした。

【解説と解答】

(1) ○　書換え手続きは居住地・勤務地・交付地のいずれでもできます。

(2) ○　安全性確保のため，電源・水源・配管工事などは専門的知識を有する者に認められています。

(3) ○　三大義務の義務違反は，免状の返納命令の対象となります。

(4) ×　資格者が直接点検をする必要があります。ただし，点検のための補助者を使用することは可能です。　　　　　　　　　　　解答　(4)

【問題42】　消防設備士でなくてもできる工事及び整備として誤っている
　　ものは次のうちどれか。

　(1) 屋内消火栓のノズルを交換する行為
　(2) 消防用設備類等の表示灯の交換をする行為
　(3) 自動火災報知設備の電源の配線を交換する行為
　(4) スプリンクラー設備の閉鎖型ヘッドを交換する行為

【解説と解答】

　消防法第17条の5において消防設備士の独占的工事・整備が定められ，その
業務範囲は消防法施行令第36条の2，消防法施行規則第33条の2に於いて規定
されています。
　消防設備士でなくてもできる工事・整備は次のように定められています。
　・第1類の消火設備の設置工事のうち電源・水源・配管に係る部分
　・第2類（泡消火設備）・第3類（ガス系消火設備）・第4類（警報設備）の
　　電源部分
　・消火栓のホース・ノズル・ヒューズ類・ねじ類等の部品の交換
　・消火栓箱・ホース格納箱の補修その他これらに類するもの
　スプリンクラーヘッドの交換や取り付けは，スプリンクラー設備の消火能力
に大きな影響を及ぼす行為で，消防用設備等の整備にあたることから消防設備
士以外の者は行うことができません。　　　　　　　　　　　　　　　　解答　(4)

【問題43】　消防関係法令で設置が義務付けられている消防用設備等のう
　　ち，消防設備士でなくてはならない工事は次のどれか。

　(1) 物販店に消火器を設置する工事
　(2) 病院に粉末消火設備を設置する工事
　(3) 工場に漏電火災警報器を設置する工事
　(4) 劇場に非常コンセント設備を設置する工事

【解説と解答】

　第6類設備の**消火器**，第7類設備の**漏電火災警報器**は，乙種消防設備士免状の範囲となることから業務範囲は**整備のみ**となります。

　従って，設置工事については消防設備士である必要はありません。

　⑵の粉末消火設備は第3類の消火設備であることから，設置工事については当然に第3類甲種消防設備士の業務となります。　　　　　　解答　⑵

【問題44】　義務設置の消防用設備等の変更工事に於いて，消防設備士でなくても行えるものはどれか。

　⑴　泡消火設備の配管部分
　⑵　粉末消火栓設備の配管部分
　⑶　スプリンクラー設備の配管部分
　⑷　ハロゲン化物消火設備の配管部分

【解説と解答】

　変更工事，設置工事いずれも消防設備士の業務の工事にあたります。

　下表「免状区分と業務範囲」から，⑶が正解となります。　　解答　⑶

〈**免状の区分と業務範囲**〉

[免状の種類]

区　分	消防設備士に限られるもの	指定のないもの	甲種	乙種
特　類	特殊消防用設備等	・電源・水源・配管 （消防庁長官が指定）	○	―
第1類	屋内消火栓設備，屋外消火栓設備 水噴霧消火設備 スプリンクラー設備	・電源・水源・配管 に関わる工事	○	○
第2類	泡消火栓設備	・電源工事	○	○
第3類	不活性ガス消火設備 粉末消火設備 ハロゲン化物消火設備	・電源工事	○	○
第4類	自動火災報知設備 ガス漏れ火災警報設備 消防機関へ通報する火災報知設備	・電源工事	○	○
第5類	金属製避難はしご（固定式）， 救助袋，緩降機		○	○
第6類	消火器　　　　　[整備のみ]		―	○
第7類	漏電火災警報器　[整備のみ]		―	○

【問題45】　消防設備士の責務及び義務について，正しいものはどれか。

⑴　消防設備士は，予測できない非常事態に備えて，常に免状を携帯しなければならない。

⑵　消防設備士は業務を誠実に行い，工事整備対象設備等の質の向上に努めなければならない。

⑶　都道府県知事が行う工事整備対象設備等に関する講習は，前回受けた講習後5年経過ごとに受講しなければならない。

⑷　工事整備対象設備等に関する講習は，消防設備士免状の交付を受けた都道府県で受講しなければならない。

【解説と解答】

　消防設備士の重要な義務違反は**免状の返納命令**の対象となります。

⑴　×　業務に従事する時は免状の携帯義務があります。

⑵　○　消防設備士の**誠実業務実施義務**についての正しい記述です。

⑶　×　都道府県知事が行う法定講習の受講は，免状の交付日以後の最初の4月1日から2年以内，その後は，法定講習を受けた日以後の最初の4月1日から5年以内ごとに受講する定めとなっています。

⑷　×　法定講習は，いずれの都道府県でも受講できます。　　　　　|解答　⑵|

【問題46】　消防設備士の法令等の違反に対する措置について，誤っているものはどれか。

⑴　違反事項は，消防設備士違反処理台帳で管理が行われる。

⑵　違反に対する措置点数は，基礎点数に事故点数が加算される。

⑶　免状返納命令の前段的な行政指導として消防機関から違反者に対して違反事項通知書が送達される。

⑷　措置点数が30点以上に達すると都道府県知事が聴聞を行い，免状返納命令又は厳重注意命令が決定される。

【解説と解答】

違反に対しては消防設備士違反処理台帳で管理が行われています。

措置点数（違反点数）が20点以上に達すると，都道府県知事が聴聞を行い，免状返納命令又は厳重注意命令が決定されます。

措置点数＝（基礎点数＋事故点数）となります。　　　解答　(4)

> **重要ポイント**
>
> ## 消防設備士
>
> ◆**消防設備士免状**に関わる手続きの申請先は都道府県知事です。
> ① **交　付**：**試験合格地**の都道府県知事（合格を証する書類を添付する）
> ② **書換え**：**居住地又は勤務地・交付地**の都道府県知事に申請する。
> 　・記載事項の変更（氏名・本籍の変更）
> 　・顔写真が10年を経過したとき
> ③ **再交付**：**交付地**又は**書換え地**の都道府県知事に申請する。
> 　・亡失・滅失したとき
> 　　※免状を発見した時は10日以内に亡失した免状を提出する。
> 　・汚損・破損したとき（当該免状を添えて申請する）
> ◆**消防設備士でなくてもできる工事・整備**
> 　・水系消火設備（第1類）の電源・水源・配管工事
> 　・泡消火設備・ガス系消火設備・警報設備の電源工事
> 　・消火栓のホース・ノズルの交換，ヒューズ類・ねじ類等の軽微な部品の交換
> 　・消火栓箱・ホース格納箱の補修，その他これらに類する行為
> ◆**消防設備士の責務・義務**
> (1) **免状の携帯義務**：業務に従事する時は免状を携帯する。
> (2) **誠実業務実施義務**：業務を誠実に行い工事整備対象設備等の質の向上に努めなければならない。
> (3) **法定講習の受講義務**：都道府県知事が行う工事整備対象設備等に関する講習を受講しなければならない。
> 　・法定講習は，免状の交付日以後の最初の4月1日から2年以内その後は，法定講習を受けた日以後の最初の4月1日から5年以内ごとに受講する。
> ◆**消防設備士の違反に対する措置**
> 　・違反事項は，消防設備士違反処理台帳で管理が行われる。
> 　・措置点数（違反点数）が20点以上に達すると，都道府県知事が聴聞を行い，免状返納命令又は厳重注意命令が決定される。
> 　・措置点数＝（基礎点数＋事故点数）となる。

(14) 危険物

【問題47】　危険物についての記述のうち，誤っているものは次のうちどれか。

(1) 第4類危険物には可燃性液体の危険物が分類されている。

(2) 危険物は，その性質及び危険性により，第1類から第6類に分類されている。

(3) 危険物の指定数量とは，危険物の危険性を勘案して，政令で定めた数量をいう。

(4) 危険物とは，消防法別表の品名欄に掲げる物質で，別表の性質欄に掲げる性状を有するものをいう。

【解説と解答】━━━━━━━━━━━━━━━━━━━━━━━（消法10条～）━

第4類危険物は**引火性液体**が分類されており，(1)が誤りとなります。

(2)(3)(4)は正しい記述をしています。

解答　(1)

【問題48】　危険物取扱者について，誤った記述は次のうちどれか。

(1) 危険物取扱者とは危険物の取扱いができる免状を受けている者をいい，免状区分には甲種，乙種，丙種危険物取扱者がある。

(2) 甲種危険物取扱者は全類の危険物の取扱いと定期点検，及び保安の監督ができる。

(3) 丙種危険物取扱者は，特定の危険物の取扱いと定期点検，及び保安の監督ができる。

(4) 甲種又は乙種危険物取扱者が立ち会えば，危険物取扱者免状を有していない一般の者も危険物の取扱いと定期点検ができる。

【解説と解答】

丙種危険物取扱者は，定められた特定の危険物の取扱いと定期点検はできますが保安の監督（立ち合い）はできません。

解答　(3)

第3章-2

◉消防関係法令 - 類別・設置基準◉

● 「消防関係法令・類別」の項は，第5類の消防設備である
避難器具の**設置基準**がテーマとなる部分です。
実技試験に直結した**重要な部分**です。

●避難器具の設置手順は次のようになります。
　① その階の用途を確認し，収容人員を算出する。
　② 必要な設置個数を算出する。
　③ 適応する避難器具を選定する。
　④ 設置しに適した設置場所を選定し，設置する。

＊以上が設置手順の概要です。問題練習を通して設置基準に
　関する知識を確実なものにしてください。

（1）用　語

【問題49】 避難器具等の設置に関わる用語の意義についての記述のうち，正しいものはいくつあるか。

A　避難階段とは，1階に直接通じている階段をいう。

B　避難階とは，避難器具が設置されている階をいう。

C　開口部とは，採光，換気，通風，出入り等のために設けられた出入口，窓などをいう。

D　無窓階とは，避難又は消火活動に有効な開口部が規定された基準に満たない階をいう。

(1)　1つ　　　　　(2)　2つ　　　　　(3)　3つ　　　　　(4)　4つ

【解説と解答】━━━━━━━（消令 第8条・第25条，消則 第26条・第27条）━
　避難器具の設置に必要な**用語の定義**です。確実な知識としてください。

A　×　**避難階段**は建築基準法施行令で定める階段で，火災時などに火炎や煙の侵入を防ぎ安全に避難できる構造をした階段をいいます。

B　×　**避難階**（ひなんかい）とは，直接地上に通じる出入口のある階をいいます。

C　○　**開口部**は，開口すると避難や消防活動ができる部分です。

D　○　**無窓階**（むそうかい）については記述のとおりで，有効な大きさの開口部が基準以上ある場合は**普通階**といいます。　　　　　　　　　　　　解答　(2)

【問題50】 建物の階段に関する記述について，誤っているものはどれか。

(1)　階段室とは，階段のたて穴区画のことをいう。

(2)　直通階段とは，避難階又は1階に直接通じている階段をいう。

(3)　避難階段には，屋内に設けるもの及び屋外に設けるものがある。

(4)　特別避難階段は，避難の安全性をさらに高める必要があることから屋外に設けられる。

【解説と解答】 ━━━━━━━━━━━━ （建築基準法施行令 第123条）━

　火災の際に階段内に火炎や煙の侵入を防ぎ，安全に避難できる構造としたものが**避難階段**です。避難階段は建築基準法施行令で定める階段で，**屋内避難階段・特別避難階段・屋外避難階段**があります。

　特別避難階段は避難階段の安全性をさらに高めた階段のことで，内装・予備電源付照明設備・排煙設備等の規制を強化し，**屋内避難階段＋附室（又はバルコニー）**の構造をしています。

　直通階段とは，**避難階**又は**1階**に直接通じている階段をいいます。

　階段の**種類**と**数**により避難器具の設置個数が**緩和**される場合があるので，階段の種類と数には注意しましょう。

　屋外階段を特別避難階段とすることはありません。　　　　　解答　(4)

消防庁長官の定める部分を有する階段
（消防長告示 7 号の屋内避難階段）

　屋内階段のうち，各階や階段の中間部ごとに，次の要件に適合する外気に開放された排煙上有効な開口部がある階段は屋内避難階段として認められる。

① 外気に開放された**開口部の面積が 2 m² 以上**あること。

② 階段に**垂れ壁がないこと**（左図）。

　　但し，最上階に垂れ壁がある場合，天井の位置に500 cm²以上の外気に開放された**排煙上有効な開口部がある場合**は認められる（右図）。

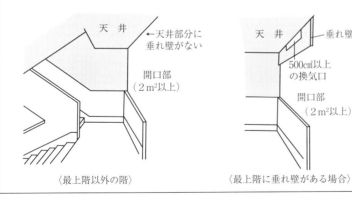

〈最上階以外の階〉　　　　　〈最上階に垂れ壁がある場合〉

【問題51】　消防関係法令における**無窓階及び普通階**について，**正しい記述のものはどれか。**

(1) 無窓階又は普通階であるかは，建物の規模及びその階の開口部の大きさ等により判定される。

(2) 建物の7階において，直径1m以上の円が内接できる大きさの開口部が2つある場合は普通階である。

(3) 建築物の地上階のうち，総務省令で定める避難上又は消火活動上有効な開口部を有しない階を無窓階という。

(4) 普通階又は無窓階を判定するための開口部の基準は，建築物の10階を基準として定められている。

【解説と解答】　　　　　　　　　　　　　　　（消令第10条1項5号，消則第5条の3）

　開放できる窓・扉など開口部の大きさ・数・構造は，避難や消防活動に大きな影響があることから，**開口部の基準**が定められています。

　消防法令では開口部の基準に達しない階を無窓階，開口部の基準を超える階を普通階と定め，無窓階には消防用設備等の**設置が強化**されています。

開口部の基準の概要

①**11階以上の階**
  • 直径50cm以上の円が内接できる開口部の合計面積が当該階の床面積の**30分の1**を超える階を**普通階**という。

②**10階以下の階**（大型開口部の面積＋①の条件）
  • 直径1m以上の円が内接できる開口部又は幅75cm以上・高さ1.2m以上の**大型開口部を2以上含む**直径50cm以上の円が内接できる開口部の合計面積が当該階の床面積の**30分の1**を超える階を**普通階**という。

　無窓階又は普通階であるかは，防火対象物の規模に関わりなく各階ごとの開口部が基準となることから(1)は誤りで，(2)及び(4)は**無窓階及び普通階の説明**としては不十分かつ不適切です。

解答　(3)

重要
ポイント

用語の定義

◆主な用語の定義

① 避難階
- 1階以外で，**直接地上に通ずる出入口のある階**をいう。
  （傾斜地に建てられたホテルや旅館等の建物で見られます）

② 直通階段
- **避難階**又は**1階**に直接通じている階段をいう。

③ 避難階段
- **火炎や煙**の侵入を防ぎ**安全に避難できる**構造の階段をいう。
- 屋内避難階段・特別避難階段・屋外避難階段がある。

④ 特別避難階段
- 避難階段の安全性をさらに高めた階段のことで，内装・予備電源付照明設備・排煙設備等の規制を強化している。
- **屋内避難階段＋附室**（又はバルコニー）の構造をしている。

⑤ 消防庁長官の定める部分（消防長告示7号）
  次に**該当する部分**を有する**階段**は，屋内避難階段として扱われる。
- 外気に開放された開口部が $2\,\mathrm{m}^2$ 以上あること。
- 階段に**垂れ壁がないこと**。ただし，最上階に垂れ壁がある場合，天井の位置に**$500\,\mathrm{cm}^2$以上**の外気に開放された**排煙上有効な開口部**がある場合の垂れ壁は認められる。

⑥ 開口部
- 開放すると**避難**や**消防活動**のために出入りできる部分をいう。
- 建物の10階以下，11階以上についての基準がある。

⑦ 普通階
- 開口部の基準を超える階を**普通階**という。

⑧ 無窓階
- 開口部の基準に達しない階を**無窓階**という。
- 無窓階については消防用設備等の**設置**が強化される。

（２）避難器具の設置基準

＜① 設置の概要＞

【問題52】　避難器具の設置について，誤っているものは次のどれか。

(1) 避難器具は多数の人が利用しやすいように，階段や避難階段の近くに設ける。
(2) 避難器具は，避難階及び11階以上の階に設置しなくても法令違反とはならない。
(3) 避難器具の設置は，防火対象物の規模とは関係なく，その階の用途，収容人員等により判定される。
(4) 避難器具設置等場所には，見やすい箇所に避難器具である旨及びその使用方法を表示する標識を設ける。

【解説と解答】　　　　　　　　　　　　　（消令 第25条，消則 第27条）
　本問は避難器具設置の基本的なことの確認問題です。

(1) ×　避難器具は，２方向避難路が確保できる位置に設置することが原則で，**階段**などからは適当に**離れた位置**に設置します。
(2) ○　直接地上に避難できる**避難階及び11階以上**には**設置義務がない**。
(3) ○　避難器具の設置は，**各階の用途・収容人員**等により決まります。
(4) ○　迅速かつ安全な避難のための規定です。　　　　　　|解答　(1)|

【問題53】　避難器具の設置について，誤っているものは次のどれか。

(1) 避難器具は，収容人員の多い室や人目につき易い場所に設ける。
(2) 避難器具を設置する開口部は，床面から開口部の下端までの高さが1.5 m以内とする。
(3) 特定一階段等防火対象物に設ける避難器具は，常時，容易かつ確実に使用できる状態で設置する。
(4) 防火対象物が開口部の無い耐火構造の床又は壁で区画されているときは，それぞれ別の防火対象物とみなされる。

【解説と解答】 ━━━━━━━━━ ━ (消令 第 8 条，消則第 5 条の 3，第27条) ━

　避難器具は，他の避難施設から**適当に離れた位置**，**収容人員の多い室**又はその近くで**人目につきやすい安全な場所**に設けます。

　また，床面から開口部の下端までの高さは**1.2ｍ以内**とし，1.2ｍを超える場合は固定又は半固定式の**ステップ**を設けることができます。

　選択肢(3)は，特定一階段等防火対象物に対する設置基準の強化例です。

　選択肢(4)は，消防法施行令第 8 条に定められた正しい記述です。

　下記，**左図**のように，防火対象物が開口部の無い**耐火構造の床又は壁**で区画されている場合は，Ａ・Ｂはそれぞれ**別の防火対象物**として扱われます。

　右図は，耐火構造の壁にドア（開口部）があるため，Ａ・Ｂは**一体の防火対象物**として扱われます。ただし，2 方向避難は可能となります。　　解答　(2)

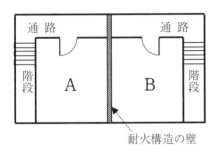

耐火構造の壁

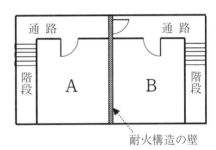

耐火構造の壁

【問題54】　避難器具の設置について，正しいものはどれか。

(1) 耐火構造の壁に取り付けられた防火戸部分は開口部に該当しない。

(2) 傾斜地に建てられた旅館の場合は，避難階にも設置義務がある。

(3) 直通階段の構造と数は，避難器具の設置数と大きな関係がある。

(4) 床から開口部の下端までの高さが1.5ｍであったので，床に高さ0.2ｍの固定式の踏み台を取り付けた。

【解説と解答】 ━━━━━━━━━━━━━━━━━━━━━━━

　避難階段又は特別避難階段の数により，設置の緩和措置があります。

　選択肢(4)の踏み台から開口部の下端までの高さは1.2ｍ以内とする必要があります。(3)が正しい記述をしています。　　解答　(3)

<② 収容人員>

【問題55】 避難器具の設置に係る収容人員の算定方法について，誤っているものはどれか。

(1) 学校は教職員の数に児童，生徒，学生の数を合算して算定する。

(2) 住居専用の共同住宅の場合は，居住者の数及び共用部分の面積を 5 m^2 で除した数を合算して算定する。

(3) 事務所は，従業者の数及び主として従業者以外の者の使用する部分の床面積を 3 m^2 で除した数を合算して算定する。

(4) 病院は，医師，歯科医師，助産師，薬剤師，看護師その他の従業者数，病室内の病床数，待合室の床面積を 3 m^2 で除した数を合算して算定する。

【解説と解答】━━━━━━━━━━━━━━━━━━━（消則 第1条の3）━

　収容人員は**従業者等の数＋利用者数**に，利用者の待合室や休憩スペース等がある場合は**定められた数値で除した値**を合算して算定します。

　本問は防火対象物の一例ですが，このほか劇場・マーケット・遊技場・飲食店・ホテルなど代表的な防火対象物の算定方法は重要です。

　選択肢(2)の共同住宅の場合は，居住者の数が収容人員となります。選択肢(1)(3)(4)は正しい記述をしています。

解答　(2)

【問題56】 デパートに避難器具を設置する場合，収容人員の算定対象とならないものはどれか。

(1) 従業者の数

(2) 来客の飲食，休憩をする部分の床面積

(3) 来客の数

(4) その他の部分の床面積

【解説と解答】━━━━━━━━━━━━━━━━━

　(4)のその他の部分とは，販売品等の展示をする売場面積をいいます。

　次頁の**収容人員の算定**の表より(3)が誤りとなります。

解答　(3)

〈収容人員の算定〉

避難器具の設置を判定する**収容人員の算定**は，下表の要領で行います。

（令別表第一）防火対象物	収容人員の算定方法（各項目の数値を合算する）
（1）	①従業者の数 ②固定式の椅子の場合は椅子の数（長椅子は正面幅を0.4mで除した数，1未満切捨て） ③立見席は床面積を0.2m²で除した数　④その他の部分は0.5m²で除した数
（2）（3） 遊技場	①従業者の数　②遊戯機械器具を使用して遊戯を行うことができる者の数 ③観覧・飲食・休憩の用に供する部分に椅子がある場合は，椅子の数（長椅子がある場合は正面幅を0.5mで除した数，1未満切捨て）
その他	①従業者の数 ②固定式の椅子の場合は椅子の数（長椅子は正面幅を0.5mで除した数，1未満切捨て） ③その他の部分は，床面積を3m²で除した数
（4）	①従業者の数 ②主として従業者以外の使用部分で，飲食・休憩をする部分の床面積を3m²で除した数 ③その他の部分は，床面積を4m²で除した数
（5） イ	①従業者の数　②洋式の宿泊室はベッドの数 ③和式の宿泊室は床面積を6m²で除した数 ④簡易宿泊所及び主として団体を宿泊させる宿所は，宿泊室の床面積を3m²で除した数 ⑤集会・飲食・休憩の部分が固定式椅子の場合は椅子の数（長椅子は正面幅を0.5mで除す） ⑥その他の部分は，床面積を3m²で除した数
ロ	①居住者の数
（6） イ	①医師・歯科医師・助産師・薬剤師・看護師その他の従業者の数 ②病室内の病床の数　③待合室の床面積の合計を3m²で除した数
ロハ	①従業者の数＋老人・乳児・幼児・身体障害者・知的障害者その他の要保護者の数
ニ	①教職員の数＋幼児・児童・生徒の数
（7）	①教職員の数＋児童・生徒・学生の数
（8）	①従業者の数　②閲覧室・展示室・展覧室・会議室・休憩室の床面積を3m²で除した数
（9）	①従業者の数　②浴場・脱衣場・マッサージ室・休憩場の床面積を3m²で除した数
（11）	①神職・僧侶・牧師・従業者の数　②礼拝・集会・休憩の部分の床面積を3m²で除した数
（10）（12〜14）	①従業者の数
（15）	①従業者の数　②主として従業者以外の者の使用する部分の床面積を3m²で除した数
（16）（16の2）	用途別に防火対象物の部分をそれぞれ1の防火対象物として合算して算定する
（17）	①床面積を5m²で除した数

＊上記のほか「新築工事中の建築物」「建造中の旅客船」についての規定があります。

【問題57】　学校に避難器具を設置するについて，下記条件を基に算出した収容人員として正しいものはどれか。

［条件］　教職員30名，学生の数120名，椅子の数30の特別教室，床面積900 m²の大講堂　　（ 1 未満は切り捨て）

(1) 150名　　　　(2) 180名　　　　(3) 202名　　　　(4) 480名

【解説と解答】

　学校は，政令別表第一の(7)項に該当し，収容人員は〔教職員の数＋児童・生徒・学生の数〕＝150名となります。

　特別教室や講堂等は，収容者である内部の人の使用施設であるので，収容人員の算定の対照とはなりません。　　　　　　　　　　　　　解答　(1)

【問題58】　建物の 3 階に計画しているレストランに避難器具を設置したい。　次の条件を基に収容人員を算定し，正しいものを選べ。

［条件］　調理師 3 名，調理補助 5 名，接客係等 7 名
　　　　　　レストランの床面積120 m²

(1) 38名　　　　(2) 45名　　　　(3) 48名　　　　(4) 55名

【解説と解答】

　レストラン（飲食店）は，政令別表第一の(3)項に該当し，収容人員は

$$\text{従業者の数}（15名）+ \frac{120 \text{ m}^2 \text{（床面積）}}{3 \text{ m}^2 \text{（基準面積）}} = 55名$$

となります。

　客席は，椅子の数が明示されている場合は椅子の数となり，床面積で表わされている場合は，その床面積を 3 m²で除した数が客席数となります。

　同じ階に複数の防火対象物がある場合は，それぞれの防火対象物の収容人員を合算した数が，その階の収容人員となります。　　　　　　解答　(4)

＜③ 避難器具の設置基準＞

【問題59】 次の防火対象物のうち，避難器具の設置義務のないものはどれか。ただし，すべて主要構造部が耐火構造の建築物である。

  (1) ホテルの２階で，収容人員が30人のもの。

  (2) ２階の劇場で，収容人員が100人のもの。

  (3) 地階の遊技場で，収容人員が50人のもの。

  (4) 地階の事務所で，収容人員が150人のもの。

【解説と解答】 (消令 第25条，消則 第26条)

避難器具の設置基準を次頁にまとめましたので，参照ください。

(1) (5)項に該当し，原則として30人から設置義務が生じます。

(2) (1)項に該当し，収容人員50人から必要となりますが，主要構造部が耐火構造の場合，２階については設置の必要がありません。

(3) (2)項に該当し，収容人員50人から設置義務が生じます。

(4) (15)項に該当，収容人員150人は設置義務があります。　　　解答　(2)

【問題60】 次の防火対象物のうち，避難器具の設置義務のないものはどれか。

  (1) 病院の２階部分で，収容人員が20人のもの。

  (2) 遊技場の３階部分で，収容人員が50人のもの。

  (3) 作業場の地階部分で，収容人員が150人のもの。

  (4) 大型物品販売店の１階部分で，収容人員が200人のもの。

【解説と解答】

避難器具は，地上に直接避難できる避難階・１階には設置しません。

したがって，大型物品販売店の１階には設置義務がありません。

(1)(2)(3)は，次頁の基準表より設置義務が確認できます。　　　解答　(4)

〈**避難器具の設置基準**〉　　　　　　　　　　（消令 第25条，消則 第26条）

防火対象物ごとに定められた下表の基準により避難器具が設置されます。

防火対象物の区分	設置の基準		避難器具の設置個数	主要構造部が耐火構造で避難階又は地上に直通の2以上の避難階段又は特別避難階段がある場合
	収容人員	設置階		
（5）	30人以上※（10人以上）	・2階以上の階・地階	収容人員**100人**以下ごとに1個以上設置	（緩和規定）収容人員**200人**以下ごとに1個以上設置
（6）	20人以上※（10人以上）			
※下階が(1)〜(4)(9)(12)イ(13)イ(14)(15)の場合				
（1）〜（4）（7）〜（11）	50人以上	・2階以上の階・地階☆主要構造部が耐火構造の建物の2階を除く	収容人員**200人**以下ごとに1個以上設置	収容人員**400人**以下ごとに1個以上設置
（12）（15）	地階・無窓階**100人以上**その他の階**150人以上**	・3階以上の階・地階	収容人員**300人**以下ごとに1個以上設置	収容人員**600人**以下ごとに1個以上設置
3階以上の階でその階から地上または避難階に2以上の直通の階段がない場合	10人以上	・3階以上の階2階に(2)(3)の用途がある場合は2階以上の階	収容人員**100人**以下ごとに1個以上設置	──

※主要構造部が耐火構造で，かつ，避難階段又は特別避難階段が2以上ある場合は，緩和規定が適用される。（収容人員の倍読み）

基準の読み方

○防火対象物(6)項（病院・診療所・老人ホーム等）の場合

① 当該階の収容人員が20人以上の場合に**設置義務**が生じる。
- 下階に(1)〜(4)(9)（12）イ（13）イ（14）（15）がある場合は，10人以上からとなる。

② 設置階は**2階以上の階**及び**地階**となる。

③ 避難器具の**設置個数**
- 収容人員が100人以下ごとに避難器具を1個以上設置する。101人〜200人以下の場合は，1個追加となるので合計2個となる。
- 主要構造部が耐火構造の建物で，設置階から**避難階段又は特別避難階段**が2以上ある場合は，設置の緩和を受けることができる。
- 緩和規定の適用の場合は「収容人員が**100人以下ごとに1個**」の規定を「**200人以下ごとに1個**」と読み替えることができる（倍読みの適用）。

＜④ 設置個数＞

【問題61】　避難器具の設置個数の算定基準として，誤っているものはどれか。

(1) ２階の診療所　…　収容人員100人以下ごとに１個以上
(2) 地階の飲食店　…　収容人員200人以下ごとに１個以上
(3) ５階の事務所　…　収容人員300人以下ごとに１個以上
(4) ３階の作業場　…　収容人員400人以下ごとに１個以上

【解説と解答】

防火対象物が**政令別表第一**の何項かを見極め，「避難器具の基準の表」の該当箇所を見定めてください。

収用人員400人以下ごとは規定にありません。

解答　(4)

【問題62】　避難器具の設置基準からみて，誤っているものはどれか。ただし，設置の減免となる施設はないものとする。

(1) 収容人員45人の２階の診療所に避難器具を１個設置した。
(2) 収容人員250人の２階の劇場に避難器具を２個設置した。
(3) 収容人員100人の地階の事務所に避難器具を設置しなかった。
(4) １階に物品販売店が出店している２階の収容人員120人の共同住宅に避難器具を２個設置した。

【解説と解答】

(1)の診療所は政令別表第一の**(6)項**に該当し，基本的に収容人員20人から設置義務が生じます。また，設置個数は**収容人員100人以下ごとに１個以上**であることから，１個設置すれば良いことになります。

同様の方法で，(2)は２個設置，(3)は１個設置，(4)は２個設置となります。

地階・無窓階の事務所は100人以上から設置となります。

解答　(3)

＜⑤ 適応する避難器具＞

【問題63】　消防法施行令第25条に定める避難器具の適応性について，防火対象物と避難器具の組み合わせのうち，誤っているものはどれか。

(1) 病院の３階　　　…　避難はしご
(2) 旅館の４階　　　…　すべり台
(3) ５階のカフェ　　…　緩降機
(4) ６階の事務所　　…　避難橋

【解説と解答】

避難器具には**設置階**により**適応しなくなる**ものがあります。

病院（６項）の地階及び２階には，避難はしご及び避難用タラップを使用することができますが，３階以上には使用できません。

よって，(1)が誤りとなります。

解答　(1)

【問題64】　主要構造部を耐火構造としたホテルの３階に，但し書きの条件に従い避難器具を設置した。正しいものは次のどれか。

但し，・３階の従業員の数は27名，宿泊者数は85名である。
　　　　・避難器具の設置減免の対象施設はない。

(1) 救助袋を１個設置した。
(2) 緩降機を１個設置した。
(3) 緩降機と救助袋を，それぞれ１個設置した。
(4) 避難はしごと避難用ロープをそれぞれ１個設置した。

【解説と解答】

まず，収容人員を算定して設置個数を算出し，次に**適応器具**を選定します。

収容人員は112人，設置個数は収容人員100人以下ごとに１個以上であることから，２個の設置となります。

(3)が正解となりますが，同じ器具２個でも構いません。

解答　(3)

〈適応する避難器具〉

防火対象物及び設置階により適応する避難器具が定められています。

防火対象物区分	適応避難器具				
	地階	2階	3階	4・5階	6階～10階
(6)	避難はしご 避難用タラップ	すべり台 避難はしご 救助袋 緩降機 避難橋 避難用タラップ	すべり台 …… 救助袋 緩降機 避難橋 ……	すべり台 …… 救助袋 緩降機 避難橋 ……	すべり台 …… 救助袋 …… 避難橋 ……
(5) (1)～(4) (7)～(11)	避難はしご 避難用タラップ	すべり台 避難はしご 救助袋 緩降機 避難橋 避難用タラップ すべり棒 避難ロープ	すべり台 避難はしご 救助袋 緩降機 避難橋 避難用タラップ	すべり台 避難はしご 救助袋 緩降機 避難橋 ……	すべり台 避難はしご 救助袋 緩降機 避難橋 ……
(12) (15)	避難はしご 避難用タラップ		すべり台 避難はしご 救助袋 緩降機 避難橋 避難用タラップ	すべり台 避難はしご 救助袋 緩降機 避難橋 ……	すべり台 避難はしご 救助袋 緩降機 避難橋 ……
階以上の階で地上は避難階に直通の以上の階段がない		すべり台 避難はしご 救助袋 緩降機 避難橋 避難用タラップ すべり棒 避難ロープ	すべり台 避難はしご 救助袋 緩降機 避難橋 避難用タラップ	すべり台 避難はしご 救助袋 緩降機 避難橋 ……	すべり台 避難はしご 救助袋 緩降機 避難橋 ……

※4階以上に設ける避難はしごは，金属製固定はしご又は避難器具用ハッチに収納した金属製吊り下げはしごとし，安全かつ容易に避難できる構造のバルコニー等に設ける。

※避難階・11階以上の階には，設置義務が課されていません。

※適応する避難器具は，設置する階により変化します。適応しなくなった避難器具が判別しやすいように……で表しています。

重要ポイント

避難器具の設置

◆**設置の概要**

① 避難器具は，2方向避難路が確保できる位置に設置することが原則で，**階段などからは適当に離れた位置に設置する。**

② 避難器具は1階・避難階及び11階以上には**設置義務がない。**

③ 避難器具の設置は，**階の用途・収容人員**等により決まります。

④ 避難器具を設置する開口部は，床面から開口部の下端までの高さが**1.2ｍ以内**のものとする。

※高さが1.2ｍを超える場合は固定又は半固定式の**ステップ**を設けることができる。

◆**設置の基準**

○避難器具の設置については，(1)**収容人員の算定**，(2)**避難器具の設置基準**，(3)**適応する避難器具**の表で確実な知識とする必要があります。

（3）避難器具の設置の減免

＜① 設置数の緩和＞

【問題65】 2つの防火対象物が渡り廊下で連結されている場合，連結されている階の避難器具の設置が緩和されるが，この場合の渡り廊下の要件として適切でないものはどれか。

(1) 渡り廊下は，耐火構造又は鉄骨造であること。

(2) 渡り廊下の窓ガラスは，鉄製網入りガラスであること。

(3) 渡り廊下は避難，通行，運搬以外の用途に供されないこと。

(4) 渡り廊下の両端の出入口に自動閉鎖装置の付いた特定防火設備である防火戸（防火シャッターを除く）が設けられていること。

【解説と解答】 ━━━━━━━━━━ (消令 第25条, 消則 第26条) ━

　渡り廊下の要件として(1)(3)(4)の規定はありますが，(2)の窓ガラスについての規定はありません。　　　　　　　　　　　　　　　　|解答　(2)|

【問題66】 消防法施行規則第26条の規定により避難器具の設置が減免される場合の要件として誤っているものはどれか。

(1) 主要構造部を耐火構造又は準耐火構造とした建築物のうち，一定の条件を満たす階は避難器具の設置の減免対象となる。

(2) 基準を満たした有効面積100 m²以上の屋上広場に避難橋を設けた場合，一定の条件のもとに屋上の直下階への設置が緩和できる。

(3) 建築基準法施行令の定めにより設ける直通避難階段には消防庁長官の定める部分を有したものが設置の減免対象となる。

(4) 定められた構造の建築物で直通階段のうち避難階段又は特別避難階段が2以上ある場合，定められた設置の基準となる収容人員の数を2倍に読み替えて設置個数を算出することができる。

【解説と解答】 ━━━━━━━━━━━━━━━━━━━━━━━━━

　主要構造部を耐火構造としたものと規定されています。準耐火構造のものは対象外です。(2)(3)(4)は規定通りの記述です。　　　　　　　|解答　(1)|

【設置が減免される例】

（消則 第26条）

次の場合には，避難器具の設置個数が減免されます。

【1】主要構造部が耐火構造で，直通階段のうち**避難階段又は特別避難階段**が**2以上ある場合。**

○設置の基準となる収容人員100人を200人，200人を400人，300人を600人と**読み替えて**設置個数を算出することができる。

【2】建築基準法施行令により設ける直通階段で，同法で規定する避難階段又は特別避難階段が設けられる場合。

（ただし，屋内避難階段は，**消防庁長官の定める部分を有するものに限る**）

○消令25条により算出した個数から避難階段又は特別避難階段の数を引いた数以上とすることができる。

（※1 当該引いた数が1に満たないときは，設置しないことができる）

算出個数－（避難階段・特別避難階段）の数＝設置個数

【3】主要構造部が耐火構造の建物の間に，一定の**渡り廊下**を設けた場合

○消令25条により算出した個数から当該階の渡り廊下の数×2の数を引いた数以上とすることができる。（引いた数が1未満の場合は※1準用）

算出個数－（渡り廊下の数×2）＝設置個数

渡り廊下の基準

・耐火構造又は鉄骨造りであること。

・渡り廊下の両端の出入口に**自動閉鎖装置付**の特定防火設備である**防火戸**が設けられていること（防火シャッターを除く）。

・避難・通行・運搬以外の用途に供しないこと。

【4】基準を満たした有効面積100 m²以上の**屋上広場**に**避難橋**を設けた場合。

○**屋上の直下階**への設置は，次式により算出した設置個数とすることができる。（引いた数が1未満の場合は※1準用）

算出個数－（避難橋の数×2）＝設置個数

屋上広場の基準

・建物の主要構造部が耐火構造であること。

・屋上の直下階から屋上広場に通じる**避難階段又は特別避難階段**が2以上設けられていること。

・屋上広場に面する窓・出入口には，特定防火設備である**防火戸**又は**鉄製網入りガラス戸**が設けられていること。

・屋上出入口から避難橋に至る経路は，**避難上支障**がないこと。

・避難橋に至る経路に設けられる扉等は，容易に開閉できること。

＜②設置の免除＞

【問題67】　消防法施行規則第26条で規定される避難器具の設置が免除される要件についての記述のうち，正しくないものはどれか。

⑴ 主要構造部を耐火構造としたものであること。

⑵ 直通階段を避難階段又は特別避難階段としたものであること。

⑶ 耐火構造の壁又は床で区画され，直通階段に面する開口部には特定防火設備である防火戸又は防火シャッターで，随時開くことができる自動閉鎖装置付のものが設置されていること。

⑷ 壁・天井の室内に面する部分の仕上げを準不燃材料で行い，又は，スプリンクラー設備が当該階の主たる用途に供するすべての部分に，技術上の基準に従い適正に設置されていること。

【解説と解答】 ━━━━━━━━━━━━━━ (消令 第25条，消則 第26条) ━

　避難経路の開口部には特定防火設備としての**防火戸**が設けられますが，**防火シャッターは除外**する規定となっています。

　また，**大きな防火戸**には小さな力でも容易に開けられるくぐり戸と呼ばれる部分が設けられます。（次頁③防火戸の基準参照）　　　　　　　　｜解答　⑶｜

【問題68】　消防法施行規則第26条7項で定める屋上広場の直下階への避難器具の設置が免除される要件として，誤っているものはどれか。

⑴ 屋上広場の面積が1500 m²以上であること。

⑵ 主要構造部を防火構造とした建築物であること。

⑶ 屋上広場に面する窓及び出入口に防火戸が設けられていること。

⑷ 屋上の直下階から屋上広場に通じる避難階段又は特別避難階段が2以上設けられていること。

【解説と解答】 ━━━━━━━━━━━━━━ (消令 第25条，消則 第26条) ━

　主要構造部を耐火構造としたものに限られます。

　避難器具の設置が減じられる屋上広場（100 m²以上）の要件と対比して覚えると効果的です。　　　　　　　　　　　　　　　　　　　　　　｜解答　⑵｜

【設置が免除される例】 （消則 第26条）

次の場合には，避難器具の設置が免除となります。

① 次の防火対象物が，下記の条件を満たす場合

政令別表 第一	満たすべき条件
(1)〜(8)	(イ) (ロ) (ハ) (ニ) (ホ) (ヘ)
(9)〜(11)	(イ) … … (ニ) (ホ) (ヘ)
(12)・(15)	(イ) … … … (ホ) (ヘ)

(イ)　主要構造部が耐火構造であること。

(ロ)　耐火構造の壁又は床で区画されており，開口部に特定防火設備である防火戸又は鉄製網入りガラス戸が設置されていること。

(ハ)　上記(ロ)の区画された部分の収容人員が，令第25条に定められた収容人員の数値未満であること。

(ニ)　(1)壁・天井（天井のない場合は屋根）の室内に面する部分（回り縁・窓台に類するものを除く）を準不燃材料で仕上げてあること。又は
　　(2)スプリンクラー設備が当該階の主たる用途に供するすべての部分に，技術上の基準に基づき適正に設置されていること。

(ホ)　直通階段を避難階段又は特別避難階段としたものであること。

(ヘ)　(1)バルコニー等が避難上有効に設けられていること。又は
　　(2) 2以上の直通階段が相互に隔たった位置に設けられ，かつ，当該のあらゆる部分から2以上の異なった経路により，2以上の直通階段に到達できるように設置されていること。

② 主要構造部を耐火構造としたもので，**居室の外気に面する部分にバルコニー等が避難上有効に設けられ**ており，バルコニー等（※1）から**地上に通ずる階段**（※2）その他の**避難のための設備や器具が設けられ**，または**他の建築物に通ずる設備若しくは器具が設けられている**場合

- ※1・2 … 5項・6項の防火対象物においては，※1はバルコニー，※2は階段に限る。

③ 主要構造部を耐火構造としたもので，**居室又は住戸から直通階段に直接通じ**ており，当該居室又は住戸の**直通階段に面する開口部**には特定防火設備である**防火戸**で次の構造のものを設けた場合。

防火戸の基準（防火シャッターを除く）

- 随時開くことができる**自動閉鎖装置付**のものであること。

- 随時閉鎖ができ，煙感知器の作動と連動して閉鎖すること。
- 直接手で開くことができ，かつ，自動的に閉鎖する次の部分を有すること。

  (幅：75 cm 以上，高さ：1.8 m 以上，床からの下端の高さ：15 cm 以下)
- 収容人員は30人未満であること。
- 直通階段が建築基準法施行令第123条（第 1 項第 6 号，第 2 項第 2 号，第 3 項第10号を除く）に定める構造のもの（同条第 1 項に定める構造のものにあっては，消防庁長官が定める部分を有するものに限る）であること。

④ **小規模特定用途複合防火対象物に，政令別表第一(5)・(6)項の用途が存する場合で，下記の条件を満たす場合**

1　下階に政令別表第一(1)から(2)ハまで，(3)(4)(9)，(12)イ，(13)イ，(14)，(15)の用途部分がないこと。

2　当該階から避難階又は地上に直通する階段が 2 以上設けられていること。

3　収容人員は，(5)項は30人未満，(6)項は20人未満であること。

※当該階が 2 階であり，かつ，2 階に政令別表第一(2)・(3)項の用途が存しない場合は，1 及び 2 を満たせばよい。

⑤ **主要構造部が耐火構造の次の建物の屋上広場の直下階が基準に該当する場合（令別表第一(1)〜(4)，(7)〜(11)及び(12)・(15)項のもの，(1)・(4)を除く）**
屋上広場等の基準

- 屋上広場の面積が1500 m²以上であること。
- 屋上広場に面する窓・出入口に**防火戸**が設けられていること。
- 屋上の直下階から屋上広場に通じる**避難階段又は特別避難階段**が 2 以上設けられていること。
- 屋上広場から避難階又は地上に通ずる**直通階段**で建築基準法施行令に規定する**避難階段**又は**特別避難階段**としたもの，その他避難のための設備又は器具が設けられていること。

  ※建築基準法施行令第123条に規定する避難階段は，屋内及び屋外に設けるもので，消防庁長官が定める部分を有するものとする。

小規模特定用途複合防火対象物

▶政令別表第一(16)イに掲げる防火対象物のうち，特定用途部分の床面積の合計が当該防火対象物の延面積の10分の１以下であり，かつ，300m² 未満であるものをいう。

重要
ポイント

避難器具設置の減免

　設置個数の減免については，設置概要の減免要件を整理しておいてください。

　また，**渡り廊下の基準**，設置数を減免するための**算式**，避難経路となる開口部に設けられる**防火戸の基準**，**屋上広場の直下階**に関する要件は確実に把握しておく必要があります。

第 4 章

◉ 実　技（鑑別等・製図）◉

　実技試験には，**鑑別等試験**と**製図試験**がありますが，いずれも**筆記形式**で行われます。

　甲種消防設備士試験は鑑別等試験 5 問と製図試験 2 問，**乙種消防設備士試験**は鑑別等試験のみ 5 問があります。

　実技試験の多くは，写真・イラスト・図面などを用いて筆記試験科目における**知識の理解度を総合的に確認**する問題が出されます。

　解答の際，知識に不確かな部分があるときは，当該箇所を再確認して確実な知識とすることが肝要です。

1 鑑別等試験

　鑑別等試験は5問が出題されます。問題の多くは写真・イラスト・図などで機器類等が提示され，名称・機能・用途などを記述式で答える形式となっています。

【鑑別1】　下図A，Bの名称および用途を簡潔に答えよ。

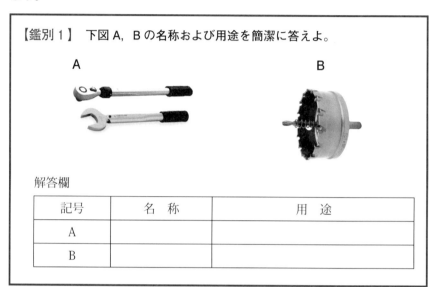

A　　　　　　　　　　　　　　　　　　　B

解答欄

記　号	名　　称	用　　途
A		
B		

【解説と解答】

A　名称：トルクレンチ
　　用途：ボルトやナットを設定締付けトルクで締め付ける際に用いる。
　　（※点検時に，ボルトやナットの緩みの有無を確認する際にも用います。）

B　名称：ホールソー
　　用途：金属板や鋼板等の穴あけに用いる。
　　（※石膏ボード，木，ガラス・タイルなどの穴あけ用のものもあります。）

【鑑別2】　下図A及びBは，避難器具の点検又は設置工事の際に用いるものである。名称および用途を答えよ。

A　　　　　　　　　　　　　　　B

解答欄

記　号	名　　　称	用　　途
A		
B		

【解説と解答】

A　名称：ルーペ
　　用途：避難器具のロープや縫込み部分のほつれ等の確認に用いる。
B　名称：打ち込み棒
　　用途：アンカーボルト等をコンクリート穴に打ち込む際に用いる。

【鑑別3】　下図は避難器具の設置工事の際に用いるものである。
　　　　名称及び用途を答えよ。

解答欄

名　　　称	
用　　途	

【解説と解答】

名称：L型ボルト　（L型フックボルトともいう）。
用途：鉄筋や鉄骨に引っ掛けて，避難器具の取付具や固定部の固定を強化するために用いる。

【工事・整備に用いる用具の例】

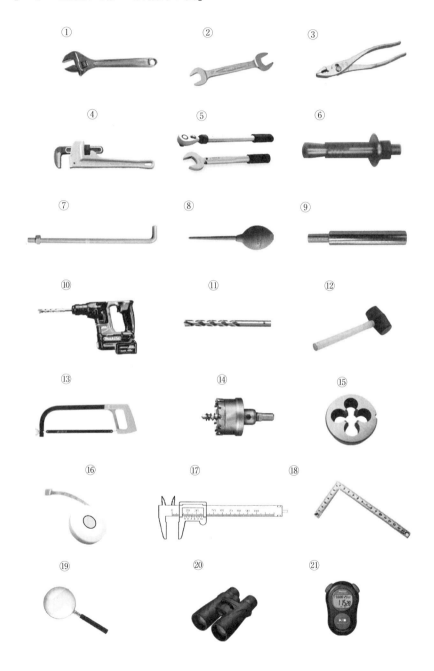

No.	名　称	用　途
①	モンキーレンチ	ボルトやナットの締め付け又は脱着等をする。
②	スパナ	（モンキーレンチはモンキースパナともいう）
③	プライヤー	
④	パイプレンチ	パイプや配管を挟んで固定又は回したりする。 様々な口径に対応できるチェーンレンチ等もある。
⑤	トルクレンチ	ボルトやナットを設定トルクで締め付ける。 点検の際，ボルトやナットの締付状態を確認する。
⑥	金属拡張アンカー	コンクリートに取付具や固定具等を固定する。
⑦	L型ボルト	鉄筋や鉄骨に引っ掛けて固定具等の固定をする。
⑧	スポイト	コンクリートに穿孔した穴の清掃をする。 （エアブロワーともいう）
⑨	打ち込み棒	アンカーボルトやアンカーをコンクリート穴に打ち込む際に用いる。
⑩	ドリル	コンクリートや鋼板等に穴を開ける際に用いる。
⑪	ドリルビット	ドリルの刃。穴あけに用いる。木材用・金属用・コンクリート用・塩ビ用，その他の部材用がある。
⑫	ハンマー	アンカーボルトの打ち込み等に用いる。
⑬	ハクソー	金属部材の切断をする。（金切鋸ともいう）
⑭	ホールソー	木材や金属板に円状の穴を開ける。
⑮	ダイス	ダイスハンドルに取り付け，棒や管に雄ねじを切る。
⑯	メジャー（巻尺）	各部の寸法や距離を測定する。
⑰	ノギス	ボルト，配管，穴等の外径・長さ・内径・厚み・深さ等の精密な計測に用いる。
⑱	曲尺（かね尺）	長さの測定，直角の確認や墨だしをする。 さしがね・まがりがね・まがりじゃく等ともいう。
⑲	ルーペ	避難器具のロープや布の状態及び縫込み部のほつれ等を確認する。（拡大鏡）
⑳	双眼鏡	避難器具の展張状態や降下空間の状況を確認する。
㉑	ストップウォッチ	緩降機や救助袋の降下速度を測定する。

第4章

実技（鑑別等・製図）

【鑑別4】 下図は金属製吊り下げ式避難はしごの一部を表した図である。次の各問に答えよ。

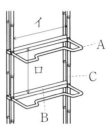

問1 図中のA，B，C，それぞれの名称を答えよ。

A	
B	
C	

問2 Aの機能を簡潔に答えよ。

問3 図中のイ，ロ，それぞれの規格上の間隔を答えよ。

イ	
ロ	

問4 つり下げ式はしごの一般的な吊り下げ具を2つ答えよ。
ただし，避難器具用ハッチは除く。

(1)		(2)	

【解説と解答】

吊り下げ式避難はしごの構造・機能など規格上の最も基本的な問題です。他の避難器具についても対応できるよう，規格・基準を再確認しましょう。

問1　A：突子（とっし）　B：横桟（よこさん）　C：縦棒（たてぼう）

問2　防火対象物の壁面等から横桟を10 cm以上離す機能を有している。
　　（※使用者の踏み足が十分に横桟に掛けることができるためのものです。）

問3　イ：内法寸法で30 cm以上50 cm以下
　　　ロ：25 cm以上35 cm以下
　　（※縦棒の間隔は内法寸法，横桟の間隔はそれぞれの桟の間隔をいい，
　　　縦棒に同一間隔で取り付けることが定められています。）

問4　(1)：自在金具　　　(2)：なすかんフック

【鑑別5】　下図は，縦棒が1本の固定式避難はしごの略図である。
　　　　　図を参考にして次の各問に答えよ。

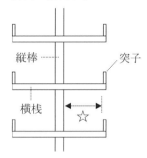

縦棒　　　　　　　突子
横桟　　　　　☆

第4章
実技（鑑別等・製図）

問1　突子の取付位置と長さを答えよ。

問2　突子を取り付ける目的を答えよ。

問3　横桟の長さ（☆の部分）を答えよ。

【解説と解答】

問1　横桟の先端に縦棒の軸と平行に長さ5 cm以上のものを設ける。

問2　避難者の踏み足の横滑り防止のため。

問3　縦棒から先端までの内法寸法で15 cm以上25 cm以下とする。

【鑑別6】　下の写真は避難器具の取付具の一種である。次の各問いに答えよ。

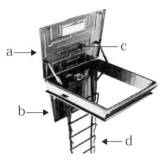

問1　この取付具の名称及び有効開口部の大きさを答えよ。

名　　称	
開口部	

問2　図a～dの名称と定められた基準を1つずつ答えよ。

記号	名　　称	基準内容
a		
b		
c		
d		

【解説と解答】

問1　名　称：避難器具用ハッチ

　　　開口部：直径0.5 m以上の円が内接する大きさ。

問2　a　名称：上ぶた　基準：蝶番等を用いて本体に固定し，容易に開けることができること。

　　　b　名称：下ぶた　基準：直径6 mm以上の排水口を4個以上設ける。

　　　c　名称：手かけ　基準：上ぶたには手かけを設ける定めがある。

　　　d　名称：ハッチ用吊り下げはしご又は金属製吊り下げはしご

　　　　　基準：使用の際，防火対象物に突子が接触しない構造のもの。

（※上記のほかの技術基準については該当箇所をご確認ください。）

【鑑別7】　下図は避難器具を表したものである。次の問いに答えよ。

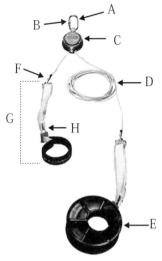

問1　この避難器具の名称を答えよ。

問2　図のA〜Hの部分の名称を答えよ。

A		E	
B		F	
C		G	
D		H	

【解説と解答】

　鑑別試験においては，避難器具を構成する機器類の**名称・機能・用途**を問う問題が頻繁に出ます。確実に把握してください。

問1　緩降機

問2　A：安全環　　B：止め金具　　C：調速器　　D：ロープ
　　　E：リール　　F：緊結金具　　G：着用具　　H：ベルト
　　　（本試験における解答数は4〜5個程度です。）

【鑑別8】　緩降機を下図のような施工法で設置した。次の各問いに答えよ。

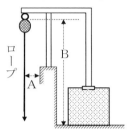

ロープ

A　　B

問1　上図の施工法の名称を答えよ。

問2　A，Bに該当する数値を答えよ。

A		B	

【解説と解答】

問1　固定ベース工法

問2　A：壁面からロープの中心まで0.15m以上0.3m以下

　　　B：緩降機の取付位置は，床面から1.5m以上1.8m以下

【鑑別9】　緩降機を使用する際，リールを降着点に向かって落とすこととされている。その理由を2つ答えよ。

解答欄

(1)	
(2)	

【解説と解答】

理由(1)　ロープが降着点に達することができる長さであることを確認するため。

理由(2)　リールをベランダなどに置いたまま降下すると，ロープが伸長する際にリールが移動して固定物等で固定されてしまうと，それ以降の降下ができなくなるため。

【問題10】　下図の避難器具について，次の問いに答えよ。

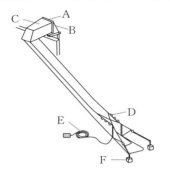

問1　この避難器具の名称を答えよ。

名　称	

問2　A〜F の各部の名称を答えよ。

A		B		C	
D		E		F	

問3　この避難器具の全長が20 m であった場合，図 E で示すものの法令で定める最小の長さを答えよ。

	m

【解説と解答】

問1　斜降式救助袋

問2　A：入口枠（入口金具）　　B：ワイヤロープ　　C：覆い布
　　　D：取手　　E：誘導綱　　F：固定環ボックス

問3　20m　　斜降式救助袋の誘導綱は，袋本体の全長以上の長さとすることができます。ただし，垂直式は袋本体の長さ＋4 m 以上が必要です。

【鑑別11】　下記は斜降式救助袋の点検の後に再格納する手順の一部を述べたものである。適切な順序を解答欄に番号で答えよ。

① 格納バンドを締める。

② 入口金具を折りたたむ。

③ 救助袋を設置位置の真下に持ってゆく。

④ 袋本体のフックを固定環から外し固定を解く。

⑤ 袋本体を確認しながら，根元からつづら折りでたたむ。

解答欄　④ ➡ □ ➡ □ ➡ □ ➡ □

【解説と解答】

斜行式救助袋の点検・整備の後に行う格納作業の手順の問題です。

本問における順序は，④ → ③ → ② → ⑤ → ①となります。

かつては，救助袋の設定方法の問題を時々見かけましたが，最近では格納方法の問題も見かけます。この機会に格納方法を確認しておきましょう。

救助袋の格納方法

▶斜 降 式

(1) 下部操作者は，袋本体のフックを固定環から外し救助袋の固定を解く。

(2) 袋の下部を設置位置の真下に持ってゆき，上部操作者に合図を送る。

(3) 上部操作者は入口金具を折りたたみ，袋本体を順次引き上げる。

(4) 上部操作者は袋本体を引上げたら，袋本体を確認しながら折りたたみ，格納箱に順次収納する。

(5) 折りたたまれた救助袋の上に誘導綱を載せ，格納ベルトで固定する。

(6) 格納箱の前板・上蓋等を適正に装着する。

（※救助袋の引き上げの際に建物等に救助袋が引っ掛からないよう，下部操作者は誘導綱を引いて調節する（垂直式も共通）。）

▶垂 直 式

(1) 上部操作者は入口金具を折りたたみ，袋本体を順次引き上げる。

(2) 袋本体を引上げたら，袋本体を確認しながら折りたたみ，格納箱に順次収納する。

(3) 折りたたまれた救助袋の上に誘導綱を載せ，格納ベルトで固定する。

(4) 格納箱の前蓋・上蓋等を適正に装着する。

【鑑別12】 下図は，斜降式救助袋の展張に用いるものの例である。図を参考にして次の各問いに答えよ。

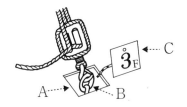

問1 Aの名称と用途を答えよ。

名　称	
用　途	

問2 Bの名称と用途を答えよ。

名　称	
用　途	

問3 Cの名称と定められた基準を3つ答えよ。

名　称	
基　準	(1)
	(2)
	(3)

【解説と解答】

問1 名称：固定環ボックス
　　用途：救助袋の展張時に救助袋を固定する**固定環を収納**する。

問2 名称：固定環（こていかん）
　　用途：救助袋の下部支持装置のフックを引っ掛けて救助袋を固定する際に用いる（環状又は棒状のものがあります）。

問3 名称：固定環ボックスのふた
　　基準：(1) **ふたは容易に開放できる構造**とする。
　　　　　(2) **ふたは紛失防止のため箱とチェーンなどで接続**する。
　　　　　(3) **ふたの表面**に救助袋の**設置階数を表示**する 等。

【鑑別13】　下図は救助袋に用いるものの図である。避難器具の基準に基づいて次の各問いに答えよ。

問1　図に示すものの名称を答えよ。　[　　　　　　　　]

問2　Aで示すものの太さを答えよ。　[　　　　　　　　]

問3　Bで示すものの名称と定められた基準を2つ答えよ。

名称	

(1)	
(2)	

【解説と解答】

問1　誘導綱（ゆうどうづな）　　　問2　直径4 mm 以上の太さ

問3　砂袋等　　　(1)質量300 g 以上のもの。
　　　　　　　　　(2)夜間でも識別しやすいもの。

【鑑別14】　下図は斜降式救助袋の降着点付近に保有すべき空間を表している。次の各問いに答えよ。

問1　保有すべき空間名を答えよ。

[　　　　　　　　　　　]

問2　a, bの距離を答えよ。

a	
b	

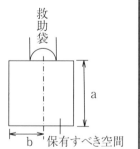

救助袋

a

b　保有すべき空間

【解説と解答】

　斜降式救助袋の避難空地は特異な形状をしているので要注意です！

問1　避難空地　　　問2　a：2.5 m　　　b：1 m以上

【鑑別15】　避難器具の設置に関する記述について，空欄を埋めよ。

　　複数の緩降機を設置する場合は，器具相互の　a　を　b　mまで近接させることができる。

　　また，垂直式救助袋を設置する場合で降下空間及び避難空地を共用する場合は，器具相互の　c　を　d　mまで接近させることができる。

解答欄

a		b	
c		d	

【解説と解答】

　防火対象物に複数の避難器具を設置するときの留意事項の問題で，本問では緩降機・垂直式救助袋について確認しています。

　　a：中心　　　b：0.5　　　c：外面　　　d：1

【鑑別16】　斜行式救助袋の開口部として下図の引違い窓を使用するとしたとき，設置に有効なa及びbの長さを答えよ。

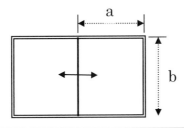

【解説と解答】

　救助袋に必要な開口部は，高さ0.6m以上，幅0.6m以上で，入口金具を容易に操作できる大きさであり，かつ，救助袋の展張状態を当該開口部又は近くの開口部等から確認できることとされています。

　　a：0.6m以上　b：0.6m以上。

第4章
実技（鑑別等・製図）

【鑑別17】 下記は避難器具のすべり台についての記述である。文中のア及びイの空欄を埋めよ。

・滑り台の降下空間は，滑り面から上方に ア 以上及び滑り台の両端からそれぞれ外方向に イ 以上の範囲内とする。

解答欄

ア		イ	

【解説と解答】

「滑り台の降下空間は，滑り面から上方に1m以上及び滑り台の両端からそれぞれ外方向に0.2m以上の範囲内とする」と定められています。

したがって， ア：1m イ：0.2m となります。

【鑑別18】 避難はしごの設置基準に関する図である。A～Cそれぞれの数値を答えよ。

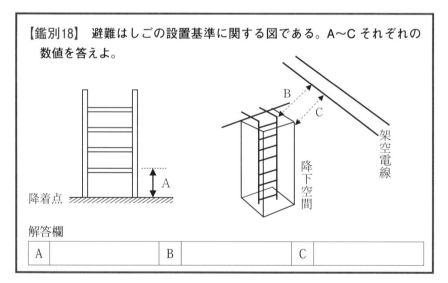

解答欄

A		B		C	

【解説と解答】

避難はしごが使用状態のとき，最下部横桟から降着面等までの高さは，0.5m以下であること。また，降下空間と架空電線の間隔は1.2m以上，避難はしごの上端と架空電線との間隔は2m以上と規定されています。

A：0.5m以下 　　B：2m以上 　　C：1.2m以上

【鑑別19】 下図は展張した斜降式救助袋の一部である。次の各問いに答えよ。

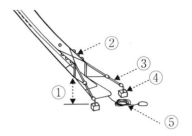

問1 図の①について，降着面等からの基準上の高さを答えよ。

①		m

問2 ②～⑤までの各部の名称を答えよ。

②		③	
④		⑤	

第4章
実技（鑑別等・製図）

【解説と解答】

① 無荷重状態で0.5 m 以下と規定されています。　② 取手
③ 下部支持装置（又は，張設ロープ）　④ 固定環ボックス　⑤ 誘導綱

【鑑別20】 避難器具ハッチの下ぶたを開放したときの状態図である。
下ぶたの下端と降着面等との間隔Hを答えよ。

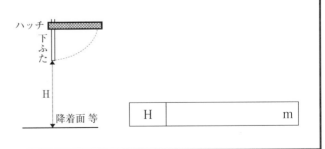

H		m

【解説と解答】

避難ハッチの下ぶたによる事故を防ぐための規定で，1.8 m 以上と定められています。

【鑑別21】　下図は避難器具である。図を参考にして次の各問いに答えよ。

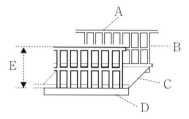

問1　この避難器具の名称と用途を答えよ。

名称	
用途	

問2　図のA～Dの部分名を答えよ。

A		B	
C		D	

問3　Cの基準上の勾配を答えよ。ただし，階段式のものを除く。

勾配	

問4　図Eの基準上の高さを答えよ。

高さ	

【解説と解答】

　防火対象物には金属製避難はしご，緩降機，救助袋に限らず，その他の避難器具も数多く設置されることから，この種の問題も見かけます。

　技術基準が定められている避難器具については概要を確認してください。

問1　名称：避難橋（ひなんきょう）

　　　用途：建築物相互を連結して他の建築物へ避難するために用いる。

問2　A：手すり　　B：手すり子　　C：床　板　　D：橋げた

問3　床面の勾配は5分の1未満とする。

問4　1.1m以上　手すりは1.1m以上の高さとする。（消防庁告示）

【鑑別22】 斜降式救助袋を展張して総合点検を行う予定である。その際に必要な点検用器具類を4つ答えよ。

解答欄

(1)		(2)	
(3)		(4)	

【解説と解答】
救助袋の点検に関わらず，他の避難設備等についても出題されます。
　トルクレンチ，メジャー（巻尺），ルーペ，ストップウオッチ，双眼鏡などがあります。また，誘導綱の砂袋の重量を計る秤も用います。

【鑑別23】 緩降機の点検後における格納の際，ロープを手でリールに巻きつけてはならない理由と正しい方法を簡潔に答えよ。

解答欄

理　由	
正しい方法	

【解説と解答】
　本問は点検後の再格納時の問題ですが，これとは別に緩降機の点検の留意事項を問う出題等もあります。
理　由：手でロープを巻き付けると，ロープの芯材であるワイヤロープにねじれ癖が付きやすいため。
正しい方法：リール自体を回転させて，ロープの巻き取りを行う。

【鑑別24】　下の写真は避難器具の設置工事に用いられるものの例である。下の写真を参考にして次の各問いに答えよ。

問1　写真のものの名称とこれを用いる工法名を答えよ。

名　称	
工法名	

問2　上の写真のものが使用できない躯体の構造を2つ答えよ。

(1)		(2)	

問3　図とは関係なく設置工事で行われる工法名を2つ答えよ。

(1)		(2)	

【解説と解答】

　写真の器具は金属拡張アンカーと呼ばれ，避難器具の取付具や固定具等をコンクリートに固定する際に用いられるものです。

問1　名　称：金属拡張アンカー

　　　工法名：金属拡張アンカー工法

　　　※コンクリートに穴を掘って，そこにアンカーを埋め込むこと「穿孔アンカー工法」ともいいます。

問2　(1)：軽量コンクリート　　　(2)：気泡コンクリート

問3　(1)：フック掛け工法　　　(2)：貫通工法

　　　※上記のほか「固定ベース工法」もあります。

【鑑別25】　下図は避難器具の取付具等の工事の際に行う方法の例である。
次の各問いに答えよ。

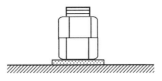

問1　この方法の「呼称」と「目的」を答えよ。

呼称	
目的	

問2　上図と同じ目的で行う方法を2つ答えよ。

(1)		(2)	

【解説と解答】

　避難器具の取付具や固定具等を固定する際に行う方法の例で，ボルトやナットの緩み防止を目的とした方法です。

問1　呼称：ダブルナット法　　　目的：ボルトやナットの緩み防止
問2　(1)：スプリングワッシャ等の座金を固定具とナットとの間に用いる。

座金類　　　　　　　　　　

　　　　　スプリングワッシャ　　　止め輪　　　　歯付き座金　　　割りピン

　　(2)：ロックナット等を用いる（ナットに特殊な工夫を加えたもの）。

ダブルナット法の要点

① 2個のナット同士を密着一体化させて固定を強化する方法です。
② ナットには丸みがある側と平たい側があり，通常のシングルで使用する場合は平たい側が固定物側となりますが，ダブルナット法では平たい面同士を密着させる取り付けをします。
③ 締付の最後に固定物側のナットを少しだけ逆回転させ，ナット面をより密着させることによりナットの固定を強固にします。

第4章
実技（鑑別等・製図）

【鑑別26】　下の写真は，避難器具に用いられているものの例である。次の各問いに答えよ。

A

B

問1　A及びBの名称を答えよ。

A	
B	

問2　A及びBの用途を簡潔に答えよ。

問3　A又はBが避難器具に使用される箇所を2つ答えよ。

(1)	
(2)	

【解説と解答】

　機器類の連結，ロープやワイヤロープなどの保護をするとともに連結・固定などの役割をしています。

問1　A：シンブル　　B：シャックル

問2　機器や部材等の**保護・連結**又は**固定**などに用いる。

問3　・吊り下げはしごと吊り下げ金具の連結に用いられている。

　　　・緩降機の緊結金具として用いられている。

　　　・救助袋の入口枠を支えるワイヤロープの固定に用いられている。

　　　（※上記の中から2つを選んで解答してください。）

【鑑別27】　救助袋の点検の際，入口枠を支えるワイヤロープに損傷が発見されたため交換することとなった。使用できるワイヤロープの JIS 番号を下記から選べ。

JIS G 3101　　　JIS G 3123　　　JIS G 3452　　　JIS G 3525

解答欄

JIS 番号	

【解説と解答】

救助袋に用いられる材料の例としては，JIS G 3101（一般構造用圧延鋼材）JIS G 3123（みがき棒鋼），**JIS G 3525（ワイヤロープ）**，JIS G 3452（配管用炭素鋼鋼管）等があり，ワイヤロープは上記より **JIS G 3525** となります。

【鑑別28】　次の①〜④は形鋼と言われる鋼材の断面を表している。それぞれの名称を答えよ。

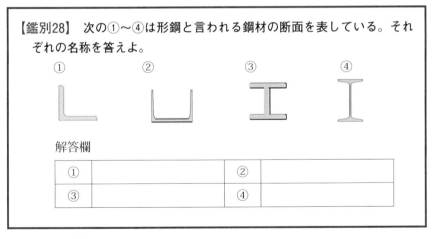

解答欄

①		②	
③		④	

【解説と解答】

断面が一定の形につくられた鋼材が形鋼です。H形鋼や，山形鋼など様々な形状のものがあります。

①：等辺山形鋼（L形鋼）（※辺の長さが違う不等辺山形鋼もある。）

②：溝形鋼（C形鋼）　　③：H形鋼　　④：I形鋼

【鑑別29】　ここに SS400 という鋼材がある。SS とは構造用鋼材である
ことを表しているが，400について説明せよ。

解答欄

【解説と解答】

SS400の SS は，構造用の鋼材であることを意味しており，400はこの材料の
引張り強さの下限値を MPa（N/mm^2）で表わしたものです。
従って，この材料の引張り強さは400 MPa 以上であることが分かります。

【鑑別30】　避難器具の設置場所や格納場所に設ける標識について，次の
問いに答えよ。

問1　標識に表示しなければならない事項を2つ答えよ。

①		②	

問2　法基準に定められた標識の縦横の大きさを答えよ。

縦		横	

【解説と解答】

避難器具を設置又は格納する場所には，直近の見やすい箇所に避難器具であ
る旨及び使用方法を表示する標識を設ける定めがあります。
問1　①避難器具である旨　　②使用方法
問2　縦0.12 m 以上　　横0.36 m 以上

製図問題

（甲種のみが対象です）

2 製図試験

　製図試験は甲種消防設備士の受験者を対象に2問が出題されます。

　防火対象物の用途・面積・その他の条件が与えられ，設置工事や避難器具の設置に必要な知識を確認するいくつかの問があります。

【製図1】　下の図は避難器具の取付金具の固定部を表している。

　コンクリート床にアンカーボルト4本を埋め込む方法で固定している。

　次の各問に答えよ。

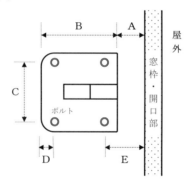

　問1　A～Eのうち「へりあき寸法」を示している箇所を答えよ。

　問2　M12のボルトを使用する場合の「へりあき寸法」を答えよ。

　問3　M16のボルトを使用する場合のCの最小間隔値を答えよ。

　問4　M20のボルトを使用する場合の「穿孔深さ」の下限値を答えよ。

解答欄

問1		問2	
問3		問4	

【解説と解答】━━━━━━━━━━━━━━　（167頁 参照）━

問1　E：コンクリートのへり（縁）からアンカーボルトまでの長さを「へり
　　　あき寸法」といいます。

問2　100 mm 以上

　　　ヘリあき寸法は，埋め込み深さの２倍以上とする規定があります。M12
　　　の埋め込み深さは50 mm ですから，100 mm 以上となります。

問3　210 mm

　　　アンカー相互の間隔は埋込深さの3.5倍以上の長さ，M16の埋め込み深
　　　さは60 mm です。よって，60 mm ×3.5＝210 mm となります。

問4　110 mm

　　　アンカーを埋め込むための孔（あな）が浅すぎると，アンカーを十分に
　　　埋め込むことができないことから，穿孔深さの最低値が定められていま
　　　す。

＊埋め込み深さ・穿孔深さの下限の表は製図には欠かせない表です。

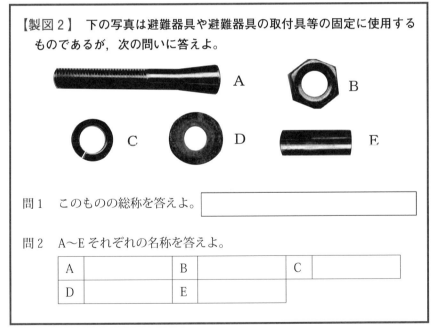

【製図２】　下の写真は避難器具や避難器具の取付具等の固定に使用する
　　ものであるが，次の問いに答えよ。

　　A　　B

　　C　　D　　E

問1　このものの総称を答えよ。

問2　A～E それぞれの名称を答えよ。

A		B		C	
D		E			

【解説と解答】　　　　　　　　　　　　　　　　　　　　（163頁 参照）

問1　金属拡張アンカー

問2　A：ボルト　　　B：ナット　　　C：スプリングワッシャ

　　　D：平ワッシャ　E：スリーブ（この長さ＝埋め込み深さである）

第4章
実技
（鑑別等・製図）

【製図3】 耐火構造の床に緩降機の取付金具が設置されている。条件に
従い，固定しているベース板のアンカーボルト1本あたりにかかる設計
荷重を求めよ。

条件：使用するアンカーボルトは呼び径 M16を2本使用，緩降機の設
計荷重は4000 N，取付具の支柱の長さ1800 mm，アームの長さ900 mm，
ベース板のアンカーボルトまでの間隔300 mm とする。

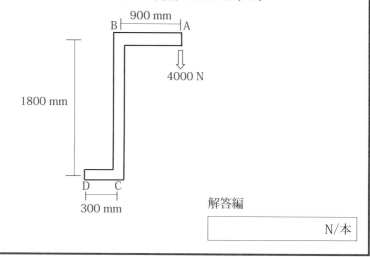

解答編

N/本

【解説と解答】━━━━━━━━━━━━━━━━━━（20，34頁 参照）

　難しそうに見えますが，単なるモーメントの計算で解答できます。

　支柱（B－C）を中心軸にしてA－Bに発生する力とC－Dに発生する力
が釣り合えば良いわけです。

　まず，設計荷重の4000 N によりA－Bに発生する力（曲げモーメント）を
求めます（桁の調整のため，長さを cm にします）。

　　4000 N ×90 cm ＝360000 N・cm

　次にボルト1本にかかる引抜き力（X）を算出します。

　　360000 N・cm ＝（2本× X）×30 cm　　　∴ X ＝6000 N

　従って，引抜き力に対応するための設計荷重は6000 N となります。

【製図 4】 避難器具の取付具の概略図である。次の各問いに答えよ。
但し，アーム（A-B）先端の矢印方向に4000 N の荷重がかかるものと
する。また，アームの断面係数は16000 mm^{3}とする。

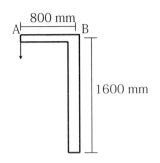

問1 アームにおける曲げモーメントを求めよ。また計算式を示せ。

算式		kN・cm

問2 アームにおける曲げ応力度を求めよ。併せて計算式を示せ。

算式		N/mm^2

問3 アームの許容曲げ応力度を240 N/mm^{2}とした場合，本問のアー
ム条件が適合するか否かを答えよ。

問4 上記，問3で解答した理由を簡潔に述べよ。

【解説と解答】 ━━━━━━━━━━━━━━━━ (20, 34頁 参照) ━

問1 単位が算出方法を教えています。 kN・cm ＝ kN × cm です。
　　 kN・cm に単位を合せる。 　　　　4 kN ×80 cm ＝320 kN・cm
問2 曲げ応力度＝最大曲げモーメント÷断面係数　ですから，
　　 （4000 N ×800 mm）÷16000 mm^3＝200 N/mm^2
問3 適合する。
問4 アームの曲げ応力度がアーム許容曲げ応力度の範囲内である。

【製図5】　下図は緩降機の取付金具を固定ベース工法により設置した例である。図を参考にして次の各問いに答えよ。

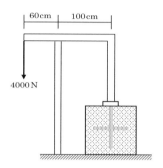

60cm　　100cm

4000 N

問1　次の条件によりコンクリートベースの高さを求めよ。
　　　ただし，小数点以下2位を四捨五入することとする。
　⑴　緩降機の設計荷重4000 N が矢印方向に垂直に働く。
　⑵　コンクリートベースは幅50 cm，奥行50 cm である。
　⑶　コンクリートの比重量は0.023 N/cm^{3}とする。
　⑷　固定ベースは，安全率1.5とする。

cm

問2　避難器具の固定具等を固定するための工法を，固定ベース工法を除き，2つ答えよ。

⑴		⑵	

【解説と解答】

問1　62.6 cm

　右図において支柱の中心を支点 C とすると，
A－C と B－C に生じる力が釣り合って
A－C＝B－C となれば良いわけです。

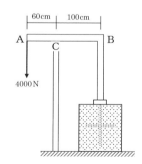

60cm　　100cm

A

C

B

4000 N

- A に4000 N が加わったときの B における力は，次のようになります。

    $4000 \text{ N} \times 60 \text{ cm} = \text{B} \times 100 \text{ cm}$　　∴ B =2400 N

- 固定ベースは**安全率1.5の条件**から**設計荷重の1.5倍**の重量となる。

    よって，2400 N ×1.5倍＝**3600 N** となります。

- 固定ベースの高さ（*H*）を求めます。

    $50 \text{ cm} \times 50 \text{ cm} \times H \text{ cm} \times 0.023 \text{ N/cm}^3 \geqq 3600 \text{ N}$

    $57.5\,H \geqq 3600 \text{ N}$

    $H = 3600 \div 57.5 = 62.60$　従って，高さ（*H*）＝ **62.6cm** となります。

問 2　金属拡張アンカー工法，フック掛け工法，貫通工法 等があります。

【製図 6 】　避難器具の設置において行われるコンクリートベースを用い
た固定ベース工法の要点を 3 つ答えよ。

解答欄

(1)	
(2)	
(3)	

【解説と解答】　　　　　　　　　　　　　　　　　(163, 171頁 参照)

(1) コンクリートベースは，避難器具設計荷重の1.5倍以上の重量とする。又は
これと同等以上の効力のあるものとする。

(2) 固定ベースは，**鉄骨鉄筋コンクリート**又は**鉄筋コンクリート構造**とする。

(3) 避難器具を容易に取り付けるためのフック（JIS B 2803（フック）等を設け
る。（離脱防止装置付きのものに限る）

【製図7】　固定ベース工法により取付金具を設置する予定である。

下記条件に従い技術基準に適合させるための *L* の長さを求めよ。

条件：固定ベースは幅，奥行き，高さのいずれも0.5 m，比重量24000 N/m³である。また安全率1.5とする。

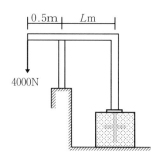

解答欄

m

【解説と解答】

先ず，A-C の曲げモーメントを求めます。

4000 N ×0.5 m ＝**2000 N・m**

固定ベースの重量を求めます。

0.5 m ×0.5 m ×0.5 m ×24000 N/m³＝**3000 N**

固定ベースの重量は，設計荷重の1.5倍となっているので，安全率1.5を満たしています。

（2000 N ×1.5＝**3000 N**）

L の長さは，A － C ＝ BC が釣り合えば良いわけですから，

A － C に生じる力（2000 N）＝ B － C に生じる力（*L* ×2000 N）

$$2000 \, \text{N} = L \times 2000 \, \text{N} \quad \rightarrow \quad L = \frac{2000 \, \text{N}}{2000 \, \text{N}} = 1 \qquad L \text{ は1 m となります。}$$

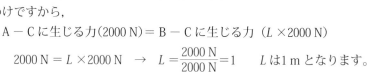

コンクリートの比重

一般的なコンクリートの比重は2.3ですが，バラツキがあり気乾状態により2.1〜2.5の値となります。

また，設計基準強度の大きさにより，コンクリートの素材や成分割合が異なるため，単位体積重量（比重）は変わります。

【製図8】 金属拡張アンカー工法で避難器具の取り付けを行うために，アンカーボルトを埋め込んだ図である。次の各問いに答えよ。

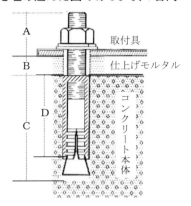

問1 Aで示される部分の技術上の基準とその間隔を答えよ。

基準		間隔	

問2 Cの呼称及びボルトM12を用いた場合の長さを答えよ。

呼称		長さ	

問3 Dの呼称及びボルトM16を用いた場合の長さを答えよ。

呼称		長さ	

問4 施工上の問題により，アンカーが抜ける理由を2つ答えよ。

(1)	
(2)	

第4章 実技（鑑別等・製図）

【解説と解答】 ━━━━━━━━━━━━━ (163, 167頁 参照) ━

問1 基準：締付部分は**増し締めができること**。間隔：**25 mm 以上**

問2 呼称：**穿孔深さの下限**（穴の深さの最低値をいう）
   長さ：**70 mm** M12の埋め込み深さ＋20 mm

問3 呼称：**埋め込み深さ**（＝スリーブの長さ）
   長さ：**60 mm** M16の埋め込み深さ

問4 ① 穿孔穴の径がアンカーに対して大きすぎる。
   ② 埋め込み深さの不足　③ 穿孔穴の清掃不足（等から2つ解答）

【製図9】　下図は主要構造部を耐火構造とした防火対象物の5階部分である。この階に避難器具を設置する場合について次の各問いに答えよ。

但し，(1) この階の従業員の数は25名である。

(2) A～Eは，避難器具の設置に有効な開口部である。

(3) 階段は1階に直通している。

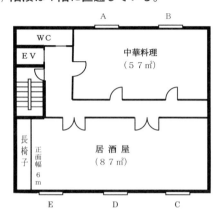

問1　この階の収容人員の計算式を作成し，収容人員を答えよ。

計算式 〔　　　　　　　　　〕　　　収容人員 〔　　　〕名

問2　避難器具の設置個数の計算式を作成し，設置個数を答えよ。

計算式 〔　　　　　　　　　〕　　　設置個数 〔　　　〕個

問3　設置に最も適している箇所を記号で答えよ。〔　　　　　〕

問4　適応する避難器具名を2種類答えよ。

(1)		(2)	

【解説と解答】　　　　　　　　　　　　　　　　　　（234～243頁　参照）

　避難器具の設置は，その階の用途，収容人員，階段の数と種類により，設置義務の有無，設置数，避難器具の種類が判断されます。

問1　この階の用途は飲食店なので[政令別表第一]の(3)項に該当します。

　　従って，**収容人員＝従業員の数＋客数**で求めます。

　　客数は ① 客席が図示されているときは客席の数，

　　② 面積で表示されているときは床面積÷3 m²，

　　③ 長椅子があるときは正面幅÷0.5m で求めます。

$$\textbf{収容人員}=25名+\frac{57+87\,\text{m}^2}{3\,\text{m}^2}+\frac{6\,\text{m}}{0.5\,\text{m}}=85名$$

問2　3階以上の階で2以上の**直通階段**が無いので，収容人員10人以上から設置義務が生じます。

　　避難器具の設置個数は100人以下ごとに1個以上となります。

$$\textbf{設置個数}=\frac{85}{100}=0.85 \qquad 1個$$

問3　避難器具は，階段より適当な距離の場所，収容者の多い場所等に設置します。したがって，Cが最適となります。

問4　緩降機，救助袋，避難はしご，すべり台，避難橋，が適応します。

第4章
実技（鑑別等・製図）

【製図10】　特定1階段等防火対象物の法令上の定義を答えよ。

　解答欄

【解説と解答】　　　　　　　　　　　　　　　　　　　　　　　　（205頁 参照）

　特定用途部分が避難階以外の階（1階2階を除く）にある防火対象物で，地上又は避難階に直通する階段が2以上無い防火対象物をいう（製図9等が該当）。

　ただし，**直通階段**が(1)避難階段や特別避難階段の場合，又は(2)屋外にある場合は，**階段が1であっても特定1階段等防火対象物には該当しない**。

【製図11】　耐火構造の病院の３階部分に避難器具を設置したい。

　なお，この階の従業者は医師３名，看護師７名，清掃員５名である。

　また，① ～ ⑯ は避難器具の設置が可能な開口部である。

　図を参考にして，次の各問いに答えよ。

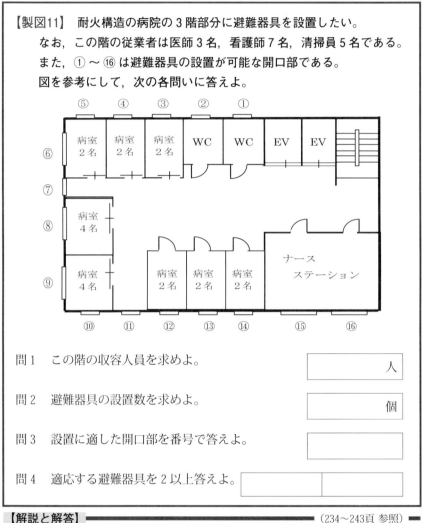

問１　この階の収容人員を求めよ。

　　　　　　　　　　　　　　　　　　　　　　　人

問２　避難器具の設置数を求めよ。

　　　　　　　　　　　　　　　　　　　　　　　個

問３　設置に適した開口部を番号で答えよ。

問４　適応する避難器具を２以上答えよ。

【解説と解答】━━━━━━━━━━━━━━━━━━（234～243頁 参照）━

問１　収容人員は，医師など**従業者の数＋入院患者の数**で求めます。

　　　　15人＋（２名×6）＋（４名×2）＝**35人**

問２　３階以上で直通階段が１なので**10人以上**から設置義務が生じ**100人以下**

　　　ごとに１個以上となる。35 ÷ 100 ＝ 0.35（**１個**）

問３　⑪（階段から適当に離れた場所，多数が利用できる安全な場所）

問４　すべり台，救助袋，緩降機，避難橋 が適応（ここから２つ選択）

【製図12】　耐火構造12階建ホテルの概略図である。ただし書きを参考にして，避難器具の設置義務の無い階を答えよ。

　　ただし，(1)　各階に記した数値は収容人員を示している。

　　　　　　(2)　特に用途の記されていない階は客室である。

　　　　　　(3)　直通階段は2以上に該当するが，その他の避難器具の減免対象となる施設等はない。

12 F	パブ・ラウンジ	80
11 F	レストラン	100
10 F	客室（2F～10F）	50
9 F		50
8 F		25
7 F		50
6 F		50
5 F		25
4 F		50
3 F		50
2 F		100
1 F	フロント・ロビー	100

解答欄

（設置義務の無い階）

【解説と解答】

　ホテル・旅館などの宿泊施設は，政令別表第一（5）イに該当し，基本的には収容人員30人以上から**設置義務**が生じます。

　また，避難器具の設置は各階ごとに判断されますが，防火対象物に関係なく，**1階・避難階・11階以上の階には設置義務が有りません。**

　従って，**1階，5階，8階，11階，12階**が設置義務の無い階となります。

【製図13】 耐火構造をした建築物の3階の物品販売店である。
　ここに避難器具を設置するについて，次の各問いに答えよ。
　ただし，(1)　従業者は20名である。
　　　　　(2)　階段は1階に直通している。
　　　　　(3)　①〜⑨は窓であるが，④⑤⑨はFIX構造である。

問1　この階の収容人員の計算式を作成し，収容人員を答えよ。

　　　計算式 [　　　　　　　] 　収容人員 [　　名]

問2　避難器具の設置個数の計算式を作成し，設置個数を答えよ。

　　　計算式 [　　　　　　　] 　設置個数 [　　個]

問3　設置に最も適している箇所を番号で答えよ。 [　　]

問4　本問の防火対象物は，特定1階段等防火対象物に該当するかを○印を付して答えよ。
　　　[・該当する　　・該当しない]

問5　上記，問4で解答した理由を簡潔に述べよ。
　　　[　　　　　　　]

【解説と解答】━━━━━━━━━━━━━━━━━━━━━━（234〜243頁 参照）━

ここまでの**問題練習**で製図問題の出題傾向が把握できたと思います。

　設置に関する対策は明白で，**収容人員・設置基準・適応する避難器具**，この
3つの把握にかかっています。

　特に，用途(1)項〜(6)項については繰り返し確認をしてください。

　本問の解答をします。

問1　本問の用途は，政令別表第一(4)**項**に該当します。

　　　収容人員は①従業者の数＋②飲食や休憩等に供する面積÷3 m^2＋③売場
　　　面積÷4 m^{2}により求めます。

　　　収容人員＝20＋（33÷3）＋（300÷4）＝106　　　　　 106名

問2　設置個数＝106÷100＝1.06　　　　　　　　 設置個数　 2 個

問3　⑥（④⑤も位置的には問題ないが，FIX構造であるので不適切）

問4　**該当する。**

問5　屋内階段が**1カ所のみ**の構造をしている。

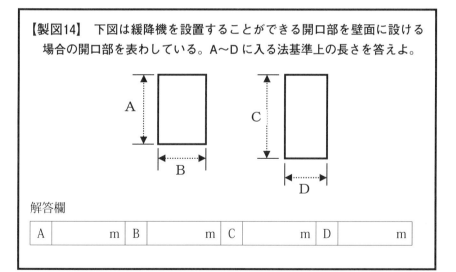

【製図14】　下図は緩降機を設置することができる開口部を壁面に設ける
場合の開口部を表わしている。A〜Dに入る法基準上の長さを答えよ。

解答欄

A	m	B	m	C	m	D	m

【解説と解答】━━━━━━━━━━━━━━━━━━━━━━（137頁 参照）━

開口部を壁面上に設ける場合の**高さ**及び**幅**が定められています。

　　A：0.8 m以上　　B：0.5 m以上　　C：1 m以上　　D：0.45 m以上

【製図15】　防火建築の2階に設けられた防火対象物の図である。
　　　　　　この階の従業者を12名として，次の各問いに答えよ。

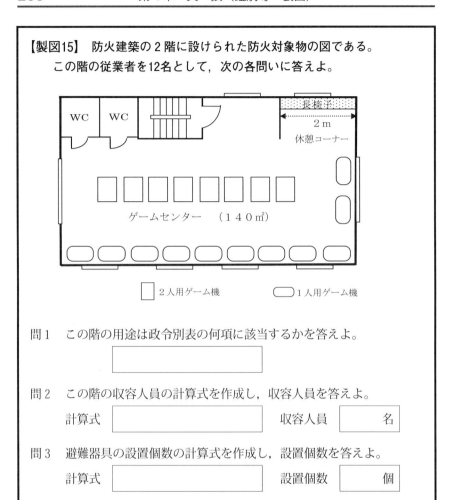

問1　この階の用途は政令別表の何項に該当するかを答えよ。

問2　この階の収容人員の計算式を作成し，収容人員を答えよ。

　　　計算式　　　　　　　　　　　　　　　　収容人員　　　　　名

問3　避難器具の設置個数の計算式を作成し，設置個数を答えよ。

　　　計算式　　　　　　　　　　　　　　　　設置個数　　　　　個

【解説と解答】━━━━━━━━━━━━━━━━━━━━━（234～243頁 参照）■

　防火建築（木造モルタル等）なので2階から設置対象となります。
問1　ゲームセンター（遊技場）は，政令別表第一 第(2)項に該当します。
問2　収容人員は，① 従業者の数＋② 遊技機を利用できる客席の数＋③ 飲食
　　　等の場所に長椅子がある場合は長椅子の幅÷0.5m となります。
　　　従って，12＋（8×2）＋（11×1）＋（2÷0.5）＝43名
問3　消防法施行令第25条により**10人以上から設置義務**，**100人以下ごとに**
　　　1個以上となります。43÷100＝0.43　　設置個数　1個

【製図16】 共同住宅のベランダに吊り下げはしごを格納した避難ハッチを下図のように設置する予定である。次の各問いに答えよ。

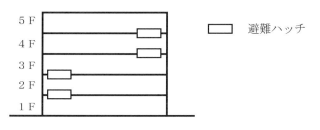

5 F
4 F
3 F
2 F
1 F

☐ 避難ハッチ

問1 技術基準に準じて判断し「○適正」又は「○不適正」に✓印をつけよ。

○適正	○不適正

問2 不適正な場合はその理由を記し，正しい方法を図上に記せ。

理由	

【解説と解答】 ━━━━━━━━━━━━━━━ (148・155頁 参照) ■

　避難器具は安全避難の観点から，同一垂直線上には設置しないことが原則です。(安全避難上支障のない場合はこの限りではない)

問1　✓　不適正

問2　理由：各階の**避難ハッチの降下口**は，**直下階の降下口とは同一垂直線上にない位置**とするのが原則である。

[正しい設置方法]

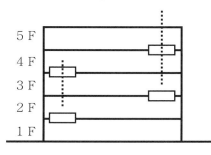

5 F
4 F
3 F
2 F
1 F

・避難ハッチの場合は，直下階の避難ハッチの降下口を同一垂直線上でない位置へ移動させます。
・緩降機や垂直式救助袋などは，同一垂直線上にならないように相互の間隔を開けます。

第4章
実技（鑑別等・製図）

【製図17】　主要構造部を耐火構造とした防火対象物の3階部分の図である。この階に避難器具を設置するについて次の各問いに答えよ。

但し(1)　この階の従業員の数は35名である。

(2)　階段はいずれも避難階段の構造で1階に直通している。

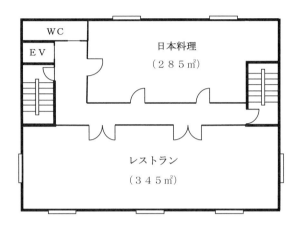

問1　この階の収容人員の計算式を作成し，収容人員を答えよ。

計算式 [　　　　　　　　　　]　収容人員 [　　　　名]

問2　避難器具の設置個数の計算式を作成し，設置個数を答えよ。

計算式 [　　　　　　　　　　]　設置個数 [　　　　個]

【解説と解答】 ━━━━━━━━━━━━━━━━━━━━ (234〜243頁 参照) ■

　直通階段が2以上の問題です。収容人員は**50名以上**から**設置義務**が生じ，設置個数は収容人員**200名以下ごとに1個以上**となります。

問1　収容人員 $=35+\dfrac{285+345}{3\,\text{m}^2}=245$名　　　　　245名

問2　**避難階段が2以上有るので，400人以下ごとに1個以上**を適用します。

　　　設置個数 $=\dfrac{245}{400}=0.61$　　　　　1個

第5章

模擬試験問題　Ⅰ

☆**甲種受験者**は，すべての問題の解答をしてください。

☆**乙種受験者**は，製図を除いたすべての問題を解答し，基礎知識5問，構造機能・規格10問，法令15問に相当する正解率を算出してください。

消防関係法令【共通】

【問1】 **消防の組織についての記述のうち，正しいものはどれか。**
(1) 消防本部の長は消防庁長官である。
(2) 消防本部を設ける場合は消防団を設けない。
(3) 市町村の消防は，都道府県知事が管理しなければならない。
(4) 市町村は，消防事務を処理するため消防本部又は消防団のいずれかを設けなければならない。

【問2】 **消防法第7条に定める消防同意について，誤った記述はどれか。**
(1) 建築物に関する消防同意のない許可，認可，確認は無効である。
(2) 建築物を新築しようとする者は，建築の確認申請と同時に消防同意の申請を行うことができる。
(3) 特定行政庁，建築主事又は指定確認検査機関等は，消防同意がなければ建築物の許可，認可，確認ができない。
(4) 消防長又は消防署長は，建築物の防火に関するものに違反しないものである場合は，一定の期日以内に同意を与えなければならない。

【問3】 **防火対象物についての記述のうち，誤っているものは次のどれか。**
(1) 複合用途防火対象物とは，政令で定める2以上の用途に供される防火対象物をいう。
(2) 複合用途防火対象物であって，その一部に特定用途のものが存する場合には，建物全体が特定防火対象物の扱いとなる。
(3) 旅館・ホテル・宿泊所などは不特定多数の者が出入りし，かつ，宿泊する施設であることから特定防火対象物として扱われる。
(4) 防火対象物のうち不特定多数の人が出入し，火災危険が大きく，火災時の避難が容易でない防火対象物を特定防火対象物という。

【問4】 **防火対象物と政令別表第一における分類との組み合わせのうち，正しいものは，次のうちどれか。**
(1) 遊 技 場 … （1）項　　　(2) 飲 食 店 … （4）項
(3) 博 物 館 … （10）項　　　(4) 事 務 所 … （15）項

問5　**防火管理に関する記述として，誤っているものは次のうちどれか。**
(1) 特定防火対象物で延面積300 ㎡以上のものを甲種防火対象物という。
(2) 非特定防火対象物で延面積400 ㎡以上のものを甲種防火対象物という。
(3) 特定防火対象物で収容人員30名で，かつ，延面積300 ㎡以上のものは甲種防火管理者を選任しなければならない。
(4) 非特定防火対象物で収容人員50名で，かつ，延面積400 ㎡のものは甲種又は乙種のいずれかの防火管理者を選任しなければならない。

問6　**消防用設備等の設置基準が改訂された場合において，改訂後の規定に適合させなくて良いものは，次のうちどれか。**
(1) 工場に設置されている漏電火災警報器
(2) 学校に設置されている消火器及び簡易消火用具
(3) 事務所ビルに設置されているスプリンクラー設備
(4) 改訂基準の施行後における増築又は改築の床面積の合計が1000 ㎡以上となる場合

問7　**次の消防用機械器具等のうち，検定対象でないものはどれか。**
(1) 自動火災報知設備の感知器
(2) 消火器
(3) 金属製避難はしご
(4) 泡消火設備用泡ヘッド

問8　**消防設備士免状に関する記述のうち，正しいものはどれか。**
(1) 消防設備士免状を亡失，滅失，汚損又は破損した場合は，免状の交付を受けた都道府県知事に再交付の申請をしなければならない。
(2) 消防設備士免状の交付を受けようとする者は，住所地を管轄する都道府県知事に免状交付の申請をしなければならない。
(3) 消防設備士免状の記載事項に変更を生じた場合は，居住地，勤務地又は交付地の都道府県知事に書換えの申請をしなければならない。
(4) 消防設備士免状を紛失して再交付を受けた後，紛失した免状を発見した場合は，これを1ヵ月以内に再交付を受けた都道府県知事に提出しなければならない。

消防関係法令【類別】

問9　避難器具等の設置に関する用語の定義についての記述のうち，誤っているものはどれか。

(1) 避難階とは，直接地上に通ずる出入口のある階をいう。

(2) 避難階段とは，避難階や1階に直接通じている階段をいう。

(3) 開口部とは，採光，換気，通風，出入り等のために設けられた出入口，窓，階段等をいう。

(4) 無窓階とは，避難又は消火活動に有効な開口部が規定された基準に満たない階をいう。

問10　建築物に設けられる階段について，正しいものはどれか。

(1) 階段室とは，階段の出入口にある室のことである。

(2) 直通階段とは，避難階段の構造をした1階に直接通じる階段をいう。

(3) 特別避難階段は，避難の安全性をさらに高める必要があることから屋外に設けられる。

(4) 避難階段は建築基準法施行令で定める階段で，屋内避難階段，特別避難階段，屋外避難階段 がある。

問11　学校に避難器具を設置する場合について，下記の条件を基に算出した収容人員として，正しいものはどれか。

［条件］　教員等25名，事務職員等5名，学生の数150名，床面積300㎡の講堂

(1) 175名

(2) 180名

(3) 255名

(4) 280名

問12　次の防火対象物のうち，避難器具の設置義務のないものはどれか。ただし，すべて主要構造部が耐火構造の建築物である。

(1) ホテルの2階で，収容人員が30人のもの。

(2) 地階の遊技場で，収容人員が50人のもの。

(3) 2階の物販店で，収容人員が100人のもの。

(4) 作業場の地階部分で，収容人員が150人のもの。

[問13]　避難器具の設置基準からみて，誤っているものはどれか。
　　　ただし，直通階段は2箇所で，設置の減免となる施設はないものとする。
(1) 収容人員35人の2階の診療所に避難器具を1個設置した。
(2) 収容人員150人の地階の事務所に避難器具を1個設置した。
(3) 収容人員180人の3階のナイトクラブに避難器具を2個設置した。
(4) 1階にスーパーマーケットの存する収容人員170人の共同住宅の2階に避難器具を2個設置した。

[問14]　消防法施行令第25条に定める避難器具の適応性について，防火対象物と避難器具の組み合わせのうち，誤っているものはどれか。
(1) 3階の診療所　　…　すべり台
(2) 4階の飲食店　　…　緩降機
(3) ホテルの5階　　…　避難はしご
(4) 6階の事務所　　…　避難用タラップ

[問15]　耐火構造の防火対象物が渡り廊下で連結されている。避難器具の設置が緩和される渡り廊下の要件として適切な記述はどれか。
(1) 渡り廊下は，耐火構造であること。
(2) 渡り廊下の窓ガラスは，鉄製網入りガラスであること。
(3) 渡り廊下は避難，通行，運搬以外の用途に供されないこと。
(4) 渡り廊下の両端の出入口に自動閉鎖装置の付いた特定防火設備である防火戸（防火シャッターを含む）が設けられていること。

機械に関する基礎的知識

[問16]　動荷重として相応しくないものは，次のうちどれか。
(1) 繰り返し荷重
(2) 衝撃荷重
(3) 移動荷重
(4) 集中荷重

問17　200 N の物体を30秒間で9 m 引き上げた。このときの動力として
正しいものは，次のうちどれか。

(1) 60 W　　(2) 135 W

(3) 303 W　　(4) 666 W

問18　天井に固定した直径2 cm の丸棒で5 kN の重さの物体を吊り下げ
ている。丸棒に生じる引張応力は次のうちどれか。

(1) $10.1 \, \text{N/mm}^2$

(2) $12.3 \, \text{N/mm}^2$

(3) $15.9 \, \text{N/mm}^2$

(4) $22.5 \, \text{N/mm}^2$

問19　静止状態の物体が自由落下を始めた。 69 m/s の速度に達する時
間は次のうちどれか。ただし，空気抵抗は考慮しないものとする。

(1) 3 秒後

(2) 7 秒後

(3) 10秒後

(4) 15秒後

問20　長さ2 m の片持ち梁に25 N の等分布荷重（*W*）をかけたときの最
大曲げモーメントとして正しいものはどれか。

(1) 15 N・m

(2) 20 N・m

(3) 25 N・m

(4) 50 N・m

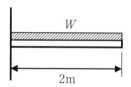

問21　引張り強さ650 N ／ mm^2の部材を使用するときの安全率を2.5と
したとき，許容応力として正しいものは次のどれか。

(1) $150 \, \text{N/mm}^2$

(2) $260 \, \text{N/mm}^2$

(3) $520 \, \text{N/mm}^2$

(4) $1625 \, \text{N/mm}^2$

問22　下図の組み合わせ滑車を用いて3600 N の物（W）を引き上げる力（F）として正しいものはどれか。

(1) 180 N
(2) 360 N
(3) 450 N
(4) 900 N

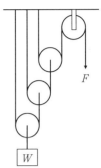

問23　一般構造用圧延鋼材のSS400で示される材料について，400の意味することを次から選んで答えよ。

(1) 許容応力　　(2) 破壊応力　　(3) 曲げ強さ　　(4) 引張り強さ

問24　銅合金についての記述のうち，誤っているものは次のどれか。

(1) 砲金は黄銅の一種で鍛造性に優れ，かつて大砲の砲身に使われていた。
(2) 青銅にりんを加えたりん青銅は，弾性に富んでおりバネ等に使われる。
(3) 黄銅は銅と亜鉛の合金で真ちゅうとも呼ばれ，耐食性，展延性に優れ，硬貨などに用いられている。
(4) 青銅は銅とすず（15％以下）の合金で，ブロンズとも呼ばれており，最も古い合金と言われている。

問25　金属の熱処理の浸炭について，正しい記述はどれか。

(1) 浸炭は，鋼の表面層部分につづいて内層部に対して2段階で炭素を添加，浸入させる処理をいう。
(2) 浸炭は，鋼の表面部分及び内層部分に分けて硬度を上げるために行う熱処理の準備処理のことをいう。
(3) 浸炭は，鋼材料を浸炭処理した後に焼入れ又は焼き戻しをすることにより成果が得られる処理である。
(4) 浸炭された材料の表面部分が固く，内部は柔軟性がある不安定な材料となることから，特殊な部分の材料として用いられる。

第5章

模擬試験問題Ⅰ

構造・機能・規格 及び 工事・整備の方法

[問26]　避難はしごについての記述のうち，適切なものはどれか。
  (1) 固定はしごとは，防火対象物に固定されて使用されるものをいう。
  (2) 立てかけはしごとは，構造物に立てかけて使用されるものをいう。
  (3) 吊り下げはしごとは，防火対象物に吊り下げて使用されるものをいう。
  (4) ハッチ用吊り下げはしごとは，避難器具用ハッチに取り付けることができる吊り下げはしごをいう。

[問27]　避難はしごについての記述のうち，誤っているものはどれか。
  (1) 避難はしごは，縦棒及び横桟で構成されるものであること。
  (2) 避難はしごは安全，確実，容易に使用できるものであること。
  (3) 金属製吊り下げはしごには，適当な間隔で突子を設けること。
  (4) 固定式はしごの収納式のものは，保安装置に至る動作を除き，2動作以内で使用可能な状態となる構造であること。

[問28]　吊り下げ式金属製避難はしごの各部分に用いる材料との組み合わせのうち，基準にてらして不適当なものはどれか。
  (1) 縦　棒　・・・　JIS H 4000　アルミニウム合金板
  (2) 横　桟　・・・　JIS G 3123　みがき棒鋼
  (3) 突　子　・・・　JIS H 4000　アルミニウム
  (4) ピン類　・・・　JIS G 3101　一般構造用圧延鋼材

[問29]　金属製吊り下げはしごの横桟ごとに設けられる突子の設置目的として正しいものは，次のどれか。
  (1) 吊り下げはしごの使用の際の横揺れを防止するため。
  (2) 使用者の踏み足が十分に横桟にかかるようにするため。
  (3) 火災による防火対象物からの熱をできるだけ避けるため。
  (4) 吊り下げはしごの使用の際，防火対象物の壁面を損傷させないため。

問30 金属製避難はしごの構造について，正しいものは次のうちどれか。ただし，縦棒が1本のものを除く。

(1) 縦棒の間隔は内法寸法で35 cm以上50 cm以下とする。

(2) 横桟から防火対象物までの距離は20 cm以上であること。

(3) 横桟の間隔は25 cm以上30 cm以下とし，縦棒に同一間隔で取り付ける。

(4) 横桟は，直径14 mm以上35 mm以下の円形の断面又はこれと同等の握り太さの形状のものとする。

問31 避難はしごの見やすい箇所に容易に消えないように表示しなければならない事項として，誤っているものは次のどれか。

(1) 種別，区分，製造者名又は商標は表示しなければならない。

(2) 設置年月，製造番号，型式番号，長さは表示事項である。

(3) ハッチ用吊り下げはしごは「ハッチ用」という文字を表示する。

(4) 立てかけはしご又は吊り下げはしごは自重も表示する必要がある。

問32 緩降機についての記述のうち，誤っているものはどれか。

(1) 固定式緩降機とは，常時，取付具に固定されている方式の緩降機のことをいう。

(2) 可搬式緩降機とは，使用の際に任意の場所に移動して使用ができる緩降機のことをいう。

(3) 緩降機とは，使用者が他人の力を借りずに自重により自動的に連続交互に降下することができる機構を有するものをいう。

(4) 緩降機の降下速度は，調速器により毎秒16 cm以上150 cm以下の安全速度に調整される。

問33 緩降機の各部分についての記述のうち，正しいものはどれか。

(1) リールはロープを巻き収めるための構造であること。

(2) 使用者が着用具のリングを調整することにより身体が保持できること。

(3) ロープのねじれで使用者が旋転するときは，降下中に調整できるものであること。

(4) 調速器の連結部は取付具に確実に結合され，緩降機の自重及び使用者の降下荷重を安全に支えるものであること。

問34　緩降機の一般的構造に関する記述について，正しいものはどれか。

(1) 着用具は，ロープの両端に離脱しない方法で連結してあること。

(2) 緊結金具は，緩降機の自重及び使用者の降下荷重を安全に支えるものでなければならない。

(3) 調速器と固定部は緊結金具に確実に結合され，緩降機の自重及び使用者の降下荷重を安全に支えるものであること。

(4) リールは，ワイヤロープを芯として外装を施したロープを巻き収めることができるものでなければならない。

問35　緩降機の規格省令に定める降下速度について，正しいものは次のうちどれか。

(1) 毎秒15 cm 以上120 cm 以下

(2) 毎秒16 cm 以上150 cm 以下

(3) 毎秒18 cm 以上180 cm 以下

(4) 毎秒20 cm 以上200 cm 以下

問36　下記は緩降機の降下速度試験の説明文である。説明文の空欄に該当するものを語群から選び，番号を解答欄に記入せよ。

　　緩降機を試験高度に取り付け　A　N，　B　N に最大使用者数を乗じた値に相当する荷重及び最大使用荷重に相当する荷重を左右交互に加えて左右連続して1回降下させた場合，いずれも，毎秒　C　cm 以上　D　cm 以下であること。

> ① 250　② 350　③ 650　④ 15　⑤ 16
> ⑥ 17　⑦ 120　⑧ 150　⑨ 180

解答欄

A		B		C		D	

問37　垂直式救助袋について，誤っているものは次のうちどれか。

(1) 入口金具は，入口枠，支持枠，袋取付枠，結合金具及びロープその他これに類するものにより構成されていること。

(2) 袋本体は，平均毎秒6 m 以下の速度で，途中で停止することなく滑り降りることができるものでなければならない。

(3) 下部支持装置は袋本体を容易，確実に支持できること。ただし，垂直式救助袋には下部支持装置を設けないことができる。

(4) 袋本体にかかる引張力を負担する展張部材を有すること。また，使用の際の展張部材の伸びは，本体布の伸びを超えないこと。

問38　救助袋の下端に取り付ける誘導綱について，正しいものはどれか。

(1) 袋本体の下端に，直径6 mm 以上の太さの誘導綱を取り付ける。

(2) 誘導綱の長さは，袋本体の全長に5 m を加えた長さ以上とする。

(3) 救助袋に取り付ける誘導綱の長さは，袋本体の長さ以上の長さとすることができる。

(4) 誘導綱の先端には，夜間において識別し易い300 g 以上の質量の砂袋等を取り付けるものとする。

問39　斜降式救助袋について，誤っているものは次のうちどれか。

(1) 袋本体は展張時においてよじれ及び片だるみがないものであること。

(2) 下部支持装置は，袋本体を確実に支持することができ，容易に操作できるものであること。

(3) 袋本体は，平均毎秒7 m 以下の速度で途中で停止することなく滑り降りることができるものであること。

(4) 袋本体は直径60 cm 以上の球体が通過できるものであり，滑降部には滑り降りる方向の縫い合わせ部が設けられていないこと。

問40　救助袋の強度の基準について，誤っているものはどれか。

(1) 袋本体の引張り強さ　　…　　2.0 kN 以上
(2) 覆い布の引張り強さ　　…　　0.8 kN 以上
(3) 袋本体の引裂き強さ　　…　　0.12 kN 以上
(4) 覆い布の引裂き強さ　　…　　0.08 kN 以上

第5章

模擬試験問題 I

問41 避難器具についての記述のうち，誤っているものはどれか。
ただし，避難はしごについては金属製以外のものとする。

(1) 避難橋は，建築物相互を連絡する渡り廊下をいう。

(2) 避難ロープは，上端部を固定し吊り下げたロープを使用して降下する
ものをいう。

(3) すべり台は，勾配のある直線状又はらせん状の固定された滑り面を滑
り降りるものをいう。

(4) 避難はしごは2本以上の縦棒，横桟及び吊り下げはしごにあっては吊
り下げ具で構成されたものであること。

問42 避難用タラップの構造等について，誤っているものはどれか。

(1) 手すり間の有効幅は50 cm以上60 cm以下とする。

(2) 避難用タラップの半固定式のものは，1動作で容易に架設できる構造
とする。

(3) 避難用タラップの手すりの高さは60 cm以上とし，手すり子の間隔は
18 cm以下とする。

(4) 避難用タラップは，踏板，手すり等で構成され，踏板の踏面には滑り
止めの措置を講じたものとする。

問43 避難器具を設置する開口部について，誤っているものはどれか。

(1) 避難はしごを壁面に設置する場合の開口部は，高さが0.8 m以上幅0.5
m又は高さ1 m以上幅0.45 m以上とする。

(2) 救助袋を壁面に設置する場合の開口部は，高さ0.6 m以上幅0.6 m以
上の大きさとする。

(3) 避難はしごを床面に設ける開口部は，直径0.6 m以上の円が内接する
大きさとする。

(4) 開口部に窓や扉等を設ける場合には，ストッパーなどを設け，避難器
具の使用中に閉鎖しない措置を講ずる。

問44　避難器具用ハッチについて，誤っているものはどれか。

(1) ハッチの上端は，床面から10 cm以上の高さであること。

(2) 3動作以内で確実かつ容易に避難器具を展張できるものであること。

(3) 避難ハッチの下ぶたが開いた場合の下ぶたの下端は，避難空地の床面上1.8 m以上の位置とする。

(4) 避難ハッチの降下口は，特定の場合を除き，直下階の降下口とは同一垂直線上にない位置に設ける。

問45　避難器具の点検について，誤っているものはどれか。

(1) 取付具のアンカーボルトの引抜き耐力を確認する際に，設計引抜き荷重に相当する試験荷重を加えて確認をした。

(2) 固定環ボックスのふた及び固定環には異常が認められなかったので，清掃をして点検を終えた。

(3) 救助袋を展張する付近の電線，樹木，ひさし等の状況を確認したのち，救助袋を展張して救助袋の展帳状況を確認した。

(4) ボルト，ナットの欠落，緩み，錆などの確認及び取付具，固定部材，格納箱等に変形，損傷，錆，腐食等の異常がないかを確認した。

実技試験【鑑別等】

鑑別1　A 及び B は，避難器具の工事，整備又は点検の際に用いるものである。それぞれの名称および用途を解答欄に答えよ。

A　　　　　　　　　　　　　B

解答欄

記号	名　　称	用　　途
A		
B		

鑑別2　下の写真は避難器具の取付具である。次の各問いに答えよ。

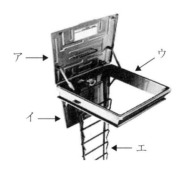

問1　この取付具の名称及び材質を答えよ。

名称	
材質	

問2　ア～エの名称を答えよ。

ア		イ	
ウ		エ	

鑑別 3 避難器具の設置場所等に設ける標識について，次の各問いに答えよ。

問 1 法基準に定められた標識の縦横の長さを答えよ。

縦		横	

問 2 標識に表示しなければならない事項を 2 つ答えよ。

(1)		(2)	

鑑別 4 下図は避難器具を表したものである。次の各問いに答えよ。

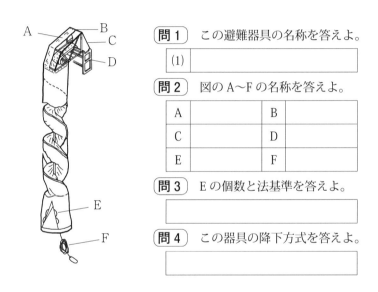

問 1 この避難器具の名称を答えよ。

(1)	

問 2 図の A～F の名称を答えよ。

A		B	
C		D	
E		F	

問 3 E の個数と法基準を答えよ。

問 4 この器具の降下方式を答えよ。

鑑別 5 下の写真は，避難器具に用いられているものの例である。名称と用途を答えよ。

名称	
用途	

実技試験【製図】

製図1　ビルの3階にある診療所の平面図である。この階に避難器具を設置するについて，次の各問いに答えよ。

但し，この階の従業者は，医師4名，看護師6名，検査技師等5名である。また，A〜Iは避難器具の設置が可能な開口部であるものとする。

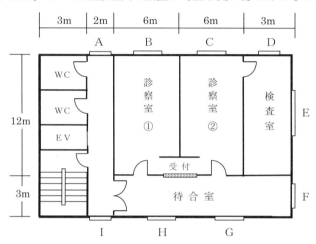

問1　この階の収容人員を計算式を示して答えよ。

計算式 [　　　　　　　　　　　]　　収容人員 [　　　] 人

問2　避難器具の設置数を計算式を示して答えよ。

計算式 [　　　　　　　　　　　]　　設置個数 [　　　] 個

問3　設置に適した開口部を記号で答えよ。　[　　　　　]

問4　適応する避難器具を2種類答えよ。

(1)		(2)	

製図 2　鉄筋コンクリートの床に図で示す緩降機の取付具を設置したい。条件に従い次の各問いに答えよ。ただし，計算式を示すこと。

条件：緩降機の設計荷重は4000 N で使用時に図 A 点の矢印方向に働く。
　　　D 点で固定する金属拡張アンカーは M12，コンクリートの設計基準強度は18 N/mm²，許容引抜荷重は8.9 kN とする。

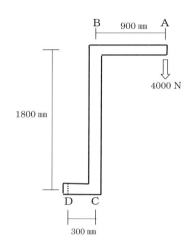

問 1　緩降機を使用したときにベース板 D 点に働く力を答えよ。

計算式		kN

問 2　この取付具に必要なアンカーボルトの最少本数を答えよ。

計算式		本

問 3　アンカーボルト M12で固定する時の相互の最小間隔を答えよ。

計算式		mm

問 4　アンカーボルト M16で固定する時の最少ヘリあき寸法を答えよ。

計算式		mm

第5章

模擬試験問題 I

模擬試験　I　解答・解説

消防関係法令【共通】

問 1　解答　(4)　　　　　　　　　　　　　　　　　　　(☞ P.184)

消防活動は市町村が主体となって行います。

問 2　解答　(2)　　　　　　　　　　　　　　　　　　　(☞ P.192)

消防同意は，建築物の新築・改築・修繕等について，行政庁等が予め消防長又は消防署長の同意を得ることをいいます。

問 3　解答　(2)　　　　　　　　　　　　　　　　　　　(☞ P.198)

特定用途部分の面積が，延面積の10 ％以下で，かつ，300 ㎡未満の場合は，特定用途部分があっても，建物全体が特定防火対象物とはなりません。

問 4　解答　(4)　　　　　　　　　　　　　　　　　　　(☞ P.195)

遊技場 (2)項，飲食店 (3)項，博物館 (8)項が正しい分類です。

問 5　解答　(2)　　　　　　　　　　　　　　　　　　　(☞ P.201)

非特定防火対象物で延面積500 ㎡以上のものを甲種防火対象物といいます。

問 6　解答　(3)　　　　　　　　　　　　　　　　　　　(☞ P.212)

消防用設備等などに関する新基準ができた場合，基本的には既設のもの・工事中のものは新基準に適合させる必要はありませんが，新基準に必ず適合させなければならない機械器具等があります。 要注意です!

問 7　解答　(4)　　　　　　　　　　　　　　　　　　　(☞ P.219)

検定対象は数少ないので，必ず把握してください。

問 8　解答　(3)　　　　　　　　　　　　　　　　　　　(☞ P.223)

消防設備士免状の記載事項の変更は必ず手続きが必要です。

【類別】

(問9)　**解答**　(2)　　　　　　　　　　　　　　　(☞ P.230)

避難階段は，通常の階段よりさらに安全な避難ができるよう，照明設備・排煙設備・内装制限などを施した階段をいいます。

(問10)　**解答**　(4)　　　　　　　　　　　　　　　(☞ P.231)

避難階段には屋内避難階段・特別避難階段・屋外避難階段があります。

(問11)　**解答**　(2)　　　　　　　　　　　　　　　(☞ P.237)

学校の収容人員は，［教職員＋生徒等の数］となります。

(問12)　**解答**　(3)　　　　　　　　　　　　　　　(☞ P.240)

主要構造部が耐火構造の2階は，設置除外の規定があります。

(問13)　**解答**　(3)　　　　　　　　　　　　　　　(☞ P.240)

ナイトクラブは政令別表第一（2）項に該当，設置個数は200人以下ごとに1個であるから，1個の設置でよい。

(問14)　**解答**　(4)　　　　　　　　　　　　　　　(☞ P.243)

避難用タラップは3階までしか適応しません。

(問15)　**解答**　(3)　　　　　　　　　　　(☞ P.244・P.245)

渡り廊下の基準は確実に把握してください。

機械に関する基礎的知識

(問16)　**解答**　(4)　　　　　　　　　　　　　(☞ P.13・P.15)

集中荷重・分布荷重は静荷重です。

(問17)　**解答**　(1)　　　　　　　　　　　　　　　(☞ P.41)

単位時間（1秒）で行う仕事のことを動力又は仕事率といいます。

動力の単位：**1 N・m/s ＝1 J/s ＝1 W**（ワット）

200 N ×9 m ÷30秒（S）＝60 N・m/s ＝**60 W**

(問18) **解答** (3) ☞P.17

応力（応力度）＝荷重（N）÷断面積（mm^2）〔N/mm^2〕

5000 N÷314 mm^2＝15.9〔N/mm^2〕

(問19) **解答** (2) ☞P.48

自由落下運動は，$v = v_0 + gt$ で求めます。

〔速度：v，初速：v_0，重力加速度：$g = 9.8$ m/s^2，時間：t〕

$69 = 0 + 9.8 \times t$　→　$69 = 9.8t$　→　$t = 7.0$

(問20) **解答** (3) ☞P.34

等分布荷重は，鋼材等の中央に全荷重がかかるものとして算出します。

$M = 1$ m $\times 25$ N　　　$M = 25$ N・m

(問21) **解答** (2) ☞P.25

安全率＝破壊応力÷許容応力により求めます。

$2.5 = 650 \div X$（許容応力）　　$\therefore X = 260$ N／mm^2

(問22) **解答** (3) ☞P.42

$F = 3600$ N $\div 8$　　　$F = 450$ N

(問23) **解答** (4) ☞P.274

一般構造用圧延鋼材の一種で，400は**「この材料で保証されなくてはならない最低の引張り強さを表したもの」**です。〔N/mm^2〕

(問24) **解答** (1) ☞P.54

砲金は青銅の一種です。　鍛造性に優れ，砲身に使用されていたようです。

(問25) **解答** (3) ☞P.56

浸炭とは，鋼の表層部分のみを硬くする処理です。

構造・機能・規格 及び 工事・整備の方法

(問26)　**解答**　(3)　　　　　　　　　　　　(☞ P.70)
　「**金属製避難はしごの技術上の規格を定める省令**」いわゆる**規格省令**で詳細が規定されています。

(問27)　**解答**　(3)　　　　　　　　　　　　(☞ P.72)
　突子は，横桟の位置ごとに設けられます。

(問28)　**解答**　(4)　　　　　　　　　　　　(☞ P.81)
　安全・確実な避難のために，避難器具の材料が定められています。

(問29)　**解答**　(2)　　　　　　　　　　　　(☞ P.72)
　突子は，避難者の踏足が十分に横桟に掛けられるための間隔を確保するために設けられます。

(問30)　**解答**　(4)　　　　　　　　　　　　(☞ P.73)
　縦棒・横桟等，規格省令の規定は確実に把握してください。

(問31)　**解答**　(2)　　　　　　　　　　　　(☞ P.78)
　立てかけはしご・吊り下げはしごは持ち運びをするため重さ表示が必要。

(問32)　**解答**　(2)　　　　　　　　　　　　(☞ P.86)
　可搬式緩降機は，使用の際に**取付具に取り付けて使用する方式**のもので，任意の場所に移動するわけではありません。

(問33)　**解答**　(4)　　　　　　　　　　　　(☞ P.90)
　リールは**ロープ**と**着用具**を巻き収めるためのものです。

(問34)　**解答**　(1)　　　　　　　　　　　　(☞ P.94)
　1台の緩降機には，ロープの両端に着用具が連結されています。

(問35)　**解答**　(2)　　　　　　　　　　　　(☞ P.86)
　安全降下速度は緩降機の命です。

第5章

模擬試験問題 Ⅰ

[問36] 　**解答**　A：① 　　　B：③ 　　　C：⑤ 　　　D：⑧ 　　　(☞ P.100)

安全降下速度を確認するために，降下速度試験が行われます。

[問37] 　**解答**　(2) 　　　(☞ P.105)

垂直式の降下速度は**平均毎秒4m 以下**，斜降式の降下速度は**平均毎秒7m 以下**の速度と規定されています。

[問38] 　**解答**　(4) 　　　(☞ P.107)

誘導綱は**直径4 mm 以上の太さ**，誘導綱の先端に**質量300 g 以上の砂袋**等を取り付けます。砂袋は**夜間でも識別しやすいもの**とします。

[問39] 　**解答**　(4) 　　　(☞ P.110)

「**直径50 cm 以上の球体が通過できるもの**」が正解です。

[問40] 　**解答**　(1) 　　　(☞ P.113)

袋本体の引張り強さは，1000 N 以上（1 kN 以上）が正解です。

[問41] 　**解答**　(1) 　　　(☞ P.130)

避難橋とは，建築物相互を連絡する橋状のものをいいます。

[問42] 　**解答**　(3) 　　　(☞ P.128)

避難用タラップの手すりの高さは**70 cm 以上**とし，手すり子の間隔は18 cm 以下が正解です。

[問43] 　**解答**　(3) 　　　(☞ P.137)

この項の**開口部**は**避難器具の設置に有効な面積を有する開口部**をいいます。

[問44] 　**解答**　(1) 　　　(☞ P.159)

ハッチの上端は，床面から 1 cm 以上の高さであること。

[問45] 　**解答**　(2) 　　　(☞ P.179)

固定環ボックスは，必ず**水抜き口**の点検を行ってください。

実技試験 【鑑別等】

鑑別 1　解答　　　　　　　　　　　　　　　（☞ P.254. 255）
　　　　　A：ハクソー…金属部材の切断をする（金切鋸ともいう）。
　　　　　B：プライヤー…ボルトやナット等の締付脱着等に用いる。

鑑別 2　解答　　　　　　　　　　　　　　　（☞ P.156・P.158）
　　問 1　名称：避難器具用ハッチ
　　　　　材質：オーステナイト系のステンレス鋼，SUS 304以上
　　　　　　　の材質
　　問 2　ア：上ぶた　イ：下ぶた　ウ：避難ハッチ本体
　　　　　エ：ハッチ用吊り下げはしご（金属製吊り下げはしご）

鑑別 3　解答　　　　　　　　　　　　　　　（☞ P.160・P.161）
　　縦0.12 m 以上　　横0.36 m 以上
　　⑴ 避難器具である旨　　⑵ 使用方法

鑑別 4　解答　　　　　　　　　　　　　　　（☞ P.103・P.105）
　　問 1　垂直式救助袋
　　問 2　A：覆い布　B：入口金具(入口枠)　C：ワイヤロープ
　　　　　D：取付具　E：取手　　　　　　　F：誘導綱
　　問 3　4 個以上，出口付近に左右均等に設ける。
　　問 4　らせん式

鑑別 5　解答　　　　　　　　　　　　　　　（☞ P.272）
　　名称：シャックル
　　用途： 機器や部材等の連結・固定などに用いる。

実技試験【製図】

製図1　解答と解説　　　　　　　　　　　　　　　　　　　(☞ P.286)

問1　医師など**従業者の数＋待合室の面積÷3 m²**で求めます。

計算式：15人＋（45 m²÷3 m²）＝30　収容人員：30人

問2　3階以上の階で2以上の直通階段がないので，**10人以上から設置義務**が生じ**100人**までごとに**1個以上**となります。

計算式：30÷100 ＝ 0.3　　設置個数：1個

問3　F（階段から適当に離れた場所，多数の人が利用又は居る場所）

問4　すべり台，救助袋，緩降機，避難橋が適応（この中から2個）

製図2　解答と解説　　　　　　　　　　　　　　　　　　　(☞ P.278)

＊基本的に**A-B**で**発生する力**と**C-D**の**固定力**が釣り合えば良いわけです。

＊設計荷重の4000 Nにより**A-B**に**発生する力**（曲げモーメント）を求めます。この力が基本になります。

900 mm ×4 kN ＝**3600 kN・mm**

問1　A-Bで発生する力がC-Dにどのように働くかを見ます。

計算式：3600 kN・mm ＝300 mm × X　　X ＝**12 kN**

問2　C-Dのベース板に働く力をアンカーボルト1本あたりの許容引抜荷重で割れば，必要な本数が算出できます。

計算式：12 kN ÷8.9 kN ＝1.34　　必要本数：**2本**

問3　アンカーの相互間隔は**埋め込み深さの3.5倍以上**の規定有り。

計算式：50 mm ×3.5＝**175 mm**　　最小間隔**175 mm**

問4　ヘリあき寸法は，**埋め込み深さの2倍以上**の規定があります。

計算式：60 mm × 2 ＝**120 mm**　　ヘリあき寸法**120 mm** 以上

模擬試験問題　Ⅱ

☆**甲種受験者**は，すべての問題の解答をして下さい。

☆**乙種受験者**は，製図を除いたすべての問題を解答し，基礎
　知識5問，構造機能・規格10問，法令15問に相当する正解
　率を算出してください。

消防関係法令【共通】

[問1]　消防長を置かなければならないものは，次のうちどれか。
(1) 都道府県
(2) 消防署を置く市町村
(3) 消防団を置く市町村
(4) 消防本部を置く市町村

[問2]　消防関係法令に定める用語の意義についての記述のうち，正しくないものはどれか。
(1) 関係者とは，防火対象物の所有者，管理者又は占有者をいう。
(2) 高層建築物とは，その高さが31mを超える建築物をいう。
(3) 関係ある場所とは，防火対象物又は消防対象物のある場所をいう。
(4) 消防吏員とは，消防本部に勤務する消防職員のうち，消火，救急，救助，査察などの業務を行う者をいう。

[問3]　防火対象物についての記述のうち，誤っているものは次のどれか。
(1) 不特定多数の人が出入りし，火災危険が大きく，火災時の避難が容易でない防火対象物を特定防火対象物という。
(2) 特定防火対象物は火災危険の高い防火対象物であることから，消防用設備等の設置基準等の適用が厳しく扱われる。
(3) 政令別表第一(5)ロに分類される共同住宅も，多数の者が出入りし，かつ，宿泊する施設であることから特定防火対象物として扱われる。
(4) 複合用途防火対象物の一部に特定用途のものが存する場合であっても，建物全体が特定防火対象物の扱いとならない場合がある。

[問4]　火災予防の措置命令について，誤っているものは次のうちどれか。
(1) 消防本部を置かない市町村の長は，消防団員に命じて必要な措置をとらせることができる。
(2) 消防長又は消防署長は，防火対象物の関係者に対して火災予防上必要な書類や図面の提出を命令することができる。
(3) 消防長，消防署長その他の消防吏員は，屋外における火災予防に危険と認める行為者に必要な措置命令を発することができる。
(4) 命令を受けて防火対象物への立入検査をする消防職員は，市町村長の定める証票を防火対象物の関係者に提示しなければならない。

問5 防火管理者の業務として，誤っているものは次のうちどれか。
(1) 消防計画の作成
(2) 危険物の取り扱いに関する保安監督
(3) 火気の使用及び取扱いに関する監督
(4) 消防用設備類，消防用水，消火活動上必要な施設の点検，整備

問6 消防用設備等又は特殊消防用設備等の工事に関する記述について，誤っているものはどれか。
(1) 設置工事に係わる甲種消防設備士は，工事着手日の10日前までに所轄の消防長又は消防署長に着工届を提出しなければならない。
(2) 設置工事と同様に，変更工事においても消防長又は消防署長に対して着工届を提出しなければならない。
(3) 工事に係った甲種消防設備士は，設置工事が完了した日から4日以内に所轄の消防長又は消防署長に設置届を提出しなければならない。
(4) 一定の防火対象物は設置届を提出した後に，当該設備等の検査を受けなければならない。

問7 消防用設備等の技術基準の新規定施工後において，建築物の増改築にあたり，新規定に適合させる必要がある工事床面積の合計の基準は次のうちどれか。
(1) 1000 ㎡以上
(2) 1500 ㎡以上
(3) 2000 ㎡以上
(4) 2500 ㎡以上

問8 消防用機械器具等の検定についての記述のうち，誤っているものは，次のうちどれか。
(1) 検定対象機械器具等の検定には，型式承認と型式適合検定がある。
(2) 型式承認は総務省令により日本消防検定協会又は登録検定機関が行う。
(3) 型式適合検定とは，個々の検定対象機械器具等が型式承認を得た内容と同一であるか否かについて行う検定である。
(4) 型式適合検定に合格したものには合格証が付されるが，合格証のないものは販売できず，また，販売を目的とした陳列もできない。

第5章 模擬試験問題Ⅱ

問9 消防用設備等又は特殊消防用設備等の定期点検及び報告についての記述のうち，誤っているものはどれか。

(1) 特定防火対象物で延べ面積が1000㎡以上のものは，消防設備士などの有資格者に点検させなければならない。

(2) 特定1階段等防火対象物の点検は，消防設備士などの有資格者に点検させなければならない。

(3) 消防設備士などの有資格者による点検が義務付けられた以外の防火対象物は，関係者自らが点検し，報告しなければならない。

(4) 非特定防火対象物の延べ面積が1000㎡以上で消防長又は消防署長等から指定されたものは，消防設備士などの有資格者に点検させなければならない。

消防関係法令【類別】

問10 避難器具等の設置に関する用語について，誤っているものはどれか。

(1) 避難階とは，避難器具が設置されている階をいう。

(2) 直通階段とは，避難階又は1階に直接通じている階段をいう。

(3) 無窓階は，避難や消火活動に有効な開口部が基準に満たない階をいう。

(4) 避難階段は建築基準法施行令で定める階段で，安全避難のための構造をしている。

問11 ゲームセンターに避難器具を設置するにあたり下記の条件を基に収容人員を算出した。正しいものは次のうちどれか。

[条件] 従業員5名，2人用ゲーム機15台，一人用ゲーム機20台，
　　　休憩コーナー（横幅6mの長椅子あり）

(1) 47名　　(2) 53名　　(3) 67名　　(4) 83名

問12 次の防火対象物のうち，避難器具の設置義務のないものはどれか。ただし，すべて主要構造部が耐火構造の建築物である。

(1) 2階の診療所で，収容人員が30人のもの。

(2) 地階の飲食店で，収容人員が50人のもの。

(3) 3階の書籍店で，収容人員が100人のもの。

(4) 4階の映画スタジオで，収容人員が120人のもの。

問13 避難器具の設置基準からみて，誤っているものはどれか。

　ただし，直通階段は2箇所で，設置の減免となる施設はないものとする。

　(1) 収容人員80人の2階の幼稚園に避難器具を1個設置した。

　(2) 収容人員100人の3階の事務所に避難器具を1個設置した。

　(3) 収容人員120人の2階の病院に避難器具を2個設置した。

　(4) 収容人員170人の共同住宅の3階に避難器具を2個設置した。

問14 消防法施行令第25条に定める避難器具の適応性について，防火対象物と避難器具の組み合わせのうち，誤っているものはどれか。

　(1) 2階の遊技場　　　…　すべり棒

　(2) 3階の飲食店　　　…　緩降機

　(3) ホテルの4階　　　…　避難用タラップ

　(4) 5階の作業場　　　…　避難橋

問15 耐火構造の屋上広場に避難橋を設け，一定条件が整えば屋上広場の直下階が避難器具設置の減免対象となる規定があるが，次のもののうち減免対象の条件として誤っているものはどれか。

　(1) 屋上出入口から避難橋に至る経路は避難上支障がない。

　(2) 基準を満たした有効面積80㎡以上の屋上広場がある。

　(3) 屋上の直下階から屋上広場に通じる避難階段または特別避難階段が2以上設けられている。

　(4) 屋上広場に面する窓，出入口には，特定防火設備である防火戸または鉄製網入りガラス戸が設けられている。

機械に関する基礎的知識

問16 許容締付トルク80〔N・m〕のアンカーボルトを締め付ける際に，下記のスパナを使用した。この場合の最大締付力は次のどれか。

　(1) 40　N

　(2) 160　N

　(3) 250　N

　(4) 400　N

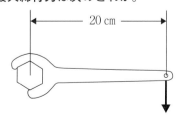

(問17) 下図は鋼材の引張試験における「応力とひずみの関係線図」である。次の A, B, E の説明について, 正しい組み合わせのものはどれか。

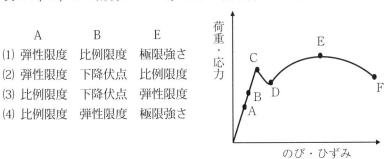

	A	B	E
(1)	弾性限度	比例限度	極限強さ
(2)	弾性限度	下降伏点	比例限度
(3)	比例限度	下降伏点	弾性限度
(4)	比例限度	弾性限度	極限強さ

(問18) 長さ300 cm の鋼棒の A 端に40 N, B 端に80 N の力がいずれも下向きに働くとした場合, この鋼棒が水平を保つための作用点の位置, 合力の大きさとして正しいものは次のうちどれか。

(1) 作用点は A 端より200 cm の位置で, 合力は下向きで120 N
(2) 作用点は A 端より200 cm の位置で, 合力は上向きで120 N
(3) 作用点は A 端より225 cm の位置で, 合力は下向きで120 N
(4) 作用点は A 端より225 cm の位置で, 合力は上向きで120 N

(問19) 図のように鋼材を直径2 cm のリベットで連結している。引張力 (W) を7.85 kN とした場合, リベットのせん断応力は次のうちどれか。

(1) 3.9 MPa
(2) 25.0 MPa
(3) 78.5 MPa
(4) 250 MPa

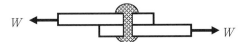

問20　下図のように A－B に4 kN の力が加わる場合，B－C 間のワイヤーに生ずる張力として正しいものは次のうちどれか。
ただし，A－C は固定されており，A－B のうち，A 部分は自在固定され，B 部分はワイヤーにより支持されている。

(1) 4　kN
(2) 8　kN
(3) 10　kN
(4) 16　kN

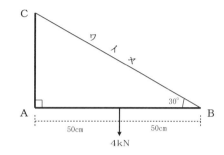

問21　引張荷重がかかり応力集中が発生した場合，破壊の原因として最も考えられるものはどれか。
⑴ 打痕がある。
⑵ 切り欠き溝がある。
⑶ 荷重が繰り返しかかる。
⑷ さびが局部に発生している。

問22　水平な床面に置かれた200 N の物体に80 N の力を加えたときに動き出した。この場合の摩擦係数として正しいものは次のどれか。
ただし，床面と物体の接触面積400 cm² であった。
(1) 0.4　　　(2) 0.8　　　(3) 1.0　　　(4) 2.0

問23　金属は単体で用いられることは少なく，一般的に合金として性能を高めたうえで使用される。次の合金の素材の組み合わせとして，誤っているものはどれか。
⑴ 黄　銅・・・銅 ＋ 亜鉛
⑵ 青　銅・・・銅 ＋ すず
⑶ 白　銅・・・銅 ＋ ニッケル
⑷ ステンレス・・・鋼 ＋ クロム ＋ ニッケル

第5章

模擬試験問題 Ⅱ

[問24]　金属の熱処理とその目的との組み合わせとして，誤っているのは次のうちどれか。

熱処理の種類	熱処理の目的
(1) 焼き入れ	金属の硬度を増加させる
(2) 焼き戻し	焼入れによる硬度を安定させる
(3) 焼きなまし	組織の安定化，展延性の向上
(4) 焼きならし	組織の均一化，ひずみの除去

[問25]　金属の溶接についての記述として，誤っているはどれか。
(1) 余盛とは，溶接部に設計値以上のビードを盛ること。
(2) ビードとは，溶接棒と母材が溶融して溶着金属となった部分のこと。
(3) クレータとは，溶接ビードの終わりにできた出っ張りのことをいう。
(4) アンダーカットとは，ビードと母材の境目に溶接線に沿ってできた細い溝のことをいう。

構造・機能・規格 及び 工事・整備の方法

[問26]　金属製避難はしごについての記述のうち，誤っているものはどれか。
(1) 避難はしごは，安全，確実，容易に使用できる構造であること。
(2) 避難はしごとは，規格省令においては固定はしご，立てかけはしご及び吊り下げはしごをいう。
(3) 吊り下げはしごと防火対象物の壁面等との間隔を保つための長さ10cmの横桟を設けること。
(4) 固定式はしごの収納式のものは，保安装置に至る動作を除き，2動作以内で使用可能な状態にできること。

[問27]　金属製避難はしごについての記述のうち，適切でないものはどれか。
(1) 固定はしごとは，防火対象物に固定されて使用されるものをいう。
(2) 立てかけはしごとは，防火対象物に立てかけて使用されるものをいう。
(3) 吊り下げはしごとは，防火対象物に吊り下げて使用されるものをいう。
(4) ハッチ用吊り下げはしごとは，避難器具用ハッチに格納されるもので使用の際，防火対象物に突子が接触しない構造のものをいう。

問28 避難はしごについての記述のうち，誤っているものはどれか。

(1) 横桟から防火対象物までの距離は10 cm以上とすること。

(2) 縦棒が2本の場合，縦棒の間隔は30 cm以上50 cm以下とする。

(3) 横桟の間隔は25 cm以上35 cm以下とし，縦棒に同一間隔で取り付ける。

(4) 横桟は直径14 mm以上35 mm以下の円形の断面又はこれと同等の握り太さの形状のものとする。

問29 縦棒が1本の固定はしごについて，誤っているものはどれか。

(1) 縦棒がはしごの中心軸となるように横桟を取り付ける。

(2) 縦棒が1本の固定はしごにおいては，縦棒の幅は15 cm以下とする。

(3) 横桟の先端に縦棒の軸と平行に長さ5 cm以上の横滑り防止の突子を設ける。

(4) 横桟の長さは縦棒から先端までの内法寸法で15 cm以上25 cm以下とする。

問30 金属製吊り下げはしごの各部分とその材料についての組み合わせのうち，誤っているものはどれか。

(1) 縦　棒　…　JIS G 3535　　(2) 横　　桟　…　JIS G 3101

(3) ボルト　…　JIS G 3123　　(4) 自在金具　…　JIS H 4040

問31 緩降機についての記述のうち，誤っているものはどれか。

(1) 緩降機とは，使用者が他人の力を借りずに自重により自動的に連続交互に降下することができる機構を有するものをいう。

(2) 固定式緩降機とは，常時，取付具に固定されている方式の緩降機のことをいう。

(3) 可搬式緩降機とは，使用の際に任意の場所に移動して使用ができる緩降機のことをいう。

(4) 緩降機の降下速度は，調速器により毎秒16 cm以上150 cm以下の安全速度に調整される。

第5章

模擬試験問題 Ⅱ

問32　緩降機の各部分についての記述のうち，不適切なものはどれか。
(1) リールはロープを巻き収めるための構造であること。
(2) 調速器は，堅牢で耐久性があり常時分解掃除等をしなくてもよい構造であること。
(3) ロープはワイヤロープを芯にして，綿糸またはポリエステルを用いた金剛打ちの外装を施したものであること。
(4) 調速器の連結部は取付具に確実に結合され，緩降機の自重及び使用者の降下荷重を安全に支えるものであること。

問33　緩降機に関する記述について，誤っているものはどれか。
(1) 取付具の高さは，床面から1.5m以上1.8m以下とする。
(2) 降下速度は，毎秒16cm以上150cm以下に自動的に調整されること。
(3) 調速器降下の際，ロープが防火対象物と接触して損傷しないよう壁面から15cm以上30cm以下の間隔をとる。
(4) ロープの先端又は着用具が地盤面又は降着面に到達していること。または着用具の先端が地盤面から±0.6mの位置にあること。

問34　緩降機の降下速度を調整する調速器の機構に関する記述のうち，不適切なものはどれか。
(1) 歯車式　　(2) 油圧式　　(3) 回転式　　(4) 遊星歯車式

問35　緩降機の点検後，再格納の際にリール自体を回転させてロープを巻き取る方法が行われるが，その理由として正しいものはどれか。
(1) ロープを巻き取るには，リール自体を回転させた方が早く巻き取れるため。
(2) ロープの外装を点検しながらリールにロープを巻き取ることができるため。
(3) ロープの芯にワイヤロープを使っており，重いのでリール自体を回した方が巻き取りやすいため。
(4) ロープの芯にワイヤロープが使われており，手で巻き付けるとロープにねじれ癖をつけるおそれがあるため。

問36　救助袋の下部支持装置の固定具を納める固定環ボックスのフタ及び箱に用いる「ねずみ鋳鉄品」を表わすものは，次のうちどれか。
(1) FC　　　(2) SC　　　(3) SS　　　(4) SUP

問37　救助袋は認定対象品であるが，認定証が貼付されている箇所は，次のどの部分か。

(1) 入口金具

(2) 救助袋の格納箱

(3) 救助袋の出口付近

(4) 救助袋の覆い布部分

問38　袋本体の長さが30mの斜降式救助袋に取り付ける誘導綱の基準上の最小の長さとして，正しいものは次のうちどれか。

(1) 26 m　　　(2) 30 m　　　(3) 34 m　　　(4) 40 m

問39　斜降式救助袋について，誤っているものは次のうちどれか。

(1) 救助袋は，入口金具，袋本体，緩衝装置，取手及び下部支持装置により構成されるものであること。

(2) 袋本体の下部出口と降着面の高さは，無荷重状態で0.6 m以下であること。

(3) 袋本体は，平均毎秒7 m以下の速度で途中で停止することなく滑り降りることができるものであること。

(4) 袋本体は直径50 cm以上の球体が通過できるものであり，滑降部には滑り降りる方向の縫い合わせ部が設けられていないこと。

問40　救助袋に用いる布は，JIS規格の一般織物試験方法において一定基準以上の強度を有するものでなければならない。正しいものは次のどれか。

(1) 覆い布の引裂き強さ　…　100 N以上

(2) 袋本体の引裂き強さ　…　150 N以上

(3) 覆い布の引張り強さ　…　800 N以上

(4) 袋本体の引張り強さ　…　1500 N以上

問41　避難用タラップには，見やすい箇所に容易に消えないように表示すべき事項が定められているが，次のうち該当しないものはどれか。

(1) 製造者名又は商標　　(2) 設置階　　(3) 勾配　　(4) 製造年月

問42　すべり台についての記述のうち，正しいものはいくつあるか。

A　滑り面の勾配は，25°以上35°以下であること。

B　すべり台の底板の有効幅は50 cm以上であること。

C　底板は，一定の勾配を有する滑り面を有し，すべり台の終端まで一定の速度で滑り降りることができるものであること。

D　底板，側板，手すり及び支持部の材質は，鋼材，アルミニウム材，鉄筋コンクリート材又は同等以上の耐久性を有するものとする。

(1)　1つ　　　(2)　2つ　　　(3)　3つ　　　(4)　4つ

問43　避難はしご（金属製避難はしご以外のもの）についての記述のうち，正しいものはどれか。

(1)　横桟は，金属製のもの又はこれと同等以上の耐久性を有するものを用いなければならない。

(2)　横桟の断面が円形であるものについては，特に踏面に滑り止めの措置を講じたものとすること。

(3)　避難はしごは2本以上の縦棒，横桟，及び吊り下げ具から構成されたものであること。

(4)　金属製以外の避難はしごとは，立てかけはしごを除く固定はしご，吊り下げはしごのうち金属製以外のものをいう。

問44　避難器具と壁面の開口部の大きさとの組み合せのうち，基準上誤っているものはどれか。

(1)　緩降機・・・・・高さ0.8 m以上，幅0.5 m以上

(2)　救助袋・・・・・高さ0.6 m以上，幅0.6 m以上

(3)　すべり台・・・高さ0.8 m以上，滑り面の最大幅以上

(4)　避難はしご・・・高さ1 m以上，幅0.5 m以上

問45　救助袋の点検に用いる用具類として相応しくないものは，次のうちどれか。

(1)　ストップウオッチ

(2)　ルーペ

(3)　双眼鏡

(4)　ホールソー

実技試験【鑑別等】

鑑別1　A 及び B は，避難器具の工事，整備又は点検の際に用いるものである。それぞれの名称および用途を解答欄に答えよ。

A　　　　　　　　　　　　　　　　B

解答欄

記号	名　称	用　　途
A		
B		

鑑別2　下図の方法は，避難器具の設置工事又は整備の際に行う方法の例である。次の各問いに答えよ。

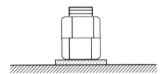

問1　上図で行う方法の「呼称」と「目的」を答えよ。

呼称	
目的	

問2　上図と同じ目的で行う方法を2つ答えよ。

(1)		(2)	

鑑別3　下図は金属製吊り下げはしごの一部を示した図である。
次の各問いに答えよ。

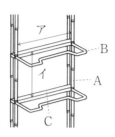

問1　A，B，C，それぞれの名称を答えよ。

A		B		C	

問2　Bの機能を簡潔に答えよ。

問3　ア，イ，それぞれの規格上の間隔を答えよ。

ア		イ	

問4　吊り下げはしごの上端に取り付ける吊り下げ具を2つ答えよ。

(1)		(2)	

鑑別 4　図で示す避難器具の A～C に関する基準上の数値を答えよ。

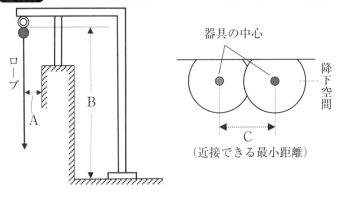

器具の中心

降下空間

C
（近接できる最小距離）

解答欄

A		B		C	

鑑別 5　下図は避難器具を表したものである。
　　　次の問いに答えよ。

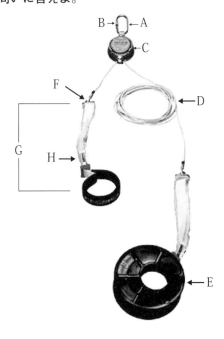

問1　この避難器具の名称を答えよ。

問2　図の A〜H それぞれの部分の名称を答えよ。

A		E	
B		F	
C		G	
D		H	

実技試験【製図】

製図1　主要構造部を耐火構造とした建物の3階部分の概要図である。この階に避難器具を設置する場合について次の各問いに答えよ。

但し，(1)　この階の従業者の数は37名である。

(2) 階段はいずれも避難階段の構造をした直通階段である。

(3) A～I は避難器具の設置に適応した開口部とする。

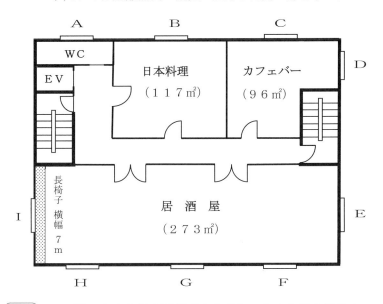

問1　この階の収容人員の計算式を作成し，収容人員を答えよ。

計算式		収容人員	名

問2　避難器具の設置個数の計算式を作成し，設置個数を答えよ。

計算式		設置個数	個

問3　設置に最も適している箇所を記号で答えよ。

問4　適応する避難器具名を避難はしご以外の2種類を答えよ。

(1)		(2)	

製図2　8階建てホテルの網掛けをした開口部に，垂直式救助袋を設置する予定である。図を参考にして，次の各問いに答えよ。

問1　この計画に基準上の問題点はないか，問題点の有無を○印を付して答えよ。

｡問題あり　　　　　　　｡問題なし

問2　問題点が有る場合は，その理由を答えるとともに正しい位置の開口部を黒く塗りつぶせ。ただし設置数は各階1個とすること。

理由	

模擬試験　Ⅱ　解答・解説

消防関係法令【共通】

[問1]　**解答**　(4)　　　　　　　　　　　　　　(☞ P.184・P.187)

消防長は消防本部の長であることから必ず必要である。

[問2]　**解答**　(1)　　　　　　　　　　　　　　　　(☞ P.183)

関係者とは，防火対象物又は消防対象物の**所有者・管理者・占有者**をいう。

[問3]　**解答**　(3)　　　　　　　　　　　　(☞ P.195・P.199)

寄宿舎（社宅・寮）・**共同住宅**などは，いつも定まった**特定の者**が居住する施設で，危険性が少ないことから，**非特定防火対象物**として扱われます。

[問4]　**解答**　(4)　　　　　　　　　　　　(☞ P.190・P.191)

立入検査をする消防職員等は，市町村長の定める**証票**を**携帯**し**関係ある者**から**請求**があるときに**提示**します。

[問5]　**解答**　(2)　　　　　　　　　　　　(☞ P.201・P.203)

(2)は，危険物保安監督者の業務です。

[問6]　**解答**　(3)　　　　　　　　　　　　(☞ P.210・P.211)

設置工事又は変更工事をするときは，**着工届→設置届→設置検査**の手順で行います。設置届は**防火対象物の関係者**が行います。

[問7]　**解答**　(1)　　　　　　　　　　　　　　　　(☞ P.213)

基準改定後の増築・改築で**床面積の合計が1000 ㎡以上**又は防火対象物の**延面積の２分の１以上**となるものは改定基準に合わせなければならない。

[問8]　**解答**　(2)　　　　　　　　　　　　　　　　(☞ P.218)

型式承認は**総務大臣**が行います。

日本消防検定協会又は登録検定機関が行えるのは，**型式適合検定**です。

[問9]　**解答**　(3)　　　　　　　　　　　　　　　　　(☞ P.214・P.217)

消防設備士などの有資格者による点検が義務付けられた防火対象物以外
の防火対象物でも，有資格者による点検は有効です。

消防関係法令【類別】

[問10]　**解答**　(1)　　　　　　　　　　　　　　　　　(☞ P.230・P.233)

避難階とは，直接地上に通じる出入口のある階をいいます。

[問11]　**解答**　(3)　　　　　　　　　　　　　　　　　(☞ P.237)

収容人員　5 +30+20+（6 ÷0.5）＝67名となります。

[問12]　**解答**　(4)　　　　　　　　　　　　　　　　　(☞ P.240)

地階・無窓階以外は収容人員150人からの設置です。

[問13]　**解答**　(2)　　　　　　　　　　　　　　　　　(☞ P.240)

事務所は，地階・無窓階以外は収容人員150人からの設置です。

[問14]　**解答**　(3)　　　　　　　　　　　　　　　　　(☞ P.243)

避難用タラップは3階までしか適応しません。

[問15]　**解答**　(2)　　　　　　　　　　　　　　　　　(☞ P.245)

基準を満たした有効面積100 ㎡以上の屋上広場が必要です。

機械に関する基礎的知識

[問16]　**解答**　(4)　　　　　　　　　　　　　　　　　(☞ P.35・P.38)

$M = F \times r$（スパナの長さ）

$80\,\text{N} \cdot \text{m} = F \times 0.2\,\text{m}$　　　$F = 80 \div 0.2 = 400\,\text{N}$

[問17]　**解答**　(4)　　　　　　　　　　　　　　　　　(☞ P.23)

極限強さのE点を超えると，一挙にひずみが増加して破断します。

[問18]　**解答**　(1)　　　　　　　　　　　　　　(☞ P.36)

作用点の位置を 0，作用点から A 端までの
距離を r_1，作用点から B 端までの距離を r_2，
合力を F として算出します。

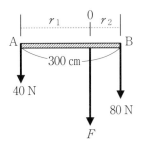

合力の大きさ：F_1 F_2が同じ向きなので，
$F = 40 + 80 = 120$ N となります。
作用点の位置：次式により求めます。

　　　$40 \times r_1 = 80 \times r_2$ が釣合う位置
　　　$40\, r_1 = 80\,(300 - r_1)$
　　　$\therefore r_1 = 200$ cm　従って，$r_2 = 100$ cm

[問19]　**解答**　(2)　　　　　　　　　　　　(☞ P.18・P.19)

1 MPa $=1$〔N／mm^2〕ですから，単位を〔N／mm^2〕に合わせます。
　・鋼材の引張力（W）は，それぞれ**7850 N**
　・リベットの断面積は，3.14×10 mm ×10 mm ＝**314 mm^2**
　7850 N ÷314 mm^2＝25〔N／mm^2〕＝**25**〔MPa〕

[問20]　**解答**　(1)　　　　　　　　　　　　(☞ P.30・P.32)

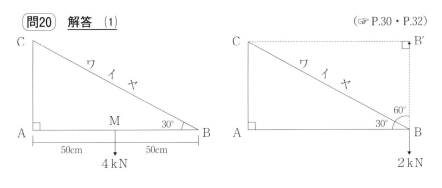

　まず，B 点にかかる荷重を求めます。A － B の中間を M とします
（左図）。
　A － M ×4 kN ＝ A － B × X kN　　50× 4 ＝100× X　　∴ X ＝2〔kN〕
モーメント計算より B 点に2 kN の荷重がかかると同じことになります。
　次に，B 点にかかる2 kN を支えるために，B 点から上向きに2 kN の
反力 B － B′を A － C と平行に引き，さらに，C 点から B － B′に向かっ
て A － B と平行に線を引くと，力の平行四辺形ができます（右図）。
　従って，三角比から B － C で大きさを求めることができます。

$$\cos 60° = \frac{B-B'}{BC} = \frac{2(kN)}{BC} \qquad \cos 60° = \frac{1}{2} = 0.5$$

$$BC = \frac{2}{0.5} = 4 \quad \therefore ワイヤにかかる引張荷重は\mathbf{4kN}$$

三角形「B − B′ − C」の辺の比が「B − B′」:「B′ − C」:「B − C」が
「1」:「$\sqrt{3}$」:「2」であることからも,「B − C」は4 kN となります。

問21　解答　(2)　　　　　　　　　　　　　　　　(☞ P.19)

材料に溝や裂け目などがあると,その部分に応力集中が発生し易くなり,破壊の原因となります。

問22　解答　(1)　　　　　　　　　　　　　　　　(☞ P.45)

最大摩擦力(最大静止摩擦力)の算式に数値を代入します。

$$F = \mu \times W \qquad 80 = \mu \times 200 \quad \therefore \mu = 0.4$$

〔F:最大摩擦力, μ:摩擦係数(ミュー), W:床面にかかる圧力(荷重)〕

(P.47参照　摩擦力は,接触面にかかる垂直圧力に比例するが,摩擦面の大小には関係ない。)

問23　解答　(4)　　　　　　　　　　　　　　　　(☞ P.54)

ステンレスは,**鉄＋クロム＋ニッケル**等で,**鋼**ではありません。

問24　解答　(2)　　　　　　　　　　　　　　　　(☞ P.55)

焼き戻しは,焼入れによる硬度を軟化させるために行う熱処理です。

問25　解答　(3)　　　　　　　　　　　　　　　　(☞ P.59)

クレータは溶接ビードの終わりにできた**へこみ**のことをいう。

構造・機能・規格 及び 工事・整備の方法

問26　解答　(3)　　　　　　　　　　　　　　　　(☞ P.72)

横桟の位置ごとに**突子**が設けられます。

問27　解答　(1)　　　　　　　　　　　　　　　　(☞ P.70)

固定はしごは,常時使用可能な状態で防火対象物に固定されて使用され

るものをいいます。

問28　**解答**　(2)　　　　　　　　　　　　　　　　（☞ P.73）
縦棒の間隔は，**内法寸法**と定められています。

問29　**解答**　(2)　　　　　　　　　　　　　　　　（☞ P.79）
縦棒の幅は10 cm以下が正解です。

問30　**解答**　(4)　　　　　　　　　　　　　　　　（☞ P.81）
吊り下げ具は JIS G 3101（一般構造用圧延鋼材）が指定されています。

問31　**解答**　(3)　　　　　　　　　　　　　　　　（☞ P.94）
可搬式緩降機は，使用の際に**取付具に取り付けて使用する方式**のもので，任意の場所に移動できるわけではありません。

問32　**解答**　(1)　　　　　　　　　　　　　　（☞ P.90・P.95）
リールは**ロープ**と**着用具**を巻き収めるためのものです。

問33　**解答**　(4)　　　　　　　　　　　　　　　　（☞ P.148）
本問の数値は，出現率の高い要件を合体させた問題です。

問34　**解答**　(3)　　　　　　　　　　　　　　　　（☞ P.85）
回転式という方式はありません。

問35　**解答**　(4)　　　　　　　　　　　　　（☞ P.177・P.269）
ロープを手で巻き付けると，ワイヤにねじれ癖を付ける原因になります。

問36　**解答**　(1)　　　　　　　　　　　　　　　　（☞ P.52）
FC：鋳鉄　　S：鋳鋼　　SS：構造用鋼　　SUP：ばね鋼

問37　**解答**　(3)　　　　　　　　　　　　　　　　（☞ P.103）
認定証票は**救助袋**の**出口付近**に貼付されています。

[問38]　**解答**　(2)　　　　　　　　　　　　　(☞ P.107)

斜降式は袋本体の全長以上の長さとすることができます。

[問39]　**解答**　(2)　　　　　　　　　　　　　(☞ P.149)

無荷重状態で0.5 m以下と定められています。

[問40]　**解答**　(3)　　　　　　　　　　　　　(☞ P.113)

引張強さの試験，引裂強さの試験で強度が確認されます。

[問41]　**解答**　(2)　　　　　　　　　　　　　(☞ P.129)

設置階は表示する必要はありません。

[問42]　**解答**　(2)　　　　　　　　　　　　　(☞ P.123)

A・Dが正しい表記をしています。

[問43]　**解答**　(1)　　　　　　　　　　　　　(☞ P.119)

金属製避難はしご以外のものであっても，横桟は金属製が基本です。

[問44]　**解答**　(4)　　　　　　　　　　　　　(☞ P.137)

高さ1 m以上，幅0.45 m以上が正解です。また，避難はしごは緩降機と同じ基準ですから，又は高さ0.8 m以上，幅0.5 m以上となります。

[問45]　**解答**　(4)　　　　　　　　　　　(☞ P.179・254)

ホールソーは，工事の際に金属板等に穴を開ける道具です。

実技試験【鑑別等】

[鑑別1]　**解答**　　　　　　　　　　　　　　(☞ P.254)

A：トルクレンチ…・ボルトやナットを設定トルクで締め付ける。
　　　　　　　　　　・ボルトやナットの締付状態を確認する。
B：ドリルビット…ドリルの刃　穴あけに用いる。

鑑別2 解答　　　　　　　　　　　　　　　　　　（☞ P.165・P.271）

問1　呼称：ダブルナット法
　　　目的：ボルトやナットの**緩み止め**に用いる。

問2　⑴　スプリングワッシャーなどの座金を用いる。
　　　⑵　ロックナット等を用いる。

鑑別3 解答　　　　　　　　　　　　　　　　　　（☞ P.73・P.256）

問1　A：縦棒　B：突子　C：横桟
問2　使用者の踏み足が十分横桟にかかるよう間隔をとる。
問3　ア（縦棒の間隔）**内法寸法**で**30 cm 以上50 cm 以下**
　　　イ（横桟の間隔）**25 cm 以上35 cm 以下**
問4　⑴　自在金具　　　⑵　なすかんフック

鑑別4 解答　　　　　　　　　　　　　　　　　　　　（☞ P.148）

A：0.15 m〜0.3 m　　　　B：1.5 m〜1.8 m　　　　C：0.5 m

鑑別5 解答　　　　　　　　　　　　　　　　　　　　（☞ P.85）

問1　**緩降機（かんこうき）**
問2　A：安全環　　B：止め金具　　C：調速器　　D：ロープ
　　　E：リール　　F：緊結金具　　G：着用具　　H：ベルト

実技試験【製図】

製図1 解答と解説　　　　　　　　　　（☞ P.234〜P.243・P.284）

問1　この階の**用途**は飲食店なので［政令別表第一］の⑶**項**に該当します。
　　　従って，**収容人員＝従業員の数＋客数**となります。
　　　客数は，客席が面積表示の場合は**面積÷3 m²**で求めます。
　　　また，長椅子がある場合は**横幅÷0.5 m（1未満切捨て）**で求めます。

$$収容人員 = 37 + \frac{486}{3} + \frac{7}{0.5} = 213$$

　　　　　　　　　　　　　　　　　　　　　　　　　213名

問2 この階は**避難階段**構造の直通階段が**2カ所**あるので，設置個数の基準が**400人以下ごとに1個以上**となります。

$$設置個数＝\frac{213}{400}＝0.53$$

設置個数　1個

問3 避難器具は**安全避難・2方向避難**を念頭に，**階段より適当な距離の場所，収容者の多い場所**に設置します。

G

問4 （避難はしご）緩降機，救助袋，すべり台，避難橋，避難用タラップが適応します。この中から2種類を答える。

製図2 **解答と解説**

問1 問題あり。

問2 理由：**垂直式救助袋や緩降機**の開口部は，基本的には**同一垂直線上**には設けることができない。

位置：位置図は複数あるので，ここでは ① 同一垂直線上でない，② 建物の出入口をふさがないことに重点を置いた例示をします。開口部をフロアーごとに左右に振り分ける方法なども考えられます。

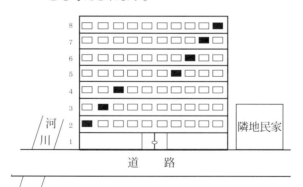

索引

索　引

著者紹介

近藤　重昭（こんどうしげあき）

　消防用設備・ビル関連設備の管理業務に携わりながら「設備管理セミナー室」を主宰し，諸企業の社員研修を行いつつ消防設備士をはじめとする資格者・技術者の育成にあたっている。消防設備士の全類・ビル設備関連の多くの資格を取得した著者自身の経験と，長年に渡る数多くの研修生・セミナー受講者との接触により得た資格試験への受験対策を基に，受験用教材の出版にも関わっている。

※当社ホームページ http://www.kobunsha.org/では，書籍に関する様々な情報（法改正や正誤表等）を随時更新しております。ご利用できる方はどうぞご覧ください。正誤表がない場合，あるいはお気づきの箇所の掲載がない場合は，右記の要領にてお問い合わせください。

```
========== 協力会社 （写真提供等） ==========
                          (50音順)
オリロー（株）
（株）消防科学研究所
（株）タカオカ
（株）都筑建築工房
（株）富士産業
城田鉄工（株）
トーヨー消火器工業（株）
長谷川工業（株）
パナソニック（株）エコソリューションズ社
（有）セイコーステンレス
```

プロが教える！第 5 類消防設備士問題集

著　　　者	近藤　重昭
印刷・製本	亜細亜印刷㈱

発　行　所　株式会社 **弘文社**　〒546-0012 大阪市東住吉区
　　　　　　　　　　　　　　　中野 2 丁目 1 番27号
　　　　　　　　　　　　　☎　（06）6797 - 7 4 4 1
　　　　　　　　　　　　　FAX（06）6702 - 4 7 3 2
　　　　　　　　　　　　　振替口座 00940 - 2 - 43630
代　表　者　岡﨑　靖　　　東住吉郵便局私書箱 1 号

ご注意
（1）本書は内容について万全を期して作成いたしましたが，万一ご不審な点や誤り，記載もれなどお気づき
　のことがありましたら，当社編集部まで書面にてお問い合わせください。その際は，具体的なお問い合
　わせ内容と，ご氏名，ご住所，お電話番号を明記の上，FAX，電子メール（henshu2@kobunsha.org）
　または郵送にてお送りください。なお，お電話でのお問い合わせはお受けしておりません。
（2）本書の内容に関して適用した結果の影響については，上項にかかわらず責任を負いかねる場合があり
　ますので予めご了承ください。
（3）落丁・乱丁本はお取り替えいたします。